职业教育电工电子类基本课程系列教材

电子装配与调试

蔡清水　主编

電子工業出版社
Publishing House of Electronics Industry
北京·BEIJING

内容简介

本书是一本以项目任务为轴线，介绍电子装配与调试的实训教材。在指导组装音乐门铃、声光控延时开关、直流稳压电源、防盗报警器、超外差式调幅收音机等电子产品的过程中，以大量的实物图片和图表，介绍常用手工装配工具与仪器仪表的使用；认知与检测常用电子元器件的技巧；讲授手工锡焊技术、识读电路图、设计制作印制电路、调试电子电路的方法；学习与组装电路相关的基础知识。每个项目前有目标，后有相应的项目测试与总结环节。

本书在选材上具有先进性和实用性，可作为高等职业学校、中等职业学校、技工学校电子类专业的教材，也可供各级职业培训机构培训、考工认证选用，对从事电子行业的技术人员也有一定的参考价值。

图书在版编目（CIP）数据

电子装配与调试 / 蔡清水主编. —北京：电子工业出版社，2014.1
职业教育电工电子类基本课程系列教材
ISBN 978-7-121-21557-5

I. ①电… II. ①蔡… III. ①电子设备－装配（机械）－中等专业学校－教材②电子设备－调试方法－中等专业学校－教材 IV. ①TN805

中国版本图书馆 CIP 数据核字（2013）第 227056 号

策划编辑：杨宏利
责任编辑：杨宏利　　特约编辑：王　纲
印　　刷：北京虎彩文化传播有限公司
装　　订：北京虎彩文化传播有限公司
出版发行：电子工业出版社
　　　　　北京市海淀区万寿路 173 信箱　邮编　100036
开　　本：787×1 092　1/16　印张：14.5　字数：371.2 千字
版　　次：2014 年 1 月第 1 版
印　　次：2024 年 9 月第 9 次印刷
定　　价：29.00 元

凡所购买电子工业出版社图书有缺损问题，请向购买书店调换。若书店售缺，请与本社发行部联系，联系及邮购电话：（010）88254888，88258888。

质量投诉请发邮件至 zlts@phei.com.cn，盗版侵权举报请发邮件至 dbqq@phei.com.cn。

本书咨询联系方式：（010）88254592，bain@phei.com.cn。

前　言

本书以教育部《关于进一步深化中等职业教育教学改革的若干意见》和《关于推进高等职业教育改革创新引领职业教育科学发展的若干意见》为指导，依据工业和信息化部颁布的《电子设备装接工》、《无线电调试工》等职业资格标准，参照国家和地方开展的职业技能大赛，极力推进项目式教学法，精心组织内容，以适应电子技术发展的新需要。

书中实例直观，语言通俗，操作步骤、过程与技巧简约清楚。项目目标，言简意赅，指明方向；项目描述，概要导读，明确任务；项目实施，图（表）文相济，知识上由浅入深、由窄至宽，技能上由简而繁，由易到难；项目测试，重温过程，检验所学；项目总结，理顺知识，把握关键；附录及参考文献，深层引领，拓展视野。

本书凸现工学结合，基于产品生产工作过程构建，选取生产生活中典型的小型电子产品电路为载体，在项目的任务实施中逐步学习电子产品的材料选择（检测）、电路安装、电路调试与维修等操作工艺，从而全面、系统地获取电子装配与调试的知识和技能。

本书由蔡清水主编，邓显林、吴飞、蔡博参与了编写。在本书编写过程中，参阅了国内外相关的文献资料，在此特致以衷心的感谢。

由于编者水平有限，书中难免存在疏漏和不妥之处，恳请广大读者批评指正。

另附教学建议学时，见下表。在实施中任课教师可根据具体的情况适当调整。

序　号	内　容	课　时
项目一	走进实训场	10
项目二	组装音乐门铃	14
项目三	组装声光控延时开关	13
项目四	组装直流稳压电源	13
项目五	组装防盗报警器	10
项目六	组装超外差式调幅收音机	12
总计		72

编　者

2013年9月8日

目　　录

项目一

走进实训场

项目目标

技能目标	① 了解电子技能实训室 ② 了解安全用电防范措施 ③ 掌握常用手工工具的正确使用方法 ④ 熟悉万用表、信号发生器、示波器等电子仪器仪表的使用方法 ⑤ 了解防静电工作区
知识目标	① 了解常用手工工具、电子仪器仪表的基本构成和特点 ② 熟悉安全文明生产守则

项目描述

装配与调试电子整机产品，离不开必要的工作环境、生产工具、测控仪器仪表。适应电子技能实训室及防静电工作区，学会使用常用手工工具及万用表等电子仪器仪表，是我们迈向这一行业的第一步。

本项目主要学习综合性实训室的功能，如何在防静电工作区中工作，以及螺钉旋具、钳子、电烙铁及指针式万用表、数字式万用表、信号发生器、晶体管毫伏表、数字示波器等的使用方法。

项目实施

任务 1　认知实训室

1. 熟悉实训室

一般综合性实训室都是以小型电子作品为轴心，以工艺、技能为重点，以完成焊接技术工艺训练、电子元件的识别与测量、识读电子产品图纸、电子产品的焊接调试、PCB 板制作等项目实训为内容而设置的，如图 1-1 所示。

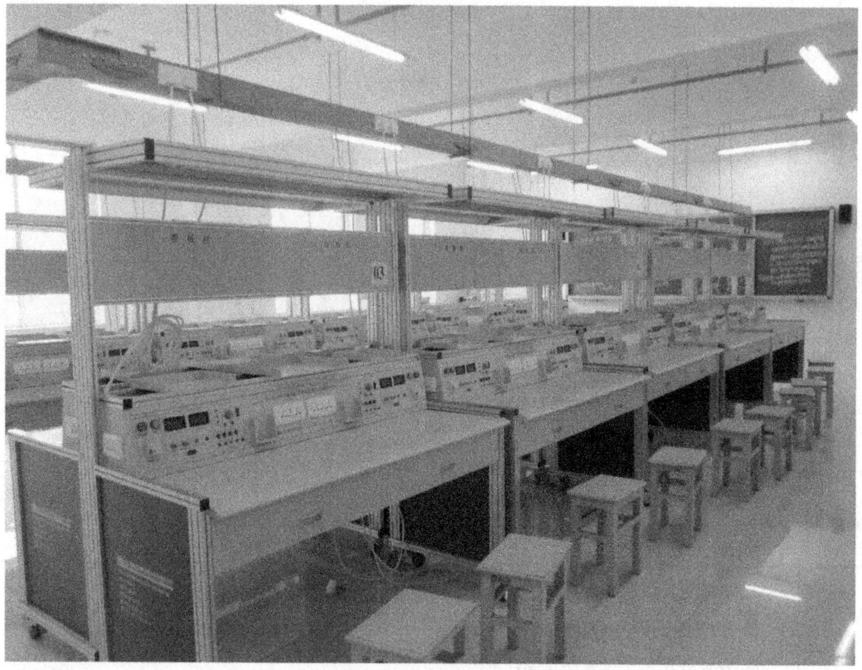

图 1-1　电子技能实训室

2. 了解实训操作台

构成实训室的实训操作台如图 1-2 所示，其简介见表 1-1。

(a) 正面图

图 1-2　实训操作台

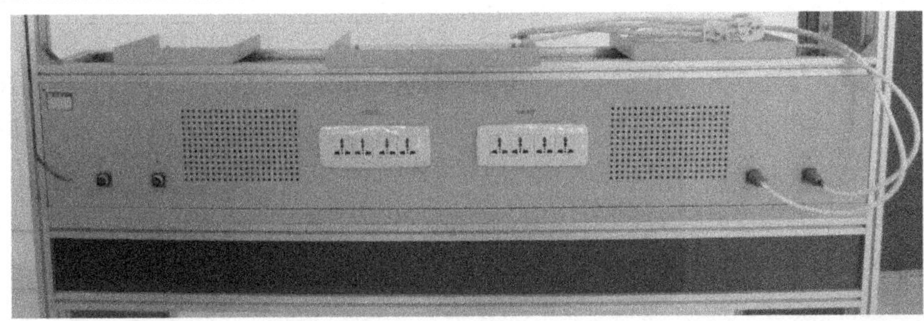

（b）背面图

（c）左侧面图

（d）右侧面图

图 1-2　实训操作台（续）

表 1-1　实训操作台简介

项　　目		内　　容
正面	总电源	空气式带漏电保护开关，切换整个实训台的单相 220V 电源，最大额定电流为 5A
	指示灯	电源线插入电网后红灯亮，表示实训台已接入电源，总电源开关合闸后绿灯亮，表示实训台进入正常工作状态
	可调直流电源	带过载保护、短路保护功能，可调电压范围为 0～30V，直流电流为 2A
	电压、电流显示	直流电压表读数（V）为 3 位半数字显示，直流电流表读数（mA）为 3 位半数字显示
	交流可调电源和固定直流电源	带过载、短路保护，七挡可调，3～24V 交流电源，发生过载、短路保护时报警指示灯亮，手动才可复位； 直流稳压电源输出电压为±5V、±12V
	万用表放置区	放置一只 3 位半数字万用表，方便数据测量
	多功能插座	三路多功能插座可输出交流 220V 单相电源，总功率不大于 400W
背面	电源输入	4 路交流电源输入
	多功能插座	8 路多功能插座提供 AC 220V 输出，可输出 220V 单相电源，功率不大于 500W
侧面	多功能插座	左侧面：2 路多功能插座提供 AC220V 输出，可输出 220V 单相电源； 右侧面：1 路多功能插座提供 AC220V 输出，可输出 220V 单相电源
	控制开关	右侧面：1 个日光灯控制开关，可控制平台顶部的日光灯

3. 牢记安全

生产的安全与文明是学习的首要任务，是进行生产之前必须要掌握的重点内容。

（1）文明生产守则

① 遵守《中华人民共和国劳动法》、《中华人民共和国环境保护法》、《中华人民共和国质量法》、《中华人民共和国标准化法》、《中华人民共和国计量法》等相关法律、法规和有关规定。

② 爱岗敬业，具有高度的责任心。

③ 严格执行工作程序、工作规范、工艺文件、设备维护和安全操作规程，保质保量和确保设备、人身安全。

④ 爱护设备及各种仪器、仪表、工具和设备。

⑤ 努力学习，钻研业务，不断提高理论水平和操作能力。

⑥ 谦虚谨慎，团结协作，主动配合。

⑦ 听从领导，服从分配。

（2）安全防范措施

常见的安全防范措施见表 1-2。

表 1-2 安全防范措施

措施	示 例 图	说 明
防雷措施		在用电设备前端加装的电源过压保护装置
漏电保护		带电线路或设备发生漏电事故时，在规定时间内能自动切断电源
消防措施	（a）泡沫灭火器　（b）干粉灭火器	① 发现火灾尽快切断电源，使用专用灭火器进行灭火，同时避免身体、灭火工具触及导线或电气设备。 ② 若不能及时灭火，就立即拨打 119 报警

任务 2 会使用手工工具

掌握和使用常用手工工具是顺利完成各种电子设备装配和维修的前提条件。

1. 螺钉旋具

螺钉旋具简介见表1-3。

表1-3 螺钉旋具简介

项　目	内　容
外形	由金属杆头和绝缘柄组成，种类很多。按头部形状的不同，有一字形和十字形。 (a) 一字形　(b) 十字形
功能	螺钉旋具是用来旋动头部带一字形或十字形槽的螺钉的手用工具。使用时应按螺钉的规格选用合适的旋具刀口，任何“以大代小，以小代大”使用旋具均会损坏螺钉或电气元件。为了避免金属杆触及皮肤及邻近带电体，宜在金属杆上穿套绝缘管，不可使用金属杆直通柄顶的旋具
规格	以绝缘柄外金属杆的长度和刀口尺寸（单位：mm）计，有50×3(5)、65×3(5)、75×4(5)、100×4、100×6、100×7、125×7、125×8、125×9、150×7(8)等规格
使用举例	（1）使用 紧固单个螺钉时，先用手指尖握住手柄拧紧螺钉，再用手掌拧半圈左右即可；紧固有弹簧垫圈的螺钉时，把弹簧垫圈刚好压平即可；紧固成组的螺钉时，先轮流将全部螺钉预紧（刚刚拧上为止），再按对角线的顺序轮流将螺钉紧固。 （2）安装或拆除螺钉 步骤1：选用合适的木盘、面包板、螺钉旋具、螺钉，将面包板固定到木盘上。 步骤2：螺钉旋具头部对准螺钉尾端，使螺钉旋具与螺钉处于一条直线上，且螺钉与木盘垂直，顺时针方向转动螺钉旋具。 步骤3：当固定好面包板后，及时停止转动螺钉旋具，防止螺钉进入木盘过多而压坏面包板。 步骤4：逆时针方向转动螺钉，直至螺钉从木盘中旋出即完成了对螺钉的拆除

螺钉简介见表1-4。

表1-4 螺钉简介

项　目	内　容
外形	电子装配常用的螺钉，在结构上有一字槽与十字槽两种。十字槽因对中性好、安装时螺钉旋具的刀口不易滑出，使用日益广泛。 (a) 一字槽圆柱头螺钉　(b) 十字槽半圆头螺钉　(c) 十字槽球面圆柱头螺钉 (d) 十字槽沉头自攻螺钉　(e) 十字槽半沉头螺钉　(f) 十字槽垫圈头螺钉

续表

项　目	内　容
选用	用于一般仪器上的连接，可选用镀钢螺钉；用于仪器面板上的连接，为增加美观和防止生锈，可选用镀铬或镀镍的螺钉；用于螺钉埋在元件内的紧固，可选用经过防锈处理的螺钉；用于导电性能比较高的连接和紧固，可以选用黄铜螺钉或镀银螺钉；当连接面要求平整时，可选用大小合适的沉头螺钉
防松方法	① 加装垫圈。 ② 使用双螺母。 ③ 使用防松漆

2. 钳子

常用钳子简介见表 1-5。

表 1-5　常用钳子简介

项　目	内　容
外形	平口钳俗称钢丝钳，头部较平宽；尖嘴钳头部较细；斜口钳头部扁斜；它们的钳柄上都套有绝缘性能为耐压 500V 以上的绝缘套。 （a）平口钳　（b）尖嘴钳　（c）斜口钳　（d）剥线钳
功能	平口钳适用于剪切或夹持导线、金属丝、工件，紧固螺母等。 尖嘴钳适用于切断较细的导线、金属丝线，夹持垫圈、较小物件，将导线端头弯曲成形等。 斜口钳适用于剪断较粗的导线与其他金属丝或剪切尼龙套管等。 剥线钳适用于芯线横截面积为 6mm^2 以下的绝缘导线头部的剥、削
规格	平口钳常用的有 150mm、175mm 和 200mm，尖嘴钳常用的有 130mm、160mm、180mm 和 200mm，斜口钳尺寸一般有 4″、5″、6″、7″、8″，大于 8″的比较少见，比 4″更小的称为迷你斜口钳，约为 125mm，剥线钳常用规格有 140mm、180mm 两种
使用举例	使用平口钳和尖嘴钳分别将横截面积为 1.5mm^2、2.5mm^2、4mm^2 的单股铜导线，弯制成直径分别为 4mm、6mm、8mm 的安装圈。 步骤 1：用平口钳或尖嘴钳截取导线。 步骤 2：根据安装圈的大小剖削导线部分绝缘层。 步骤 3：将剖削绝缘层的导线向右折，使其与水平线呈约 30° 夹角。 步骤 4：由导线端部开始均匀弯制安装圈，直至安装圈完全封口为止。 步骤 5：安装圈制成后，穿入相应直径的螺钉，检验其误差

3. 电烙铁

电烙铁是电子产品装接的必用工具，主要提供焊接所需的热源，对被焊金属加热、熔化焊锡，促进焊件熔合，形成紧密接触，其简介见表 1-6。

表 1-6　电烙铁简介

名　　称	外热式电烙铁	内热式电烙铁
外形	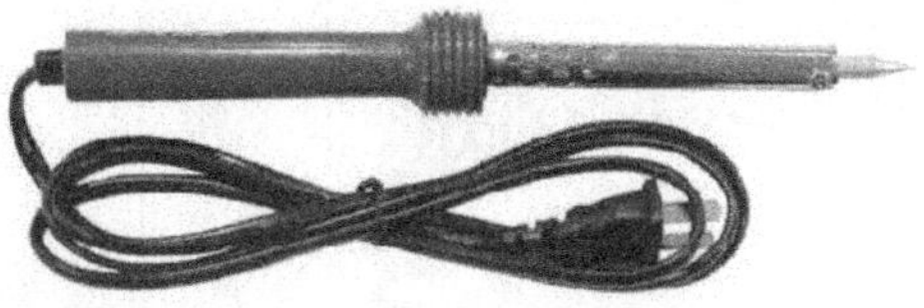	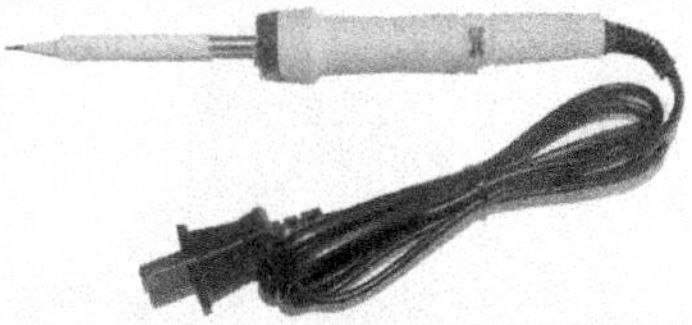
发热元件	也称烙铁芯，主要功能是进行能量转换。 由镍铬电阻丝绕在薄云母片绝缘的圆筒上组成，安装在烙铁头外面，故称为外热式	由极细的镍铬电阻丝绕在瓷管上，外面套上耐高温绝缘管制成。安装在烙铁头的空心端里面，用弹簧紧固，故称为内热式
功率	常用的有 25W、30W、45W、75W、100W、150W、200W、300W 等。功率越大，电烙铁的热量越大，烙铁头的温度越高	常用的有 20W、25W、35W、45W 和 75W 等。它的能量转换效率比外热式的高
烙铁头	一般用紫铜制成，主要进行能量存储和传递。根据表面电镀层的不同，有普通型和长寿型	
手柄	一般用胶木制成。设计不良的手柄，温升过高会影响操作	
接线柱	用于发热元件同电源线的连接，有三个接线柱，两个与发热元件相通，接交流电源；一个与烙铁外壳相通，用于接地。新烙铁或换烙铁芯时，用万用表测外壳与接线柱之间的电阻值来判明接地端，用三芯线将外壳接保护零	
要求	优质电烙铁对地电阻应低于 2Ω，漏电电压小于 2mV，以满足对静电敏感的电子元器件的焊接	
选用	一般选 30～60W	

4. 其他工具

进行装配用的其他部分工具见表 1-7。

表 1-7　部分工具

名称	示例实物图	名称	示例实物图	名称	示例实物图
医用钳	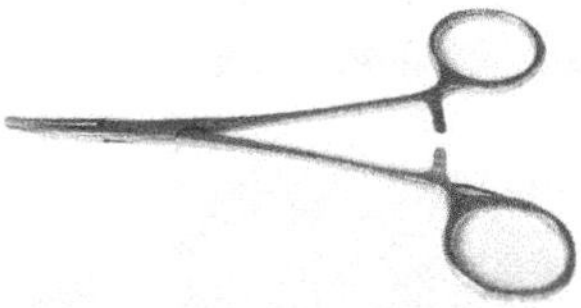	锉刀		仪表起子	
IC 芯片起拔器	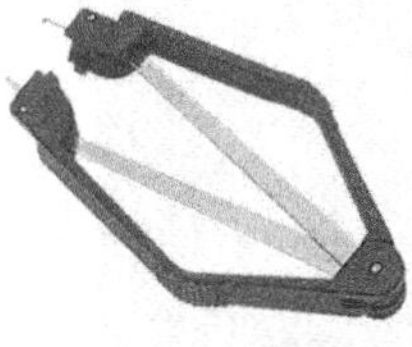	压线器		无感起子	
美工刀	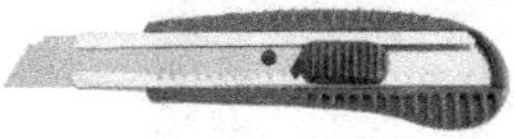	吸锡器		小手电筒	
毛刷		锤子	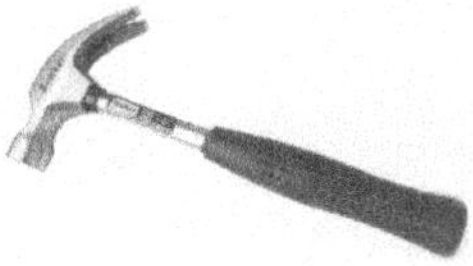	真空吸笔	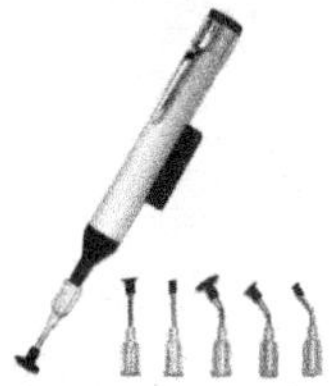

续表

名称	示例实物图	名称	示例实物图	名称	示例实物图
热溶胶枪		手电钻	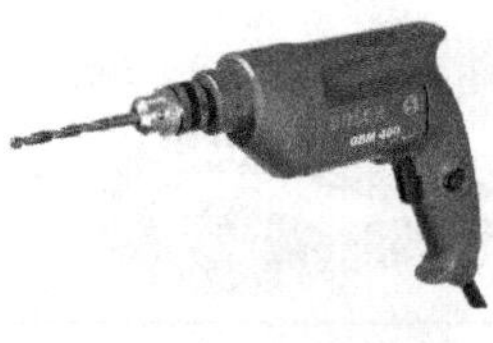	微型电钻	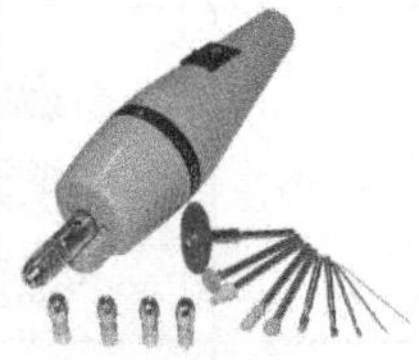
电源接线板	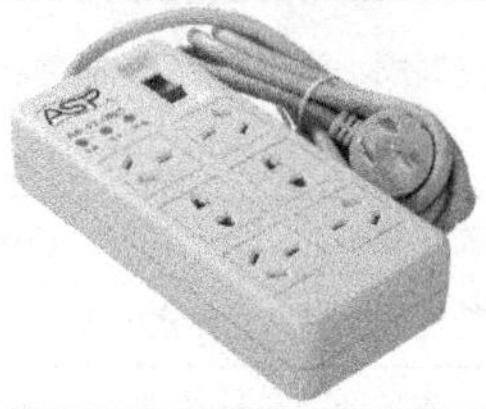	毛刷、吹尘球		放大镜台灯	

任务 3　认知仪器仪表

掌握一般仪器仪表的使用及维护方法，是每一个使用仪器仪表的技术工作人员必备的基本知识和基本技能。

1. MF47 型指针式万用表

（1）外形

外形简介见表 1-8。

表 1-8　外形简介

类　型	内　容
外形	 （a）正面 　（b）背面 1—表盘　2—调零器　3—三极管测试孔 4—0ΩADJ 旋钮　5—挡位/量程选择开关　6—表笔插孔 7—2500V 高压测试插孔　8—10A 电流测试插孔　9—9V 电池 10—1.5V 电池

续表

类　型	内　容	
表盘标度尺	（从上至下）	
	电阻标度尺	用“Ω”表示
	10V 交流电压标度尺	分别在标尺左右两侧用“ACV”和“10 V̰”表示
	直流电流、直流电压、交流电压共用标度尺	分别在标尺左右两侧用“mA”和“V̰”表示
	电容量标度尺	用“C（μF）”表示
	负载电压标度尺	用“LV（V）”表示
	三极管共发射极直流电流放大系数标度尺	用“hFE”表示
	温度标度尺	用“TEMP（℃）”表示
	电池电量标度尺	用“BATT”表示
	电感量标度尺	用“L（H）50Hz”表示
	音频电平标度尺	用“dB”表示

（2）电压与电流的测量

测量电压与电流的使用操作见表 1-9。

表 1-9　电压与电流的测量

类型	示 例 图	使 用 操 作
表头校正		① 外观完好无损；轻轻摇晃指针摆动自如。 ② 旋动挡位/量程选择开关，切换灵活无卡阻，挡位准确。 ③ 水平放置万用表，用螺钉旋具旋转表盖上的调零器使指针指示在零位上。 ④ 将表笔的红、黑插头分别插入“+”、“-”插孔中

续表

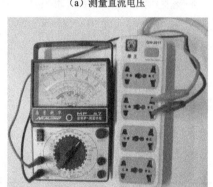

类型	示 例 图	使 用 操 作
电压测量	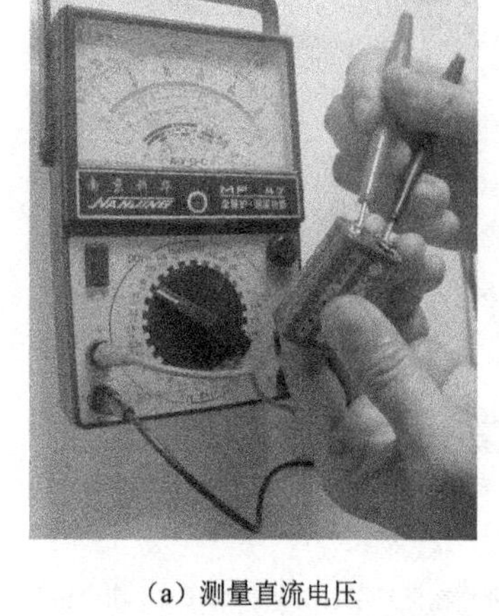 （a）测量直流电压 （b）测量交流电压	① 转动挡位/量程选择开关至所需电压挡。若被测电压无法估计，先选择最高挡进行测量，再视指针偏摆情况做调整。所选用的挡位愈接近被测值，测量的数值就愈准。 ② 测量直流电压红表笔接高电位，黑表笔接低电位；测量交流电压不区分表笔。表笔与被测电路并联。若发现指针反转，应立即调换表笔，以免损坏指针及表头。 ③ 测量交流 2500V 或直流 1000V 时，开关应分别旋至交流或直流 1000V 挡，将红表笔的插头插入交流 2500V 高压测试插孔或直流 1000V 测试插孔，黑表笔的插头插入“-”插孔内，戴上绝缘手套，站在绝缘垫上，且与带电体保持安全间距，并单手操作，将表笔跨接于被测电路两端，进行测量。 ④ 测量交流 10V 电压，读数就看交流 10 V̰ 专用刻度线（红色的）
直流电流测量 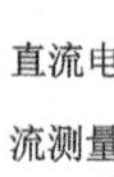	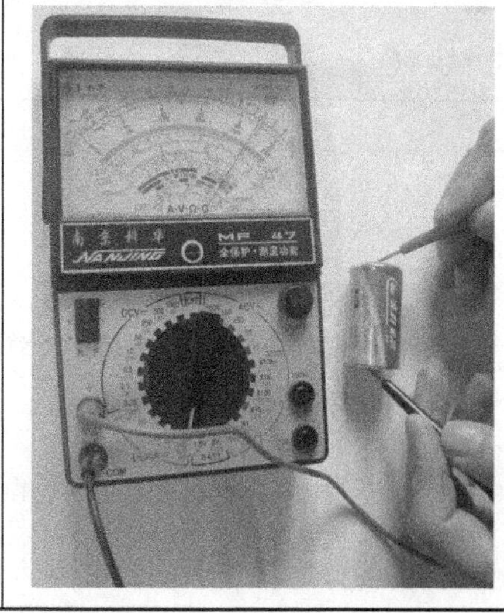	① 转动挡位/量程选择开关至所需的电流挡。若被测电流无法估计，先用最高电流挡进行测量，再视指针偏摆情况做调整。表笔与被测电路串联。 ② 红表笔接高电位，黑表笔接低电位。若发现指针反转，应立即调换表笔，以免损坏指针及表头。 ③ 测量 10A 时，应将红表笔的插头插入 10A 插孔内，黑表笔的插头插入“-”插孔内；转动挡位/量程选择开关放在 500mA 直流电流挡上；将表笔串接于被测电路进行测量。 注意： 禁止用电流挡测量电压

（3）电池电量的测量

测量电池电量的使用操作见表 1-10。

表 1-10　电池电量的测量

类型	示 例 图	使 用 操 作
电池电量测量		① 转动挡位/量程选择开关至 BATT 挡。 ② 将两表笔按正确极性搭在电池上。 ③ 观察表盘 BATT 对应的 1.2V、1.5V、2V、3V、3.6V、9V 刻度，绿色区域表示电池电力充足，“?”区域表示电池尚能使用，红色区域表示电池电力不足。 说明： ① 可测量 1.2V～3.6V 的各类电池（不包括纽扣形电池）电量（负载电阻 R_L=8～12Ω）。 ② 测量纽扣形电池及小容量电池，可用直流 2.5V 电压挡（R_L=50kΩ）进行

（4）安全事项

① 读数时，“眼、针、影”三者成一线，根据被测对象，正确读取标度尺上的数据。

② 测量高电压或大电流时，应在切断电源情况下变换量程，避免烧坏开关。

③ 仪表不用时，最好将挡位/量程选择开关旋至“OFF”挡。定期检查、更换干电池，以保证测量精度；若长期不用，应取出干电池，以防止电解液溢出腐蚀而损坏其他零件。

④ 仪表应保存在室温为 0～40℃，相对湿度不超过 80%，并不含有腐蚀性气体的环境中。

2. DT9205N 型便携式数字万用表

（1）外形

外形简介见表 1-11。

表 1-11　外形简介

类　型	内　容
外形	1—LCD 显示屏 2—数据保持开关（HOLD） 3—电源开关（POWER） 4—功能开关 5—电容量测量插孔 6—hFE 测试插孔 7—10A 电流测试插孔 8—mA 电流测试插孔 9—COM（公共地） 10—V Ω ⊣◀ 测试插孔

续表

类　型	内　容
电气符号	ϟ 高压危险　⏚ 接地　回 双重绝缘　⚠ 警告提示
功能选择	1—功能开关 2—电容量挡 3—交流电流挡 4—直流电流挡 5—二极管及通断性挡 6—电阻挡 7—三极管 hFE 挡 8—直流电压挡 9—交流电压挡

（2）使用举例

使用举例见表 1-12。

表 1-12　使用举例

类　型	示 例 图	使 用 操 作
直流电压测量	（a）正向测量 （b）反向测量	① 将黑色表笔插入“COM”插孔，红表笔插入“VΩ→|-”插孔。 ② 旋转功能开关置于“V⎓”量程范围。 ③ 预估计被测电压的最大值，选择合适量程后，将表笔并接在欲测量的电路测试点，测量电压。 ④ 查看显示屏上示出的红表笔所接端的极性，并阅读测出的电压值。 注意： ① 如无法估计欲测电路电压，则选择最高量程挡进行测量；根据显示读数，再选择合适量程挡，以便读出更精确的数值。 ② 测量时显示“1”，则说明输入值已超过该挡的测量范围，应选择更高量程。 ③ 为测量读数的精确以及测量时的人身安全和仪表的安全，输入电压最大不可超过直流 1000V

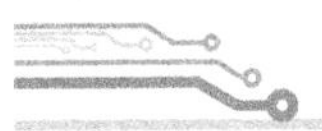

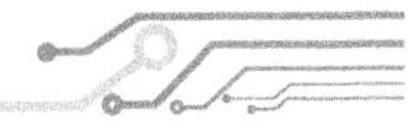

续表

类　型	示 例 图	使 用 操 作
交流电压测量	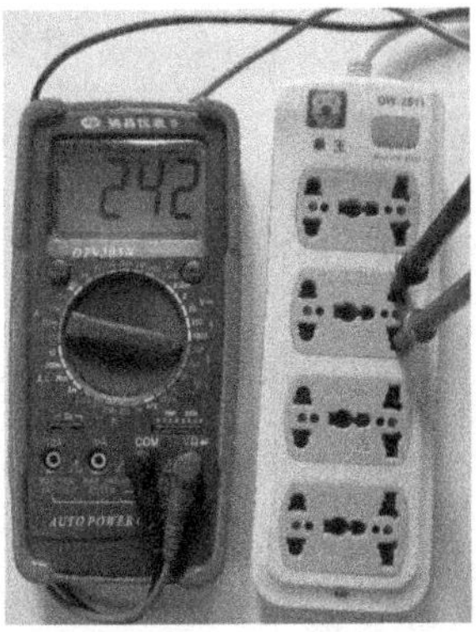	① 将黑色表笔插入“COM”插孔，红表笔插入“VΩ▶|”插孔。 ② 将旋转功能开关置于“V～”量程范围。 ③ 预估计被测电压的最大值，选择合适量程后，将表笔探头并接在欲测量的电路测试点，测量电压。 ④ 查看并阅读显示屏上示出的电压值。 注意： ① 如无法估计欲测电路电压，则选择最高量程挡进行测量；根据显示读数，再选择合适量程挡，以便读出更精确的数值。 ② 测量时显示“1”，则说明输入值已超过该挡的测量范围，应选择更高量程。 ③ 为测量读数的精确以及测量时的人身安全和仪表的安全，输入电压最大不可超过交流 750V 有效值
直流电流测量	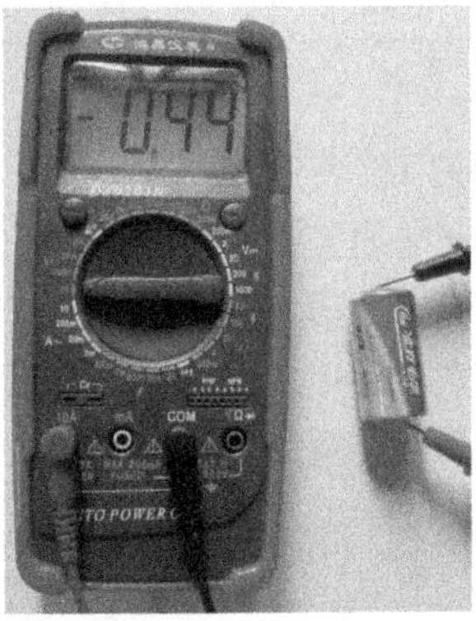	① 将黑色表笔插入“COM”插孔，当测量最大值为 200mA 的电流时，红表笔插入“mA”插孔；当测量最大值为 10A 的电流时，红色表笔应插入“10A”插孔。 ② 将旋转功能开关置于“A⎓”电流挡中与插入孔相应的量程范围内。 ③ 断开待测的电流路径，将表笔衔接断口并施用电源。 ④ 查看显示屏上示出的红表笔端的极性，并阅读测出的电流值。 注意： ① 如果无法估计被测电路中的电流，则选择使用最高量程，根据显示逐挡降低量程，以便得到更精确的读数。 ② 如果 10A 挡测量时显示“1”，说明输入值已超出测量范围，应立即中断测量。 ③ 由于“10A”量程没有熔丝，测量时间应小于 15 秒。 ④ 从“mA”插孔输入的最大电流值不得超过 200mA，否则将会烧坏仪表内部的熔丝；如不慎输入过大电流导致熔丝烧坏，则应将熔丝更换
通断性测试	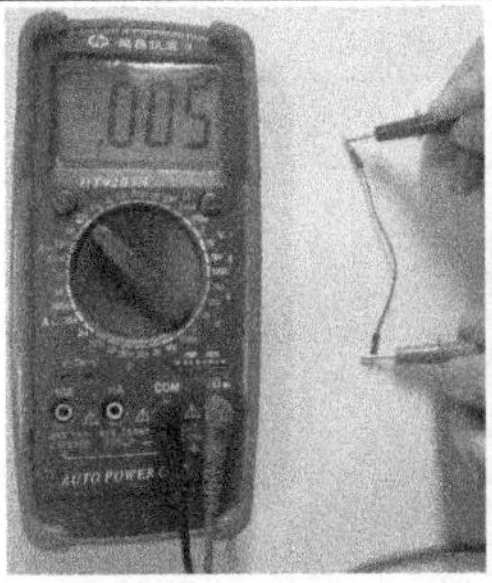 （a）输入端通路 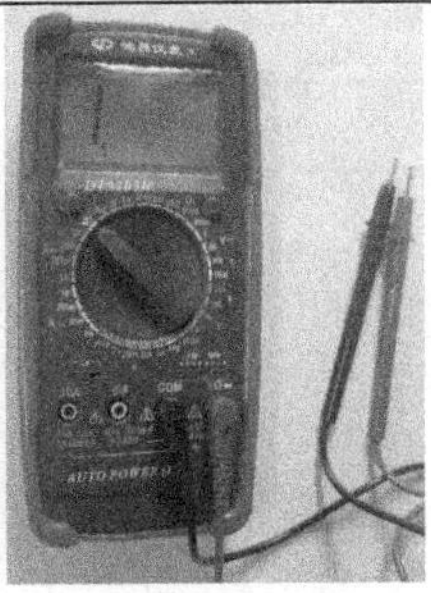　（b）输入端开路	① 黑色表笔插入“COM”插孔，红表笔插入“VΩ▶|”插孔。 ② 将功能开关拨至“·))) ▽”挡。 ③ 将表笔连接到待测电路的两端，若两端之间电阻值小于 70Ω时，仪表内置蜂鸣器发声。 注意： ① 当输入端开路时仪表显示“1”。 ② 测试电流为 1mA 左右

续表

类　型	示例图	使用操作
更换熔丝		① 拧出后盖上的固定螺钉，打开后盖。 ② 用规格型号相同的熔丝（$\phi5\times20$mm，0.2A/250V）更换。 ③ 装上后盖，上紧螺钉
更换电池	 （a）显示电池电量不足 　（b）更换电池	当 LCD 显示出"[电池符号]"符号时，表明电池电量不足，应予更换。 ① 拧出后盖上的固定螺钉，打开后盖。 ② 取出 9V 电池，换上一个新的电池。 ③ 装上后盖，上紧螺钉。 注意： 虽然任何标准 9V 电池都可使用，但为加长使用时间，最好用碱性电池

（3）安全事项

① 在电池没有装好或后盖没有上紧时，不要使用仪表进行测量。

② 36V 以下的电压为安全电压，在测量高于 36V 直流、25V 交流电压时，要注意检查表笔是否与仪表输入插孔可靠接触，是否正确连接，表笔应无破裂现象等，以避免电击。

③ 在更换电池或熔丝前，请将测试表笔从测试点移开，并关闭电源开关。

④ 选择与预测量信号相符合的功能和量程，谨防误操作。

⑤ 转换功能或量程时，表笔要离开测试点。

3. 函数信号发生器

MFG-8216A 型函数信号发生器能够提供多种高效率、操作方便的信号波形，其简介见表 1-13。

表 1-13　MFG-8216A 函数信号发生器简介

类　型	内　容
外形	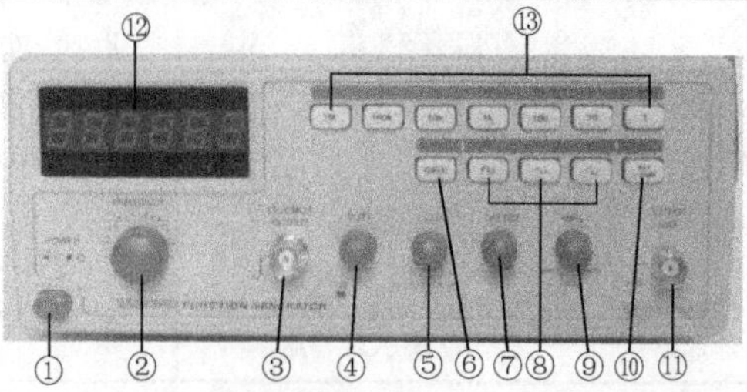 ⑫ ⑬ ① ② ③ ④ ⑤ ⑥ ⑦ ⑧ ⑨ ⑩ ⑪ （a）正面

续表

<table>
<tr><th>类　型</th><th>内　　容</th></tr>
<tr><td>外形</td><td> （b）背面 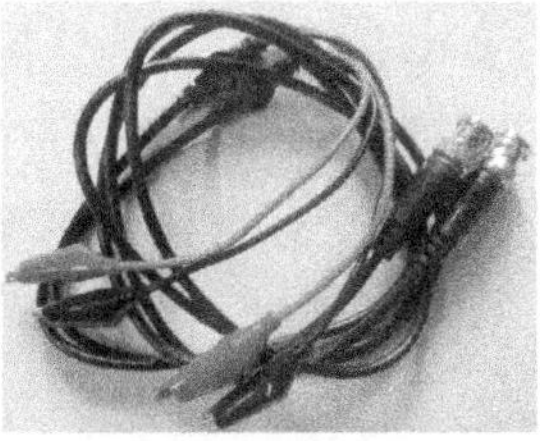　　（c）信号传输线</td></tr>
<tr><td>功能键</td><td>
<table>
<tr><th>序　号</th><th>名　称</th><th>作　用</th></tr>
<tr><td>1</td><td>POWER</td><td>按下即接通电源</td></tr>
<tr><td>2</td><td>FREQUENCY</td><td>旋钮顺转频率值增大，逆转频率值减小</td></tr>
<tr><td>3</td><td>TTL/CMOS OUTPUT</td><td>TTL/CMOS 兼容的信号输出端</td></tr>
<tr><td>4</td><td>DUTY</td><td>拉起旋钮并旋转可以调整输出波形的工作周期</td></tr>
<tr><td>5</td><td>TTL/CMOS</td><td>按下旋钮，BNC 接头(3)可输出与 TTL 兼容的波形。拉起并旋转旋钮，可从输出 BNC 接头(3)调整 5～15Vpp 的 CMOS 输出</td></tr>
<tr><td>6</td><td>GATE</td><td>在使用外部计数模式时，按此键来改变 Gate Time，其改变顺序以 0.01 秒、0.1 秒、1 秒、10 秒的周期进行</td></tr>
<tr><td>7</td><td>OFFSET</td><td>以顺时针转动旋钮，可设定正直流准位，逆时针旋转，可设定负直流准位</td></tr>
<tr><td>8</td><td>波形选择</td><td>按下三个键中的一个，可选择适当的波形输出</td></tr>
<tr><td>9</td><td>AMPL</td><td>顺转时可获得其最大输出值，反转时可取得-20dB 的输出。拉起此旋钮亦可观察到 20dB 衰减输出</td></tr>
<tr><td>10</td><td>ATT-20dB</td><td>按下旋钮，可取得-20dB 的输出</td></tr>
<tr><td>11</td><td>OUTPUT</td><td>主要信号波形的输出端</td></tr>
<tr><td>12</td><td>显示窗</td><td>显示数值</td></tr>
<tr><td>13</td><td>频率选择</td><td>
<table>
<tr><th>按键</th><th>频率范围</th><th>按键</th><th>频率范围</th></tr>
<tr><td>1</td><td>0.3Hz～3Hz</td><td>10</td><td>3Hz～30Hz</td></tr>
<tr><td>100</td><td>30Hz～300Hz</td><td>1k</td><td>300Hz～3kHz</td></tr>
<tr><td>10k</td><td>3kHz～30kHz</td><td>100k</td><td>30kHz～300kHz</td></tr>
<tr><td>1M</td><td>300kHz～3MHz</td><td></td><td></td></tr>
</table>
</td></tr>
<tr><td>14</td><td>COUNTER</td><td>选择内部计数模式，或外部计数模式（待测信号由 BNC 接头(16)输入）加以计数的选择钮</td></tr>
<tr><td>15</td><td>VCF INPUT</td><td>VCF 所需的控制电压输入或外部调变输入端</td></tr>
<tr><td>16</td><td>INPUT COUNTER</td><td>外部计数器信号输入端</td></tr>
<tr><td>17</td><td>电源电压选择开关</td><td>可选 220V 和 110V</td></tr>
<tr><td>18</td><td>AC 电源插座</td><td>AC 电源输入</td></tr>
</table>
</td></tr>
</table>

续表

类　型	内　容
使用操作	执行下列步骤，能得到不同的信号波形输出（可从示波器中观察）。 （1）检测 ① 从机器后面的 AC 电源座连接 AC 电源（电压应与所标示值相同）。 ② 用电源线将仪器连接到主电源供应器上。 ③ 按 PWR 键，并确认其他各个旋钮全部被按下，然后旋转 AMPL 的旋钮，使指示器向上。 ④ 将 FREQUENCY 旋钮向逆时针方向旋转到底。 （2）输出三角波、正弦波或方波 ① 选择功能键的其中之一，并选择频率选择键，转动 FREQUENCY 旋钮，设定所需频率（可由频率显示窗读取）。 ② 连接 OUTPUT 至示波器或其他实验电路以观察其输出信号。 ③ 转动 AMPL 旋钮，可控制波形振幅的大小。 ④ 衰减输出信号时，拉起 AMPL 旋钮而获得 20dB 的衰减，或按下 ATT-20dB 键以取得另一个 20dB 的衰减。 三角波 正弦波 方波 （3）脉冲波产生 ① 按下功能键中的方波键，选择频率选择键中的适当值，转动 FREQUENCY 旋钮，设定所需的频率。 ② 连接 OUTPUT 到示波器用以观察其输出信号。 ③ 拉起 DUTY 并旋转，调整波的宽度。 ④ 调整 AMPL 旋钮，控制波振幅的大小。 ⑤ 拉起 AMPL 旋钮，取得 20dB 的输出衰减波形。 （4）TTL/CMOS 信号的输出 ① 选择频率选择键中的一个，旋转 FREQUENCY 旋钮设定所需的频率。 ② 连接 TTL/CMOS 的 BNC 接头至示波器或其他实验电路以观察输出信号。 ③ 输出波形被设定为 TTL 准位的方波输出，适用于一般 TTL 的电子线路。 ④ 若输出为 CMOS 的方波输出信号时，拉起 CMOS 旋钮即可调整其电压准位。 （5）外部电压控制频率的变化 在这个操作模式下，可以外部直流控制电压来调整产生器的频率。 ① 选择功能键中的波形，选择频率选择，转动 FREQUENCY 旋钮设定所需的频率范围。 ② 从 VCF INPUT 输入外部电压控制值（0±10V），并由 OUTPUT 产生信号。 ③ 调整 AMPL 旋钮，可改变信号振幅之大小，或得到衰减。调整 OFFSET 旋钮，可改变信号的直流准位。旋转 DUTY 旋钮可改变脉冲波和斜波的输出信号。 （6）几点说明 ① 调整 OFFSET 以提供±10V（无负载）或±5V（50Ω负载）范围内电压的改变。而信号加上直流位移仍被限制在±20V（无负载）或±10V（50Ω负载），若超过此电压值，将产生箝位现象。

续表

<table>
<tr><th>类　型</th><th>内　容</th></tr>
<tr><td>使用操作</td><td>A.最大信号幅度
无直流位移
正向直流位移　负向直流位移
B.最大无箝位失真
正向直流位移　负向直流位移
C.过度直流位移
所有例子输出
端子为 50ohm
正向直流位移　负向直流位移
② 输出接头标示的 50Ω，显示信号源的电阻为 50Ω。连接至其他阻抗电路时，输出电压将与终端阻抗成比例改变。使用高频率输出及方波输出时，端点应接 50Ω以减少振荡，并尽量缩短连接线。
③ 向左旋转 DUTY 旋钮，调整其正半周与负半周之周期比率为 80 : 20。方波可扩充为脉冲波，三角波可扩充为斜波，正弦波可扩充为不对称之正弦波。调整 DUTY 控制钮而获得所需的波形。
调节频率旋钮改变如图所示短脉冲宽度
脉冲波（方波）
斜波（三角波）
非对称波（L形正弦波）
TTL COMS
调节DUTY旋钮改变如示长脉冲宽度</td></tr>
<tr><td>注意事项</td><td>① 搬运、储藏或使用时，应避免重压或振动。
② 使用三线性电源，确保机器外壳与电源保持良好接地状态。
③ 使用电源 230V/115V，熔丝的规格为 230V、0.315A，115V、0.5A。
④ 操作环境温度为 0～40℃；应避免在高温及强磁场干扰的场所操作。
⑤ 避免外加±10V 以上的电压到信号输出端。请勿输入超过 AC30V 的电压到频率计数器。
⑥ 可使用湿的布和清洁剂使仪器保持清洁。千万不可使用磨砂布或溶解剂，以免破坏仪器的外壳。
⑦ 在损坏情况下，非专业技术人员，不要随便自行拆机，以免引起其特性改变</td></tr>
</table>

4. 晶体管毫伏表

毫伏表是用来测量交流电压幅值的仪表，灵敏度和精确度都很高，因其量程的最小电压挡一般为 1mV，故称之为“毫伏表”。AVT322 双通道（双针）毫伏表简介见表 1-14。

表 1-14　AVT322 双通道（双针）毫伏表简介

<table>
<tr><th>类　型</th><th>内　容</th></tr>
<tr><td>外形</td><td>
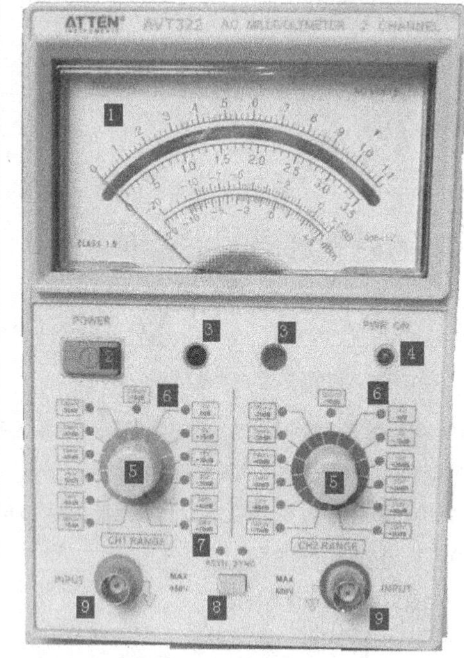

（a）正面

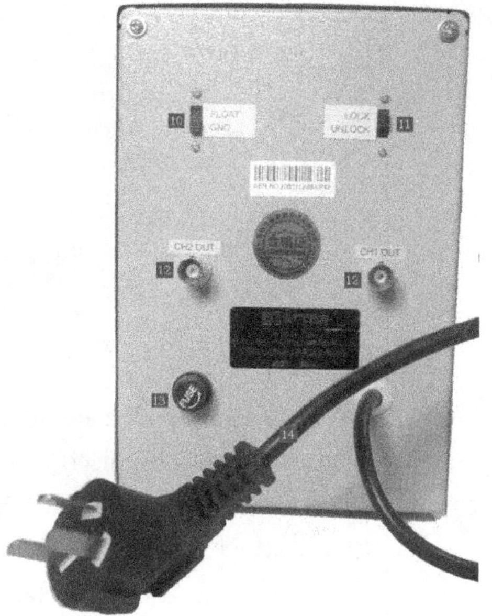

（b）背面

<table>
<tr><td>1</td><td>2</td><td>3</td><td>4</td><td>5</td><td>6</td><td>7</td></tr>
<tr><td>表头</td><td>电源开关</td><td>机械校零</td><td>电源指示灯</td><td>编码开关</td><td>量程指示</td><td>同步/异步指示</td></tr>
<tr><td>8</td><td>9</td><td>10</td><td>11</td><td>12</td><td>13</td><td>14</td></tr>
<tr><td>同步/异步选择按键</td><td>信号输入端</td><td>浮置/接地选择开关</td><td>关机锁存/不锁存选择开关</td><td>放大器电压输出</td><td>电源熔丝</td><td>电源线</td></tr>
</table>
</td></tr>
<tr><td>使用操作</td><td>
① 将毫伏表垂直放置在水平工作台上，分别调节机械校零旋钮，使电表的两个指针（黑色或红色）到机械零位。
② 安装测量用同轴电缆。测量接线时先接低电位线端（黑色鳄鱼夹），再接高电位线端（红色鳄鱼夹），接低电位线端要选择良好的接触点。测量完毕拆线时，要先拆高电位线端，再拆低电位线端。
③ 按下电源开关，接通电源，电源指示灯亮，各挡位发光二极管由左至右依次轮流点亮检测，检测完毕后停止于 300V 挡指示，并自动将量程置于 300V 挡。
④ 按动面板上的同步/异步选择按键，选择同步/异步工作方式。“SYNC”灯亮为同步，“ASYN”灯亮为异步。同步工作时 CH1 和 CH2 的量程由任一通道控制开关控制，使两通道具有相同的测量量程，适用于立体声或者二路相同放大特性的放大器；异步工作时 CH1 和 CH2 通道相互独立控制，适用于测量两个电压量程相差比较大的情况，如测量放大器增益。
⑤ 毫伏表开机后量程自动位于最大挡，可根据被测信号的大小调节编码开关选择合适的量程。为了减少测量误差，应使表头指针指在电表满刻度的 1/3 以上区域（由于电容的放电过程，指针在此过程中有所晃动，须待指针稳定后读取读数）。
⑥ 当选 100V、10V、1V、100mV、10mV、1mV 量程时，读数看表头中满刻度为 1.1 的上刻度盘读数；当选 300V、30V、3V、300mV、30mV、3mV、300μV 量程时，读数看表头中满刻度为 3.5 的下刻度盘读数。如选用 0.3V 的挡位，读数时看满刻度为 3.5 的表盘，若此时指针指在 1 的位置上，则实际测量电压为有效值 0.1V。
⑦ 结束
先拆下高电位线端，后拆下低电位线端，再关闭电源。
</td></tr>
</table>

续表

类　型	内　容
	⑧ 其他应用 a. 浮置/接地功能 ● 当将开关置于浮置时，输入信号地与外壳处于高阻状态，当将开关置于接地时，输入信号地与外壳接通。 ● 在音频信号传输中，有时需要平衡传输，此时测量其电平时，不能采用接地方式，需要浮置测量。 ● 在测量 BTL 放大器时，输出两端任一端都不能接地，否则将会引起测量不准甚至烧坏功放。此时采用浮置方式测量。 ● 某些需要防止地线干扰的放大器或带有直流电压输出的端子及元器件二端电压的在线测试等均可采用浮置方式测量，以避免由于公共接地带来的干扰或短路。 b. 放大器的使用 毫伏表具有输出功能，每一个通道都是高灵敏度的放大器，可独立使用，在后面板上有它的输出端。 c. 关机锁存功能 ● 当将后面板上的关机锁存/不锁存选择开关拨向 LOCK 时，在选择好测量状态后再关机，则当重新开机时，仪器会自动初始化成关机前所选择的测量状态。 ● 当将后面板上的关机锁存/不锁存选择拨向 UNLOCK 时，则每次开机时仪器将自动选择量程 300V 挡与 ASYN 状态
注意事项	① 毫伏表要在正常工作条件下使用，不允许在日光曝晒、强烈振动及空气含有腐蚀性气体的场合下使用。 ② 测量 30V 以上的电压时，须注意安全，所测交流电压中的直流分量不得大于 100V。 ③ 毫伏表在小量程（小于 1V）时，输入端不允许开路。毫伏表输入端开路时，由于外界感应信号的影响，指针可能超过量程偏转。为避免外界干扰电压进入仪表，造成指针碰弯、仪表损坏，不测量时，应调至较大量程（10V 或以上）。 ④ 毫伏表指示的为正弦波的有效值，若待测正弦信号是失真波形，其读数没有意义；若待测信号不是正弦波，则会引起很大误差

5. 数字示波器

DS1022C 型数字示波器，具有超薄设计，体积小巧，存储深度高，彩色液晶屏波形显示清晰自然，触发功能丰富，实时采样率高，集成 USB 接口支持 U 盘存储、打印和直接系统升级等优点。其简介见表 1-15。

表 1-15　DS1022C 型数字示波器

类　型	内　容
外形	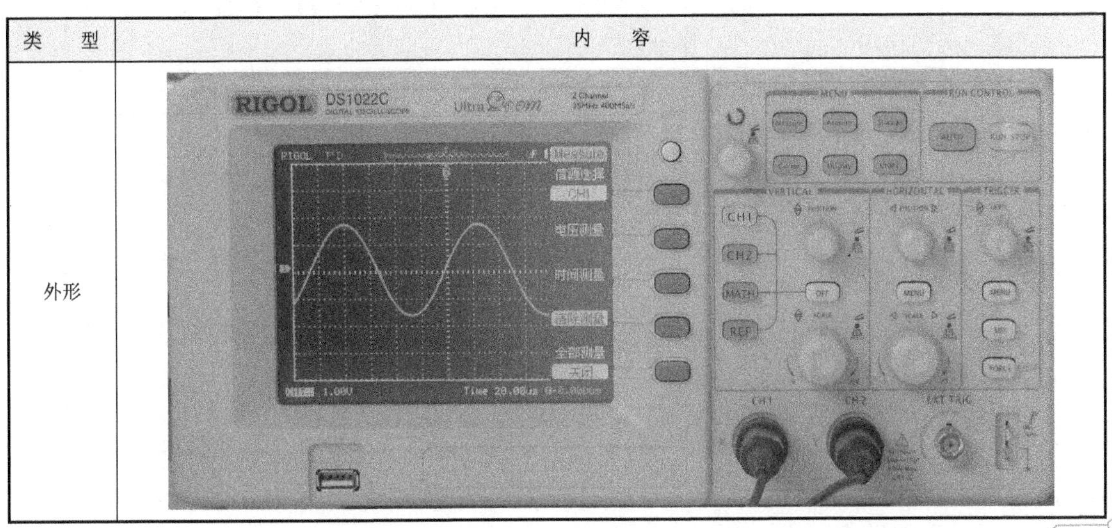

续表

类型	内容		
	控制方向	名称	作用
功能键及端口	多功能旋钮		多功能旋钮，不同情况下有不同的功能
	菜单控制	Measure	设置自动测量方式，选择自动测量项目后，屏幕下方以文字方式显示测量结果
		Acquire	设置采样方式
		Storage	存储和调出波形
		Cursor	使用光标测量波形数据，屏幕上显示光标线，可以使用多功能旋钮调整光标位置，屏幕显示光标线与信号波形交点处的数值
		Display	设置显示方式
		Utility	设置辅助系统
	运行控制	AUTO	按下此按钮后，示波器自动分析输入信号，自动设置示波器参数并显示波形
		RUN/STOP	运行和停止控制按键
	垂直系统	CH1	打开或关闭通道 1
		CH2	打开或关闭通道 2
		MATH	打开或关闭运算结果通道 运算结果：对两个通道的波形进行数学运算后的结果
		REF	打开参考波形通道。 参考波形：将某一通道的波形保存在存储器中，可用于事后观察或与其他波形对比
		POSITION	垂直位置调整，左右旋转调整波形垂直位置（按下后垂直位置回 0）
		OFF	关闭打开的通道
		SCALE	垂直比例调整，左右旋转调整显示波形的垂直比例。 调整过程中，屏幕显示当前的垂直幅度设置数值（按下旋钮切换粗调/微调）
	水平系统	POSITION	水平位置调整，左右旋转调整波形水平位置（按下后水平位置回中点）
		MENU	菜单键，按下后打开时间菜单（TIME）
		SCALE	水平扫描时间“s/div（秒/格）”调整，左右旋转旋钮调整水平扫描时间。 按下旋钮可使用延迟扫描，将显示波形的一个局部放大，此时左右旋转旋钮可调整延迟时间
	触发系统	LEVEL	触发电平调整，左右旋转调整触发电平。 旋转 LEVEL 旋钮时屏幕上出现一条橘红色点画线，表示当前触发电平位置（按下后触发电平回零点）

续表

<table>
<tr><th>类　型</th><th>内　　容</th></tr>
<tr><td>功能键及端口</td><td>
续表
<table>
<tr><th>控制方向</th><th>名　称</th><th>作　用</th></tr>
<tr><td rowspan="3">触发系统</td><td>MENU</td><td>菜单键，按下后打开触发菜单。
① 设置触发模式
a．信源选择，选择触发信号源。
b．边沿类型，选择触发边沿类型为上升沿、下降沿、上升和下降沿触发。
c．触发方式，选择触发方式为自动、普通、单次等。
② 设置脉宽触发
③ 设置斜率触发
④ 设置视频信号触发</td></tr>
<tr><td>50%</td><td>设定触发电平在触发信号幅值的垂直中点</td></tr>
<tr><td>FORCE</td><td>强制产生一触发信号，主要应用于触发方式中的“普通”和“单次”模式</td></tr>
<tr><td rowspan="7">菜单选择按键及显示</td><td>MENU（ON/OFF）</td><td>打开或关闭弹出式菜单</td></tr>
<tr><td>菜单按钮</td><td>菜单选择按钮，其功能在对应的屏幕上显示</td></tr>
<tr><td>菜单栏</td><td>弹出式菜单，指示示波器的设定项目</td></tr>
<tr><td>运行状态栏</td><td>指示当前示波器的运行状态</td></tr>
<tr><td>波形显示区</td><td>显示当前信号波形</td></tr>
<tr><td>测量结果栏</td><td>显示当前的测量结果</td></tr>
<tr><td>设置状态栏</td><td>指示示波器当前的设置状态</td></tr>
<tr><td rowspan="4">输入/输出端口</td><td>USB 接口</td><td>连接测试软件或波形打印</td></tr>
<tr><td>X、Y</td><td>模拟信号输入通道</td></tr>
<tr><td>EXTTRIG</td><td>外触发输入通道</td></tr>
<tr><td>⎍</td><td>探头元件</td></tr>
</table>
</td></tr>
<tr><td>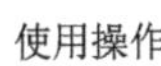使用操作</td><td>以测量电路中某一未知信号的峰峰值和频率为例。
步骤 1：按下 CH1 按键，打开 CH1 设置菜单。设置探头菜单衰减系数（设定为 10×），将探头上的开关也设定为 10×。将通道 CH1 的探头连接到电路被测点。
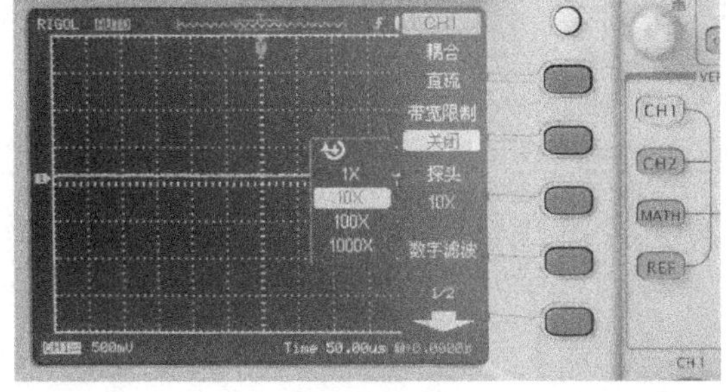

（a）设置菜单
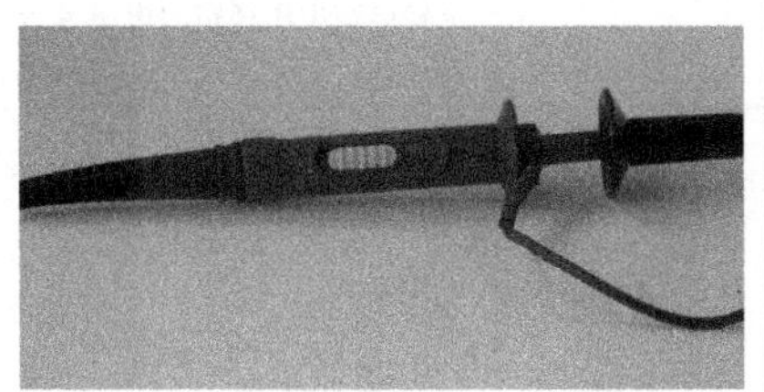
（b）设定探头开关</td></tr>
</table>

续表

类　型	内　容
使用操作	步骤 2：按下 AUTO（自动设置）按钮，示波器将自动设置使波形显示达到最佳；进一步调节水平扫描挡位，直至波形的显示符合要求。 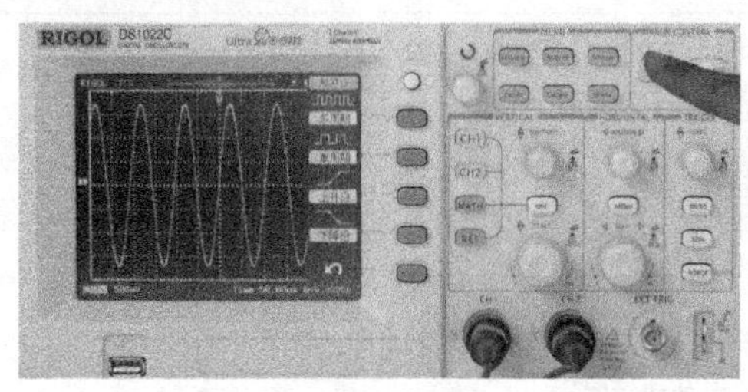 （a）自动调节后的波形 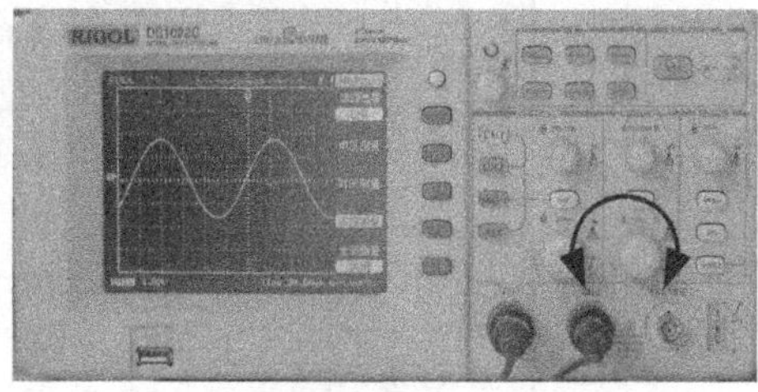 （b）调节水平扫描 步骤 3：按下 MEASURE（自动测量）按钮，打开自动测量菜单；按下电压测量选择按钮，选择峰峰值；屏幕左下角出现测量结果：$V_{PP}(1)$=3.40V，自动测量结果显示 MEASURE 按钮灯亮。 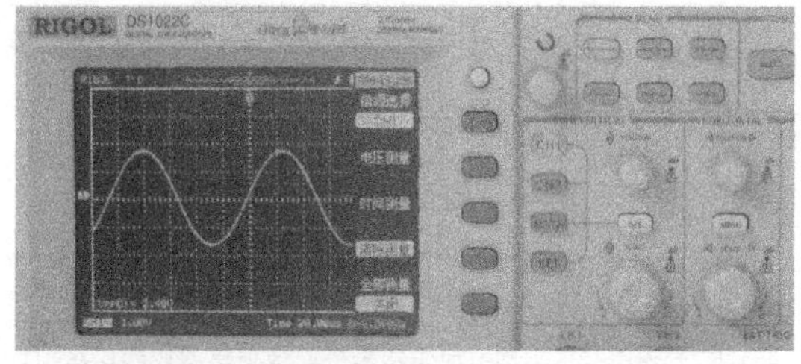 步骤 4：按下时间测量选择按钮，选择频率；屏幕下方显示测量结果图中显示：Freq(1)=9.542kHz。 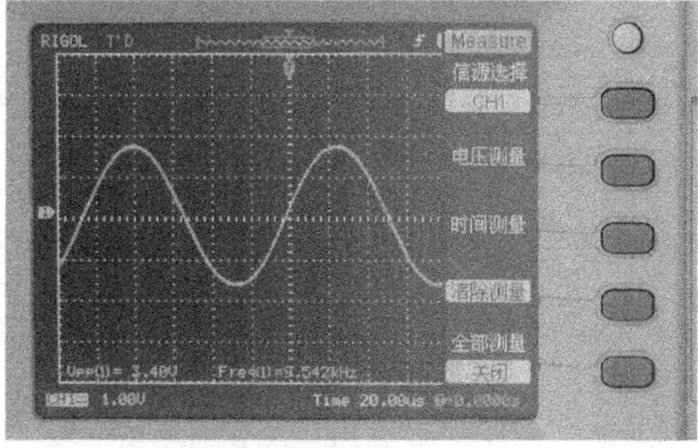 步骤 5：按下清除测量按键时屏幕显示的测量结果消失
注意事项	① 使用仪器前仔细阅读产品使用说明书，具体了解其功能、使用方法。 ② 被测量设备和测量设备可靠连接参考地，或使用良好的隔离系统。 ③ 一般要求示波器的频带宽度是测试信号的（2～5）倍。 ④ 根据信号幅度大小确定合适的衰减系数，匹配好探头。若被测信号大于 400V 以上就要采用高压衰减探头，否则就看不到信号，还有可能因为电压过高而损坏仪器。 ⑤ 选择电网电压稳定的电源系统，减少干扰，稳定测试信号；避免仪器周围强磁场的干扰。 ⑥ 测量与电网不能隔离的电子设备的浮地信号时，必须用高压隔离差分探头或示波器采用电池供电

6. 使用好仪器仪表

（1）使用与保管

步骤 1：合理摆放。

一般情况下直读的仪表、仪器放在操作人员的左侧，示波器、信号发生器等测量仪器放在右侧，以求连线整齐清楚、调节读数方便、操作安全、无相互影响。

步骤 2：良好“共地”。

将各台电子仪器及被测网络装置的“地”端，按信号输入、输出的顺序组成可靠“共地”，如图 1-3 所示。

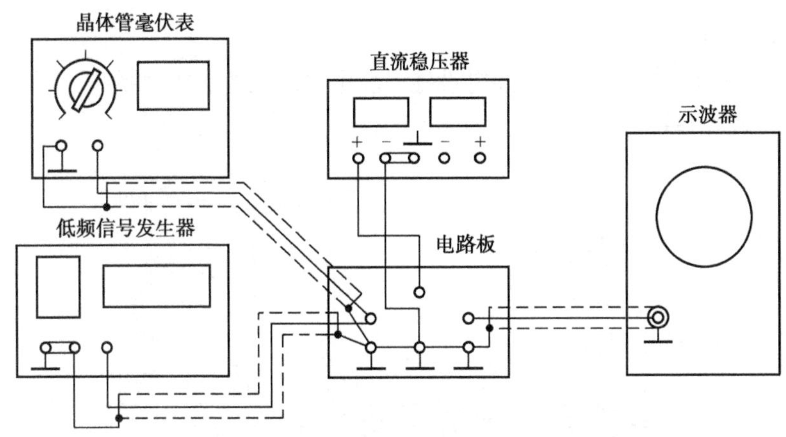

图 1-3　检测仪器和被测电路“共地”

步骤 3：规范使用。

使用前，调整好面板上的开关、旋钮，选择合适的功能和量程。将仪器设备连接到与工作电压相一致的供电电源上，开通仪器的通风设备。

使用中，有目的地、均衡地扳（旋）动仪器设备的开关（或旋钮），缓慢增加和减少各种负载，缓慢调节电路参数。

使用后，将面板上所有开关和旋钮调到安全位置。

步骤 4：妥善保管。

保持仪器设备清洁，轻拿轻放，不随意调换与擅自拆卸。防腐蚀、防漏电，取出长期不用的仪器设备内部的干电池，仪器设备的带电部分间及地之间保持一定的距离，并设置安全标志。

仪器设备存放于向阳通风的房间里，用塑料袋封装，并在袋内放一些干燥剂，放置在无雨、雪和水侵袭的位置。

（2）确保人身安全

为保障操作人员的人身安全，作业过程中的注意事项见表 1-16。

表 1-16　人身安全注意

序　号	内　容
1	习惯于一只手操作，另一只手也不要接触机器中的金属零部件，并与邻近带电器件保持可靠的安全距离
2	先断电，再接线、拆线、改接电路或更换元器件，再接通电源
3	人体严禁直接接触带电电路中未绝缘的金属导体或连接点；应两人以上合作完成具有一定危险的调试，特别注意 500V 以上的高压危害

任务 4　感受防静电工作区

1. 了解布局

步骤 1：弄清工作区的构成。

防静电工作区由边界、标志、防静电设施、静电检测设备、接地系统、环境（温湿度）控制等要素构成，如图 1-4 所示。

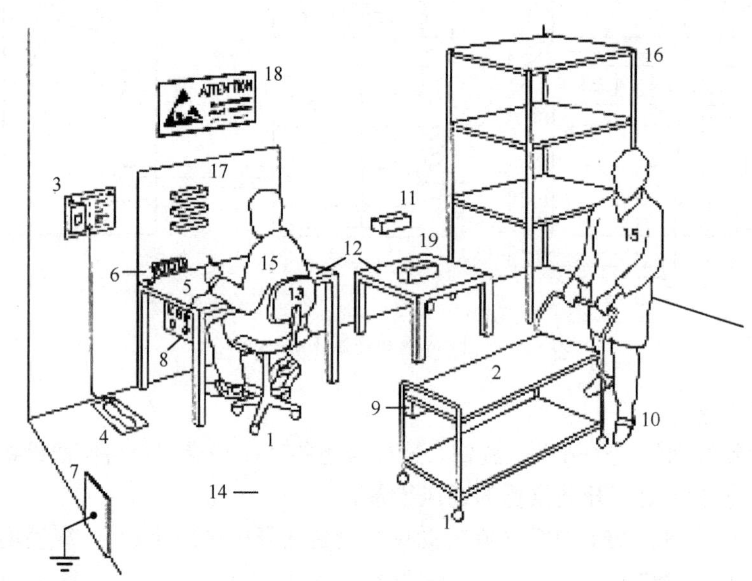

1—静电接地的轮子	2—接地的工作表面	3—手腕带测试器
4—鞋袜测试器	5—手腕带接线和手腕带	6—接地线
7—静电放电接大地装置	8—静电地	9—接地连接点
10—脚跟带	11—电离器	12—静电泄漏工作面
13—带接地脚和靠垫的椅子	14—防静电地板	15—防静电工作服
16—能够静电接地的储物架	17—能够接地的物品架	18—防护工作区警示标志
19—机器设备		

图 1-4　防静电工作区

步骤 2：认清防静电表面产品。

防静电表面产品见表 1-17。

表 1-17　防静电表面产品

名 称 产 品	示例实物图	说　明
防静电地板		① 防静电地板有多种，按时效性分，有永久性和临时性；按材料分有导电橡胶、PVC、导电陶瓷等；按铺设方式分，有地面直接铺设和架空铺设。 ② 防静电地板的传导是通过打蜡来维护的，每星期须测试一次作业区地板的电阻值。 ③ 清洁地板时必须使用防静电拖把清除污迹，并使用防静电清洁剂

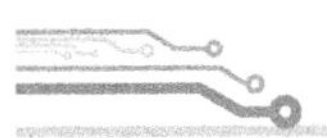

续表

名称产品	示例实物图	说　明
防静电地垫		① 复合层结构有效缓冲脚部压力、缓解疲劳，适合于防静电区域长时间站立工位。 ② 可防滑、防烫、抗油脂、耐酸碱溶剂、耐磨损，清洁方便，易于迁移，使用安全
防静电台垫		① 台垫表面为草绿色，导电物质是抗静电剂，底层为黑色，导电物质是碳黑。 ② 用于各工作台表面的铺设，每个台垫串接一个 1MΩ电阻器后与防静电接地线连接

步骤 3：摸清接地系统。

图 1-5 所示为静电防护控制接地系统示意图。工作台上的仪器、电烙铁、电离器由单相三线电源供电，其金属外壳通过电源保护接地线接地。

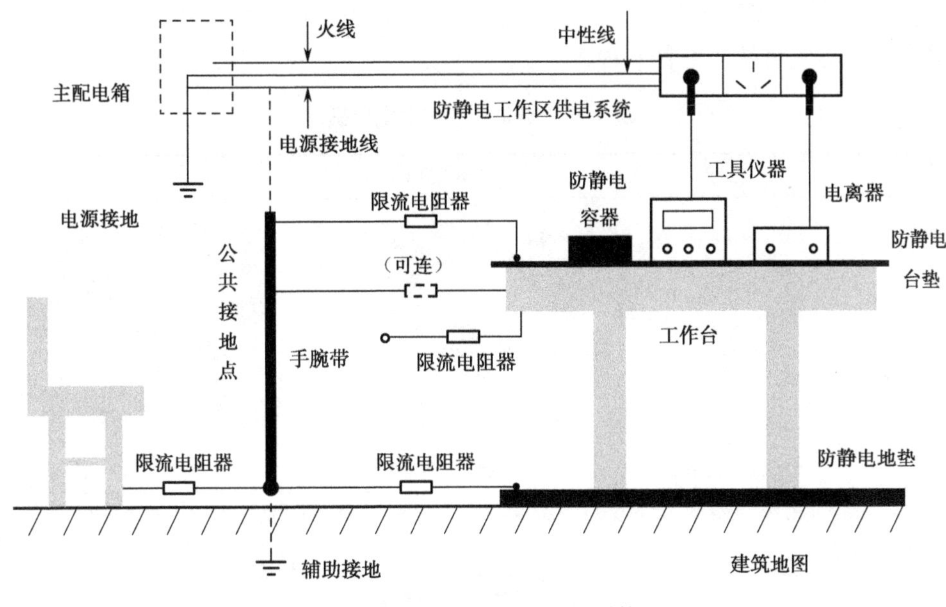

图 1-5　静电防护控制接地系统

防静电台垫、地垫、座椅、手腕带等通过限流电阻器连接到公共接地点，手腕带接地电缆一般都内装有限流电阻器，如果电缆中没有内装限流电阻器，则图 1-5 中虚线标志的电阻器不可省略，阻值一般为 1MΩ。在永久性防静电工作区内，一般把公共接地点连接到电源保护地线上。

防静电工作区中可能有多个工作台，使用不同的电源保护接地线支线，但各电源保护接地线支线在主配电箱中汇合与电源中性线相连，最终接到大地上。没有电源保护接地线、不便利用或特殊需要，也可把公共接地线接到辅助接地线上，但两个接地系统之间要无电位差或电位差很小。

步骤 4：识读防静电警示标志。

防静电警示标志见表 1-18。

表 1-18　防静电警示标志

标志名称	示例图	说明
静电敏感标志		表示该物体或其某区域对静电放电引起的伤害十分敏感，不得接近。通常所有的静电敏感器件包装上，明显或不易受到磨损的地方都有这一标志，避免拆封时造成静电放电防护缺失
静电保护标志		表示该物件或设备经过专门设计具有防静电功能，即防护措施已到位。使用于已有静电放电防护的项目，如静电桌面、椅子、工具及符合静电防护的设备等
防静电工作区域标志		黄黑相间或黄白相间的斜条纹，线条宽度为 5～10cm，表示该区域为防静电工作区

2. 穿戴个人防静电用品

穿戴个人防静电用品，见表 1-19。

表 1-19　穿戴个人防静电用品

步骤 1	戴工作帽
示例实物图	(a) 防静电工作帽　(b) 正确穿戴　(c) 错误穿戴
作用	头发是人体的唯一绝缘体，摩擦容易产生静电，加上头发很多很密，并可能脱落，产生静电的影响很大，所以需要保护起来
步骤 2	穿工作鞋（脚带）
示例实物图	(a) 防静电工作鞋　(b) 防静电拖鞋　(c) 防静电脚带　(d) 正确穿着　(e) 错误穿着
作用	① 将人体与防静电地面连接起来，保证人体的电压与防静电地面等电位，与周围物体间没有电位差，不产生放电。 ② 迅速将静电泄放到防静电地面
注意事项	① 进入作业区的操作人员，必须穿着工作鞋。 ② 每次在进入作业区前，必须用专用测试器检查工作鞋的使用性能，并做好记录

续表

步骤 3	穿防静电服
示例实物图	 （a）防静电工作服　（b）正确穿着　（c）错误穿着
作用	① 将人体屏蔽起来，不至于被感应产生静电，也不至于人体的静电影响到周围的产品。 ② 防静电工作服上的导电丝，能够将静电迅速地通过人体、工作鞋泄放到防静电地面
注意事项	① 进入作业区必须穿着大小适中、合身合体、完好无损的防静电工作服。 ② 拉满拉链，不露出里面的衣服。 ③ 扣好领口、袖口及中缝的扣子，不露出铜拉链。 ④ 非防静电衣服的衣领不外翻。 ⑤ 防静电工作服的袖子不挽起，不露出里面的衣服。 ⑥ 手表、首饰等物品不露在防静电工作服外
步骤 4	戴手套（指套）
示例实物图	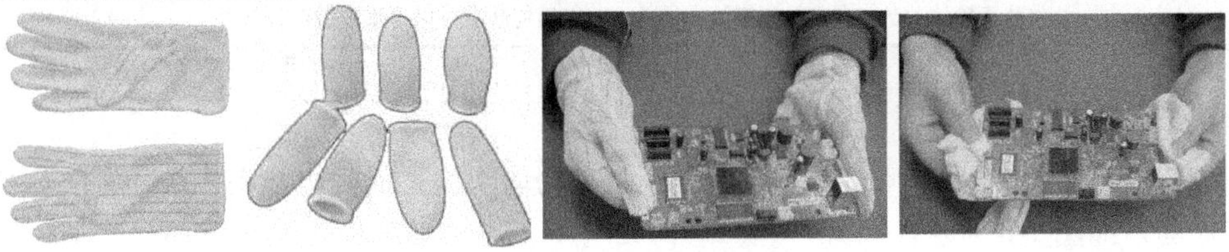 （a）防静电手套　（b）防静电指套　（c）正确使用　（d）错误使用
作用	防止人体与静电敏感元件或电路板接触时，产生直接放电
注意事项	在拿取 PCB、PCBA、半成品和静电释放敏感产品时，必须戴防静电工作手套
步骤 5	带手腕带
示例实物图	（a）防静电手腕带　（b）正确佩带
使用说明	① 佩带时套在手的一端，且必须贴紧皮肤，不要戴在衣服或手套上。 ② 每次在进入作业区前，必须用专用测试器检查手腕带的使用性能，并做好记录
作用	当人坐下来后，双脚可能不会完全着地，或接地难以保证完全良好，需要另外增加措施保证接地，泄放人体在操作过程中积累的静电电荷

续表

步骤 5	带手腕带
错误佩带	（a）例一　（b）例二　（c）例三
测试	① 把测试器面板上的选择开关拨至手腕带检测挡； ② 按正确的方法佩戴手腕带； ③ 把手腕带插头插入检测器面板上的腕带插孔处； ④ 按检测器面板上的检测按钮，持续 2～3 秒，当绿灯持续点亮，表示手腕带合格；如红灯或黄灯亮，且有警告提示声，则表示检测不合格，须更换
注意事项	① 手腕带必须对人体无刺激、无过敏影响。 ② 所有与静电释放敏感产品和设施有直接接触的操作人员在作业中必须佩戴手腕带，并将手腕带接入可靠的防静电接地系统中。 ③ 皮肤干燥的人员要在戴手腕带处，抹上一些专用皮肤霜，以增加皮肤的导电性

3. 体验防静电工作台

防静电工作台用于泄放人体和工作台面上物体所积累的静电电荷，提供一个无静电电压的作业面，如图 1-6 所示。

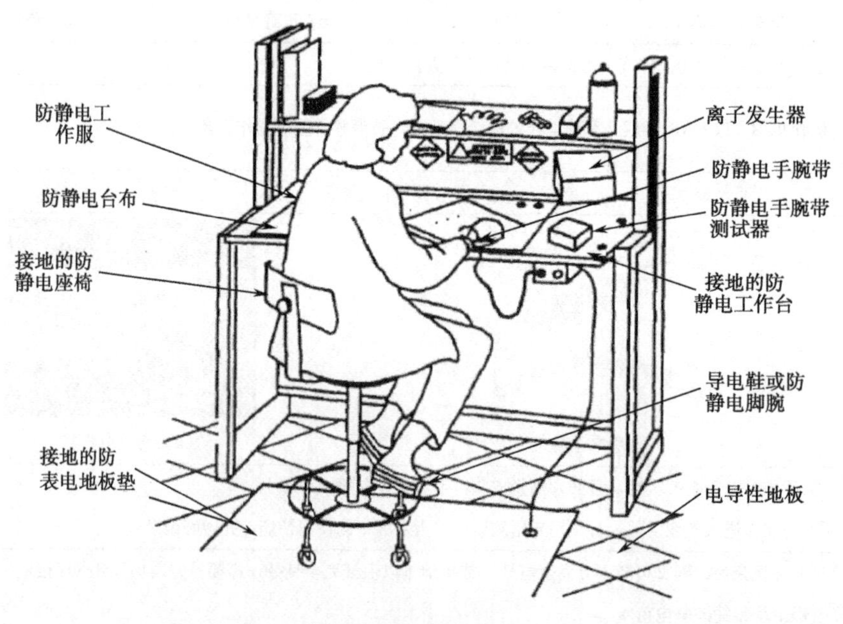

图 1-6　防静电工作台

4. 使用防静电包装

使用防静电包装，见表 1-20。

表 1-20　使用防静电包装

方法 1	使用静电屏蔽袋
示例实物图	（a）静电屏蔽袋　（b）正确使用　（c）错误使用
作用	对静电敏感元件或电路板进行屏蔽，防止静电对内部物品的损坏
方法 2	使用防静电袋
示例实物图	
注意事项	不可在防静电工作区外使用
方法 3	使用防静电容器
示例实物图	（a）防静电转运箱　（b）正确使用　（c）　错误使用
作用	在周转、运输及储存中，能对装在内部的静电敏感元件或电路板提供等电位的保护
注意事项	在电子设备研制生产过程中，一切贮存、周转用防静电容器（元器件袋、转运箱、印制板架、元器件存放盒等）应具备静电防护性能，不允许使用金属和普通塑料容器。必要时，存放部件用的周转箱应接地，在长时间存放器件时，要盖好上盖

项目测试

（一）选择题

1．任何电气设备在未验明没有带电之前，一律应该认为（　　）。

A．没有电　　B．也许有电　　C．有电

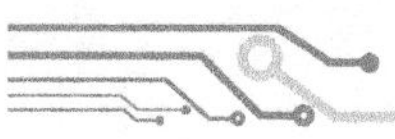

2．漏电保护器的主要作用是防止（　　）。

A．电压波动　　B．触电事故和电气火灾　　C．超负荷

3．安全电压不得高于（　　）。

A．36V　　B．50V　　C．110V　　D．220V

4．电器着火时宜使用的灭火材料是（　　）。

A．清水　　B．二氧化碳　　C．泡沫　　D．干粉

5．在防静电场所，下列行为中正确的是（　　）。

A．穿、脱防静电工作服

B．在防静电工作服上附加或佩戴金属物件

C．穿有防静电工作服与防静电鞋

6．为消除静电危害，防止静电产生的主要措施是（　　）。

A．接地　　B．通风　　C．防爆　　D．防潮

（二）填空题

7．根据所学知识，填写表 1-21。

表 1-21　识别手工工具

序　号	工具名称	型号规格	主要功能
1			
2			
3			
4			
5			
6			

8．根据图 1-7 所示指针指示位置，填写表 1-22。

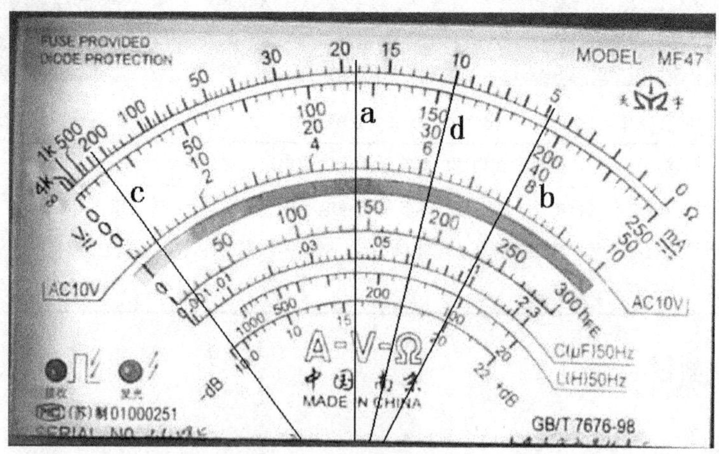

图 1-7　万用表面板显示

表 1-22　万用表使用练习

位　置	项　　目	数据内容							
a	挡位/量程选择开关	×1Ω	×10Ω	×100Ω	×10kΩ	10 V̰	50 V̰	250 V̰	500 V̰
	读数								
	挡位/量程选择开关	2.5V̲	50V̲	1000V̲	0.5mA̲	5mA̲	50mA̲	500mA̲	5A̲
	读数								
b	读数	4.7Ω	47Ω	470Ω	7.8 V̰ V	39 V̰	195 V̰	780 V̰	195mA̲
	挡位/量程选择开关								
	读数	1.95V̲	195V̲	390V̲	780V̲	39mA̲			
	挡位/量程选择开关								
c	挡位/量程选择	250 V̰	25mA̲	×100Ω	2500 V̰	250mA̲	×10Ω	25V̲	×1kΩ
	读数								
	挡位/量程选择开关应选位置								
d	倍率	×1Ω	×10Ω	×100Ω	×1kΩ	×10kΩ			
	电阻值								

9．表 1-23 中示例图的内容都是不符合工作要求的，填写出不合格的理由。

表 1-23　检查不合格

项目	内　　容		
示例图	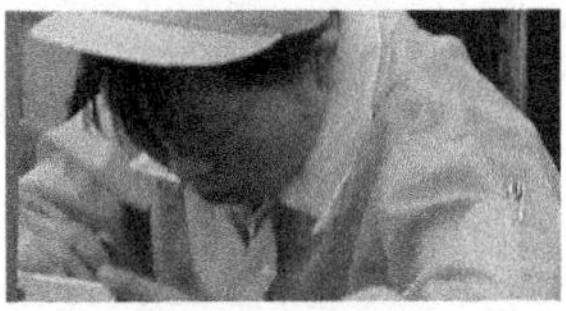		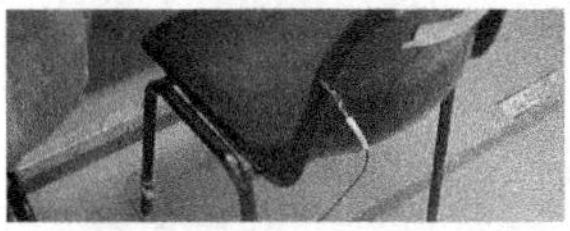
理由			
示例图		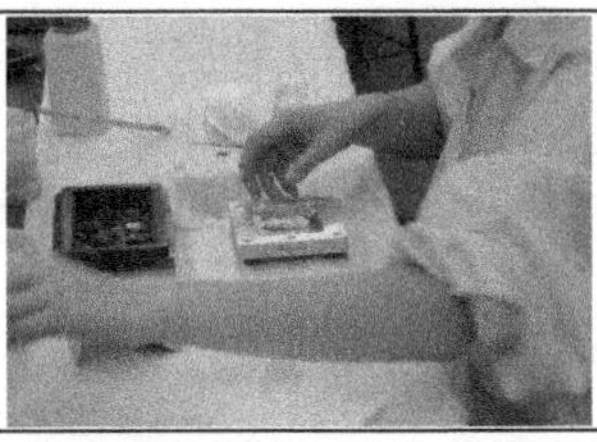	
理由			
示例图	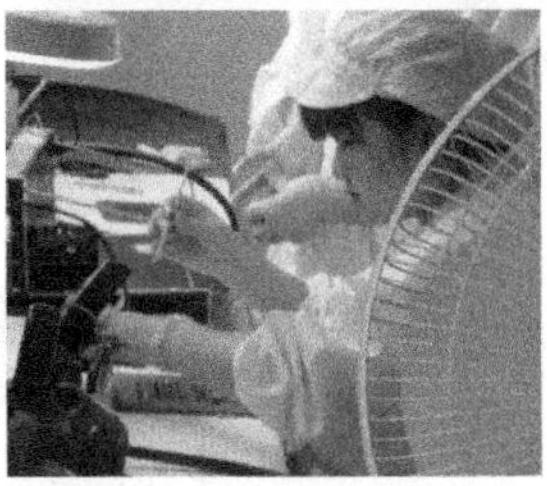	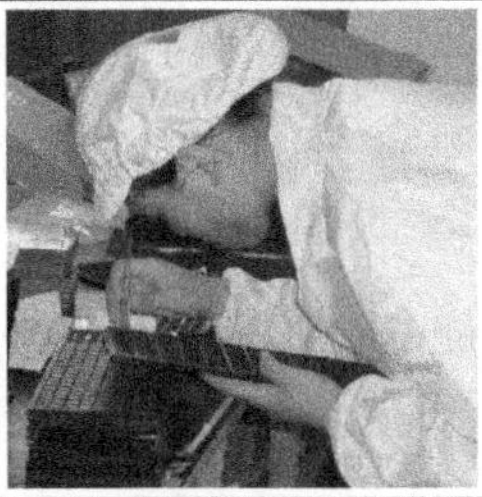	
理由			

续表

项目	内　容		
示例图			
理由			

项目总结

1. 归纳梳理

① 电子技能实训室是学习电子产品的装配与调试的场地，防静电工作区是为确保高密度集成电路组成的电子产品不受静电放电的危害进行生产的场地，并且在学习和生产过程中还要遵守安全文明守则。

② 螺钉旋具常用的有木柄或塑料柄的一字形头和十字形头，运用它们可以完成对不同螺钉的紧固或拆卸；钳子是用来剪切或夹持导线、金属丝、工件的常用工具，常用的有平口钳和尖嘴钳。

③ 功率大小不同的外热式、内热式电烙铁常用于焊接元器件及导线，它们有各自的结构、性能及使用方法与技巧，能正确使用它们是完成电子产品装配与调试的关键。

④ 万用表有指针式和数字式两种形式，是常用的多用途仪表。它们可以直接测量直流电流、直流电压、交流电压、直流电阻和晶体三极管直流放大倍数。数字式万用表还可以直接测量交流电流、电容量等；指针式万用表经过附加一些元件后，也可以实现这些功能。

信号发生器是一种能产生正弦波、矩形波及 TTL 逻辑电平信号，且信号的幅值和频率在一定范围内可自由调节的多功能电子仪器。利用数字示波器能观察各种不同信号幅度随时间变化的波形曲线，或测试如电压、电流、频率、相位差、调幅度等不同的电参量。

为确保人身和检测设备的安全，必须遵守检测设备使用要求，合理放置，可靠“共地”，按使用说明书作业进行操作。

2. 项目评估

评估指标	评估内容	配分	自我评价	小组评价	教师评价
学习态度	① 出全勤。 ② 认真遵守学习纪律。 ③ 搞好团结协作	15			
安全文明生产	① 严格遵守安全操作规程。 ② 工作台面整洁，工具配备齐全，摆放整齐。 ③ 仪器、仪表摆放位置合理，能按要求使用	10			

续表

评估指标	评估内容	配分	自我评价	小组评价	教师评价
理论测试	语言上能正确清楚地表达观点	5			
	能正确完成项目测试	10			
操作技能	了解安全用电防护措施	10			
	能正确使用螺钉旋具、钳子、电烙铁等工具	20			
	能正确使用指针式和数字式万用表	20			
	能正确使用信号发生器、数字示波器	10			
总评分					
教师签名					

3. 学习体会

收获	
缺憾	
改进	

项目二

组装音乐门铃

项目目标

技能目标	① 会选择、配置和使用仪器仪表及工具。 ② 了解音乐门铃电路的组成、基本原理，学会识读电路原理图及印制电路板图。 ③ 会根据元器件上的标识了解其标称值、允许误差等技术参数，学会识别与质量检测。 ④ 会手工焊接的步骤和方法及电路故障分析和排除方法。 ⑤ 能从多种信息渠道获取相关知识，培养自学能力和合作精神
知识目标	① 了解常用导线、电池、焊接材料的特性与作用，了解电阻器等电子元器件的意义及作用。 ② 了解锡焊知识。 ③ 了解电子电路的调试方法

项目描述

门铃，顾名思义就是提醒主人有客来访。古代中国的门铃为有钱的大户人家大门上安装的装饰性门环与环下的门钉，它们在来人的拍击下发出较大的响声；外国的则是有钱人门前吊着的大青铜手柄和屋里面与它连着的铃铛，有客至门前拉动手柄，铃铛就会发出响声。现代生活中的门铃已在平民百姓家普遍应用，且各式各样，既人性化又智能化。

电子门铃按其控制方式有无线门铃和有线门铃，按供电方式有交流型和直流型。无线门铃按发射器的供能方式分为有源无线门铃和不用电池的无线门铃，按传输的内容分为无线非可视门铃和无线可视门铃，还有无线数码门铃，如图 2-1 所示。

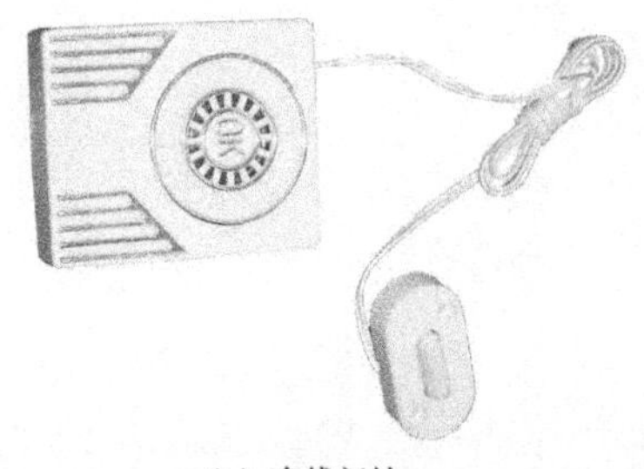

（a）有线门铃

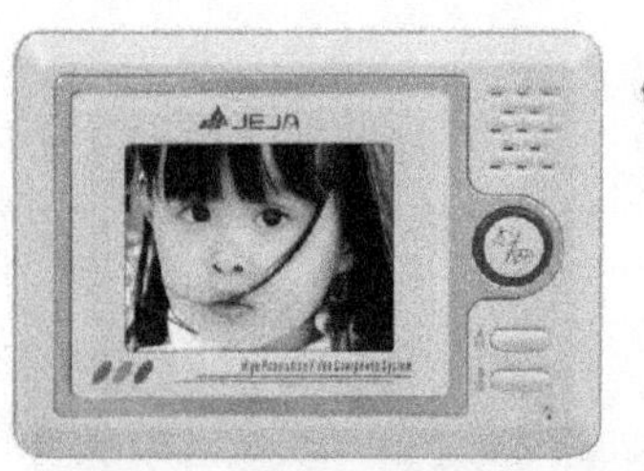

（b）无线可视对讲门铃

图 2-1　电子门铃

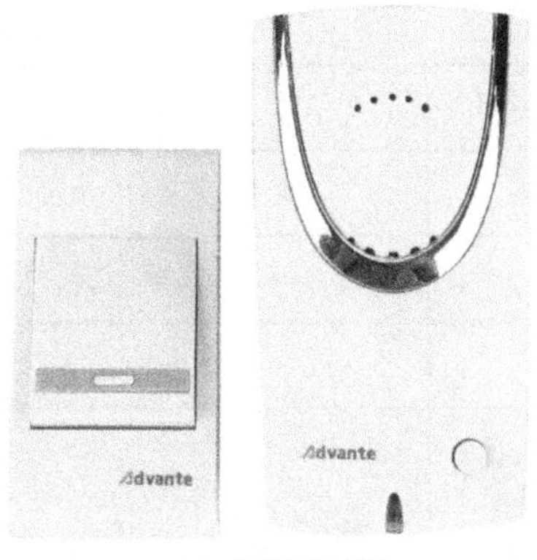

（c）交流无线门铃

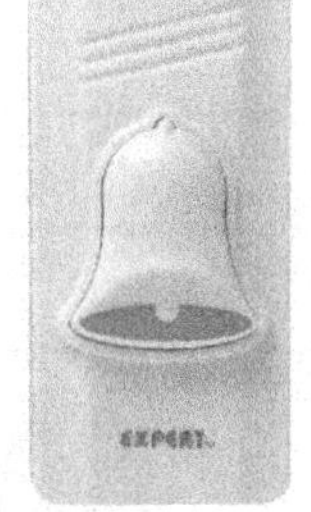

（d）直流无线数码门铃

图 2-1　电子门铃（续）

本项目通过对中夏牌 ZX2019 型音乐门铃的组装，来学习电阻器、电容器、二极管、三极管、扬声器、干电池、开关、接插件、常用导线等元器件与材料的性能、应用、质量检测，以及识读和装接该电路的基本方法。

项目实施

任务 1　元器件认知

中夏牌 ZX2019 型音乐门铃，元器件规格与数量见表 2-1。

表 2-1　元器件列表

序号	1	2	3
实物图			
名称	音乐集成电路	三极管	扬声器
位号	IC	V	BL
规格	PX088A	9013	8Ω
数量	1 块	1 只	1 个
序号	4	5	6
实物图			

续表

序号	4	5	6
名称	导线	门铃按钮双芯线	前盖、后盖、电池盖
数量	4 根	0.5m	1 套
序号	7	8	9
实物图		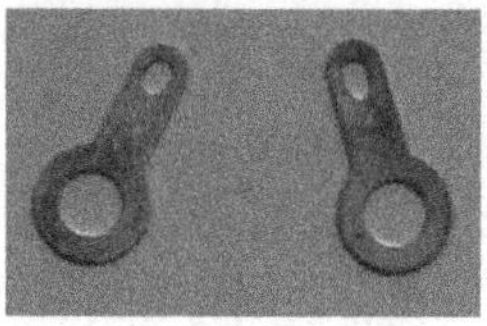	
名称	按钮座、按钮芯、扁担	焊片	直簧
规格	—	ϕ3.2mm	—
数量	1 套	2 个	2 个
序号	10	11	12
实物图	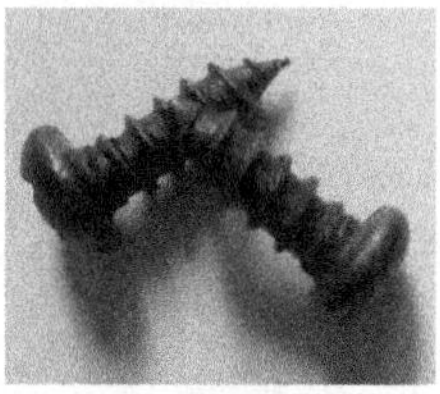		
名称	自攻螺钉	自攻螺钉	自攻螺钉
规格	ϕ3×8mm	ϕ3×6mm	ϕ2.5×5mm
数量	2 颗	2 颗	1 颗
序号	13		
实物图			
名称	电池正、负极簧片、连体簧片		
数量	1 套		

1. 电阻器

电阻器是用电阻材料制成的、有一定结构形式的、能在电路中起限制电流通过作用的电子元件，见表 2-2。

表 2-2　电阻器简介

项目	举例及说明	项目	举例及说明
外形	 （a）碳膜电阻器 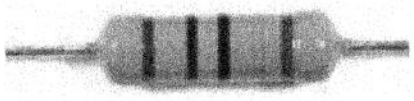　（b）金属膜电阻器 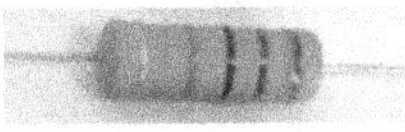 （c）金属氧化膜电阻器 　（d）有机实芯电阻器 RX21-10W （e）线绕电阻器 　（f）熔断电阻器  RX27-1 5W68RK （g）水泥电阻器 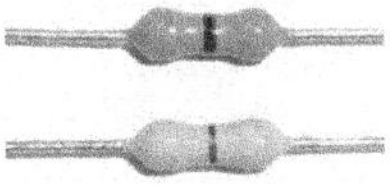　（h）零欧姆电阻器 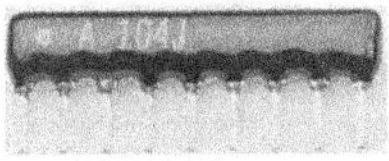 A 104J　R047 （i）集成电阻器 　（j）片式电阻器  100　102 （k）片式电阻网络	结构	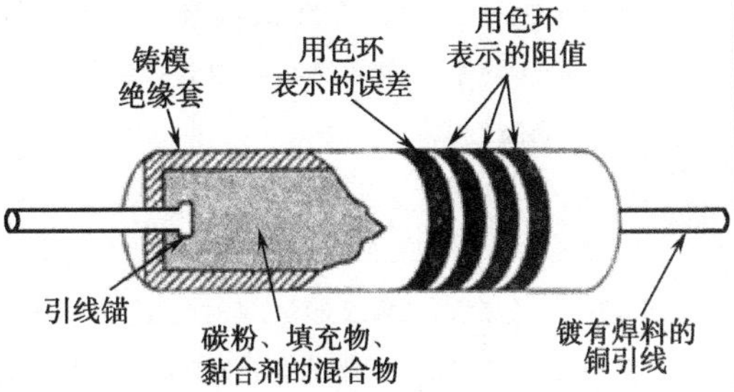 铸模绝缘套　用色环表示的误差　用色环表示的阻值 引线锚　碳粉、填充物、黏合剂的混合物　镀有焊料的铜引线 （a）碳膜电阻器 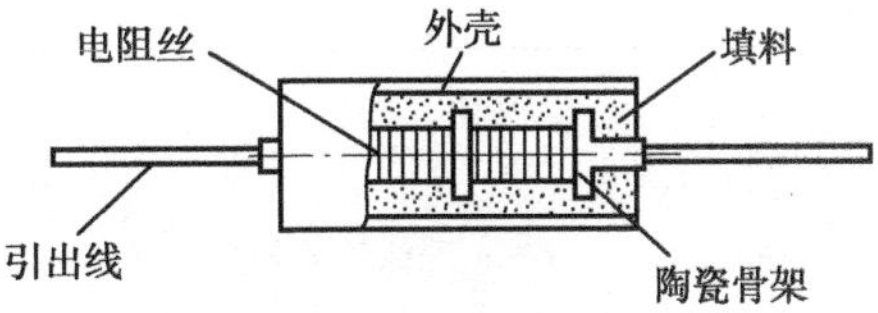 电阻丝　外壳　填料　引出线　陶瓷骨架 （b）线绕电阻器 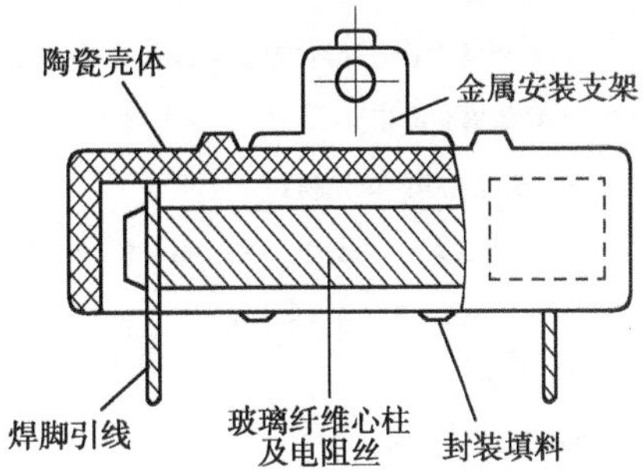 陶瓷壳体　金属安装支架　焊脚引线　玻璃纤维心柱及电阻丝　封装填料 （c）水泥电阻器
功能	用于控制和调节电路中的电流和电压或作为消耗电能的负载	分类	① 按结构形式：固定式、可调式、片式。 ② 按材料：合金型、薄膜型、合成型。 ③ 按用途：普通型、精密型、高频型、高压型、高阻型、敏感型、熔断型
图形符号	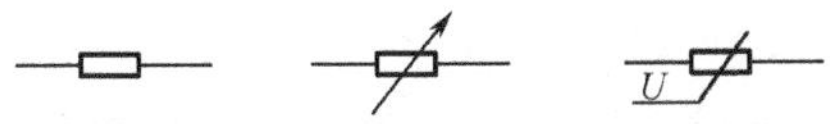 （a）固定式　（b）可调式　（c）U 压敏型 在电路中用字母“R”表示	型号意义	如 RJ72，由国家标准规定的型号命名法可知，R 表示电阻器，J 表示金属膜，7 表示精密型，2 表示生产序号，整个符号表示精密金属膜电阻器

续表

<table>
<tr><th>项目</th><th>举例及说明</th><th>项目</th><th>举例及说明</th></tr>
<tr>
<td>主要参数</td>
<td>（1）标称电阻值和允许误差
按标准系列进行生产的电阻器都有一个标称阻值，同一标称系列电阻器的实际值在该标称系列允许误差范围之内。
（2）额定功率
额定功率是在规定的大气压和特定的温度环境条件下，连续承受直流或交流负荷时电阻器所允许的最大消耗功率。采用标准化的系列值，其值在 0.05～500W 之间，功率越大，其体积也越大</td>
<td>连接</td>
<td> 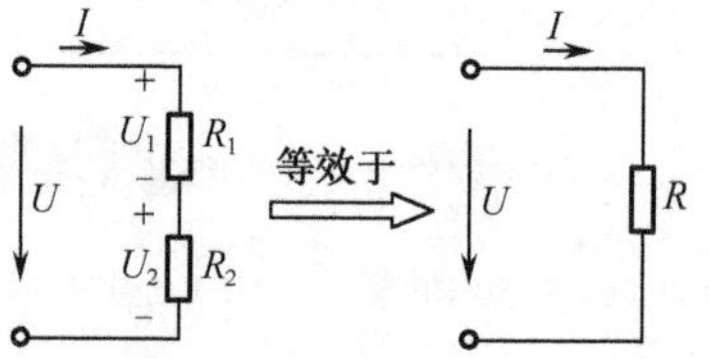I，U，U_1，R_1，U_2，R_2 等效于 I，U，R
（a）电阻器串联 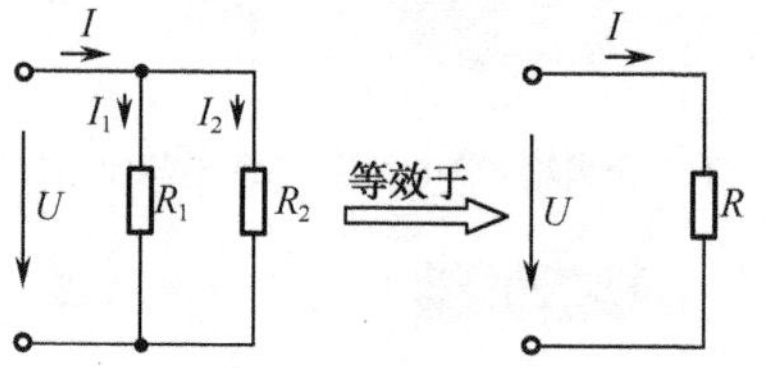
I，I_1，I_2，U，R_1，R_2 等效于 I，U，R
（b）电阻器并联</td>
</tr>
<tr>
<td>电参量关系</td>
<td>（1）定义式
$R=U/I$，其中 U——导体两端的电压，I——导体中通过的电流。
（2）决定式
$R=\rho L/S$，其中 ρ——导体电阻率，L——导体长度，S——导体横截面积。
（3）单位（国际单位制）
1TΩ（太欧）$=10^3$GΩ（吉欧）$=10^6$MΩ（兆欧）$=10^9$kΩ（千欧）$=10^{12}$Ω（欧）。
（4）功率
$P=I^2R$ 或 $P=U^2/R$。
（5）串联总电阻
$R=R_1+R_2+\cdots$
（6）并联总电阻
$1/R=1/R_1+1/R_2+\cdots$</td>
<td>标志识读</td>
<td>
<table>
<tr><th>颜色</th><th>第一位有效数</th><th>第二位有效数</th><th>第三位有效数</th><th>倍率</th><th>允许误差</th></tr>
<tr><td>黑</td><td>0</td><td>0</td><td>0</td><td>10^0</td><td></td></tr>
<tr><td>棕</td><td>1</td><td>1</td><td>1</td><td>10^1</td><td>±1%</td></tr>
<tr><td>红</td><td>2</td><td>2</td><td>2</td><td>10^2</td><td>±2%</td></tr>
<tr><td>橙</td><td>3</td><td>3</td><td>3</td><td>10^3</td><td></td></tr>
<tr><td>黄</td><td>4</td><td>4</td><td>4</td><td>10^4</td><td></td></tr>
<tr><td>绿</td><td>5</td><td>5</td><td>5</td><td>10^5</td><td>±0.5%</td></tr>
<tr><td>蓝</td><td>6</td><td>6</td><td>6</td><td>10^6</td><td>±0.25%</td></tr>
<tr><td>紫</td><td>7</td><td>7</td><td>7</td><td>10^7</td><td>±0.1%</td></tr>
<tr><td>灰</td><td>8</td><td>8</td><td>8</td><td>10^8</td><td></td></tr>
<tr><td>白</td><td>9</td><td>9</td><td>9</td><td>10^9</td><td></td></tr>
<tr><td>金</td><td></td><td></td><td></td><td>10^{-1}</td><td></td></tr>
<tr><td>银</td><td></td><td></td><td></td><td>10^{-2}</td><td></td></tr>
</table>
1.棕色 2.绿色 3.绿色 4.金色 5.棕色
1 5 5 10^{-1} ±1% →155×10^{-1}Ω±1%=15.5Ω±1%
五色环电阻器
</td>
</tr>
<tr>
<td>检测</td>
<td>（1）外观上
漆膜完好，颜色均匀，标志清晰，引脚牢固、对称、与电阻体接触紧密，外形端正，无断裂、烧焦，可初步判定是好的。
（2）质量上
① 用 MF47 型万用表电阻挡检测。
步骤 1：选择量程。
步骤 2：电阻挡校零。
步骤 3：测量电阻值。
步骤 4：读数。</td>
<td>注意事项</td>
<td>① 测量电路中电阻器的阻值时，应在切断电源的前提下断开电阻器一端进行阻值的测量。
② 电阻器更换应遵循就高不就低、就大不就小的原则，即用质量高的电阻器代替过去质量低的电阻器，用大功率的电阻器代替小功率的电阻器。
③ 电阻器安装前应先对引线搪锡，以确保焊接的牢固性。安装时电阻器的引线不要从根部打弯，以防折断。较大功率的电阻器应采用支架或螺钉固定，以防松动造成短路。焊接时动作要快，将标记向上或向外，方便检查与维修</td>
</tr>
</table>

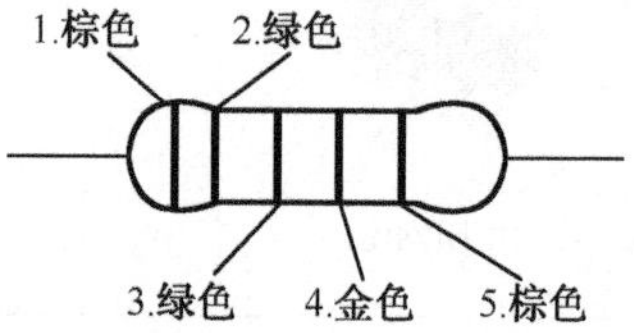

续表

项目	举例及说明	项目	举例及说明
检测	② 用 DT9205N 型便携式数字万用表检测。 步骤 1：将黑表笔插入 COM 插孔，红表笔插入 VΩ-▶|- 插孔；旋转功能开关至 Ω 挡，选择合适量程。 步骤 2：将表笔接触欲测量的电路测试点或待测电阻器的引脚，测量电阻值。 步骤 3：阅读显示屏显示的测出电阻值。若显示屏显示为“1”，则说明须提高量程挡测量。 只要实际电阻值在允许误差范围内就是好的。 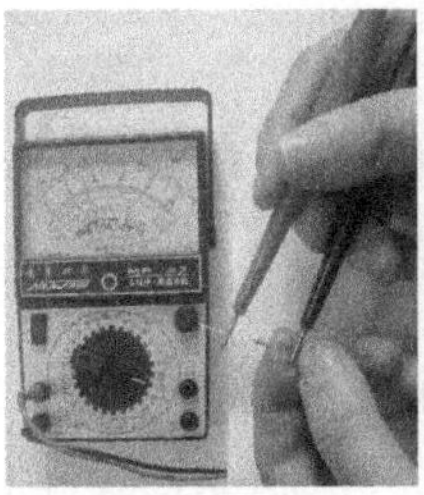 （a）指针表检测 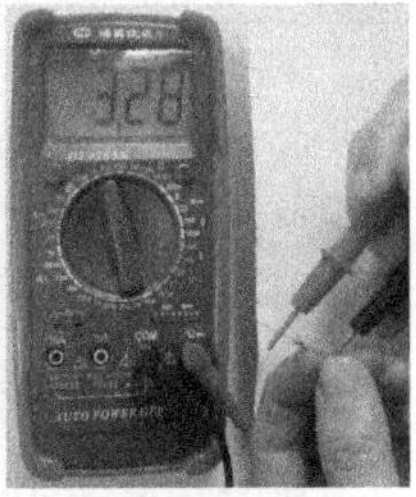　（b）数字表检测	注意事项	

2. 电容器

电容器是由两相距很近的金属导体中间夹着绝缘电介质和电极引线构成的电子元件，见表 2-3。

表 2-3　电容器简介

项目	举例及说明	项目	举例及说明
外形	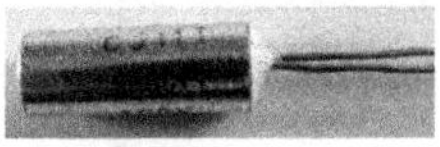 （a）金属化纸介质电容器 　（b）聚脂薄膜电容器  （c）聚丙烯薄膜电容器 　（d）云母电容器 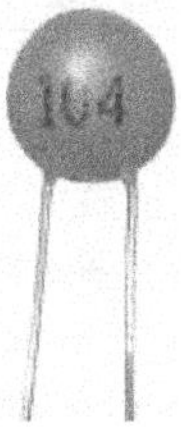 （e）瓷介电容器 　（f）铝电解电容器	外形	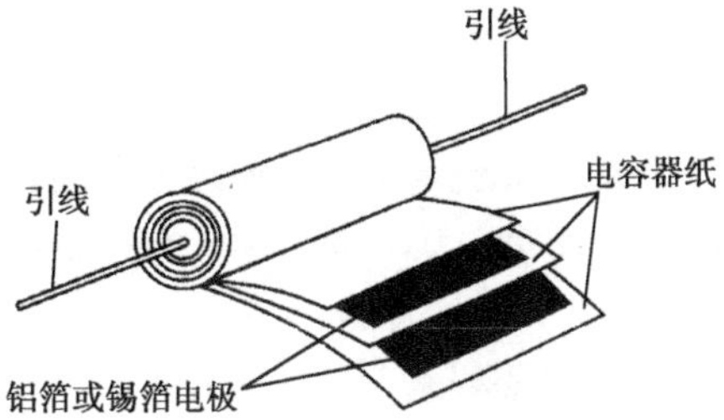 引线　引线　电容器纸　铝箔或锡箔电极 （a）纸介电容器 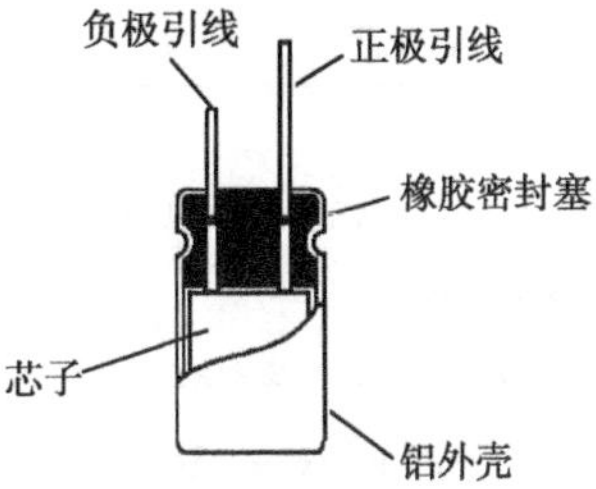 负极引线　正极引线　橡胶密封塞　芯子　铝外壳 （b）电解电容器

续表

项目	举例及说明	项目	举例及说明
外形	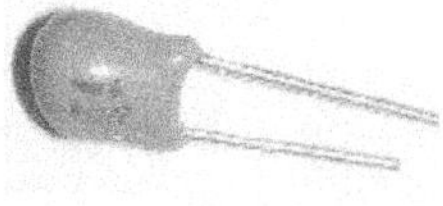 （g）CA 型钽电解电容器 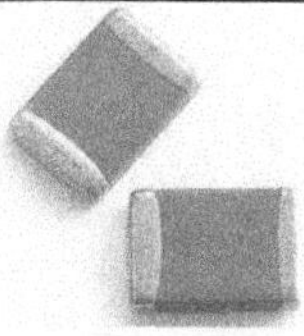 （h）片式电容器 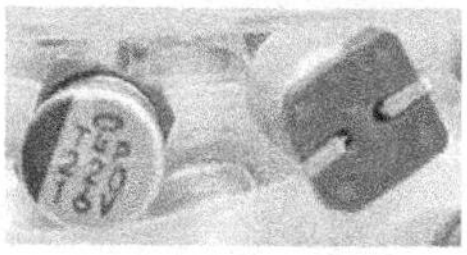220 16V （i）片式电解电容器 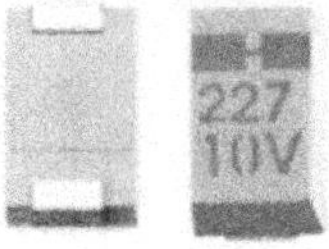227 10V （j）片式钽电容器	结构	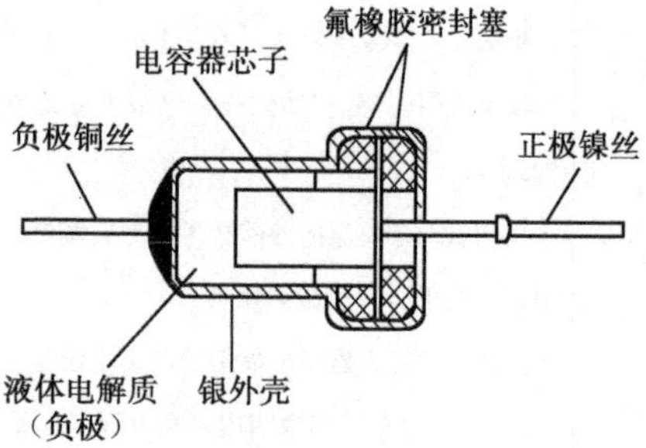氟橡胶密封塞 电容器芯子 负极铜丝 正极镍丝 液体电解质 （负极） 银外壳 （c）钽电解电容器
功能	用于阻隔直流、信号耦合、旁路、滤波、调谐回路、能量转换和控制电路	分类	① 按结构：固定、可变、微调、片式。 ② 按电介质：有机、无机、固体（云母、陶瓷、涤纶）、液体、气体、电解液、复合介质。 ③ 按用途：旁路、滤波、调谐、耦合。 ④ 按极性：有极性、无极性。 ⑤ 按外观：圆柱形、圆片形、圆管形、有引线、无引线
图形符号	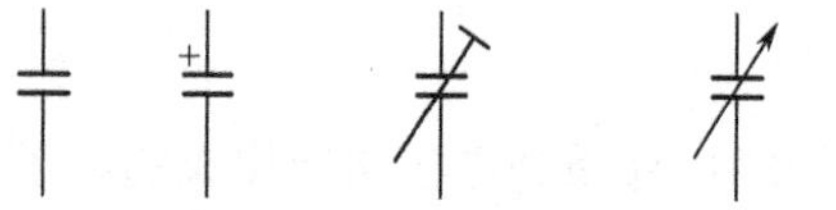 （a）固定电容器 （b）可变电容器 （c）微调电容器 在电路中用字母“C”表示	型号意义	如 CBB11，由国家标准规定的型号命名法可知，C 表示电容器，BB 表示聚丙烯，1 表示非密封型，1 表示生产序号，整个符号表示非密封型聚丙烯电容器
主要参数	（1）标称电容量 标志在电容器上的电容量。 （2）额定电压 电容器在连续使用中所能承受的最高电压，又称耐压，一般直接标注在电容器外壳上。常用的有 6.3V、10V、16V、25V、50V、63V、100V、250V、400V、500V、630V、1000V。 （3）绝缘电阻 直流电压加在电容器上，并产生漏电电流，两者之比为绝缘电阻	连接	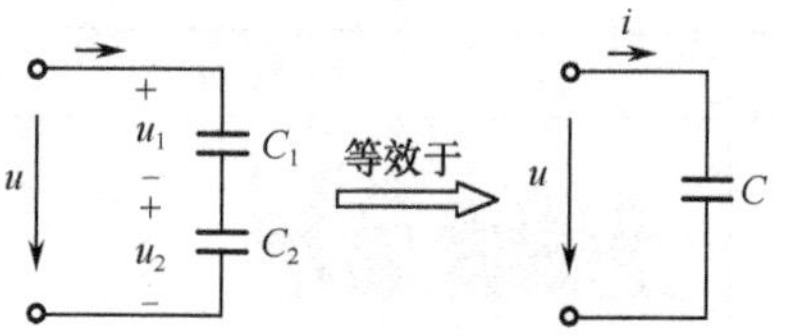u_1 C_1 u_2 C_2 u 等效于 i C （a）电容器串联 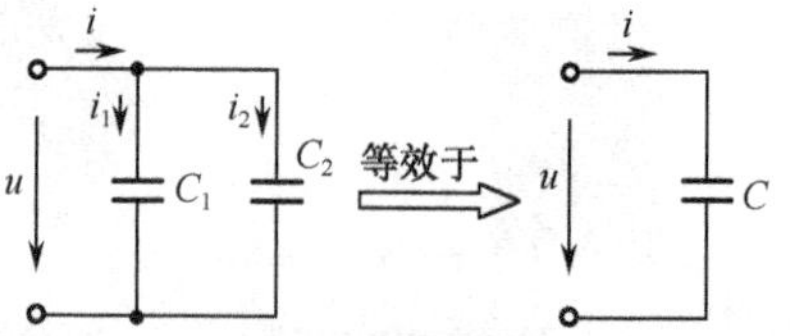i i_1 i_2 C_1 C_2 u 等效于 C （b）电容器并联
电参量关系	（1）定义式 $C=Q/U$，其中 Q——电容器所存储的带电量，U——电容器两极间的电压。 （2）平行板电容器决定式 $C=\varepsilon S/d$，其中 ε——极板间介质的介电常数，S——极板面积，d——极板间距。	标志识读	（1）直标 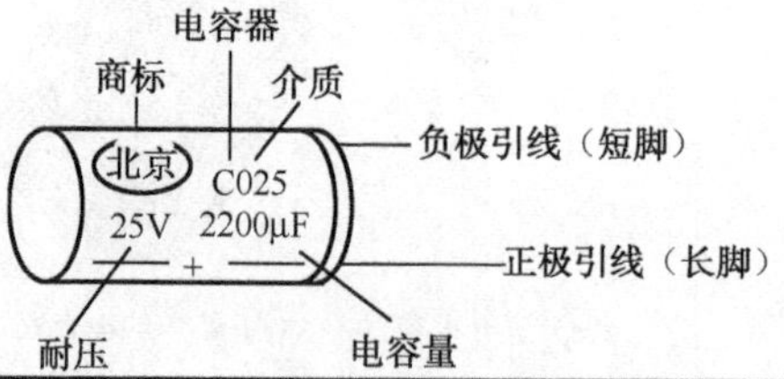电容器 商标 介质 北京 C025 25V 2200μF + 负极引线（短脚） 正极引线（长脚） 耐压 电容量

续表

项目	举例及说明	项目	举例及说明
电参量关系	（3）单位（国际单位制） 1F（法拉）=10^3MF（毫法）=10^6μF（微法）=10^9nF（纳法）=10^{12}pF（皮法）。 （4）串联总电容量 $1/C=1/C_1+1/C_2+\cdots$ （5）并联总电容量 $C=C_1+C_2+\cdots$	标志识读	（2）数码标 用三位数字表示电容量，单位为pF。第一、二位为有效值数字，第三位表示10的倍率 **例1**　103 10×10^3=10000pF=0.01μF **例2**　224 22×10^4=220000pF=0.22μF
检测	（1）外观上 外形完整无损，标志清晰，表面无凹陷、无裂痕、无腐蚀，引线牢固、无扭曲的固定电容器，可初步判定是好的。 （2）质量上 ① 用MF47型万用表电阻挡检测。 步骤1：转动挡位/量程选择开关至被测电容器电容量大约范围的挡位上。 步骤2：调节0Ω ADJ旋钮校准调零。 步骤3：将被测电容器接至表笔两端。 步骤4：观察表针的摆动，其最大指示值即为电容器的电容量；随后表针逐步退回而停止的位置即为电容器的品质因数（损耗电阻）。 ② 用DT9205N型便携式数字万用表检测。 步骤1：旋转功能开关至“F”电容量测量挡，选择合适量程。 步骤2：将被测电容器插入“C_X”插孔，待显示值稳定（100μF以上的大电容器，需要20秒左右稳定）后，阅读显示屏上的电容量值。 步骤3：若输入后仪表显示“1”，则说明已超量程，应提高量程挡再进行测量。 只要实际电容量在允许误差范围内就是好的。 （a）指针表检测　　（b）数字表检测	注意事项	① 电容器在装入电路前要测量核对电容量。 ② 测量电容器时两手不得碰触其电极引线或表笔的金属端，以免人体电阻影响测试结果。 ③ 每次测量后要将电容器彻底放电后再进行测量，否则测量误差将增大。 ④ 有极性电容器应按红表笔接电容器负极，黑表笔接电容器正极的方式接入，否则测量误差及损耗电阻将增大。 ⑤ 安装电容器时要远离热源，要使得标注符号容易看到，小容量电容器及高频回路的电容器要用支架托起，电解电容器正负极不要接反，焊接时间不易太长。 ⑥ 500MHz以上高频电路要采用无引线的电容器。电解电容器经长期存放后需要使用时，要先通电老化

3. 二极管

二极管是由硅或锗等半导体材料制成的具有单向传导电流特性的电子器件，有两个引线端子，见表2-4。

表2-4 二极管简介

项目	举例及说明	项目	举例及说明
外形	（a）整流二极管 （b）稳压二极管 （c）发光二极管 （d）光电二极管 （e）变容二极管	结构	N型锗片 阳极引线 阴极引线 金属触线 外壳 （a）点接触型 阳极引线 铝合金小球 PN结 N型硅 金锑合金 底座 阴极引线 （b）面接触型
功能	二极管最显著的导电特点就是单向导电性。一般情况下二极管的截止电压，硅管约为0.5V，锗管约为0.2V；导通电压，硅管约为0.7V，锗管约为0.3V	分类	① 按材料：硅二极管、锗二极管。 ② 按结面积：点接触型二极管、面接触型二极管。 ③ 按用途：整流二极管、稳压二极管、发光二极管、光电二极管、变容二极管
图形符号	（a）整流二极流 （b）稳压二极管 （c）发光二极管 （d）光电二极管 （e）变容二极管 在电路中用字母“VD”表示	型号意义	如2AP9，由国家标准规定的型号命名法可知，2表示二极管，A表示N型、锗材料，P表示普通管，9表示序号，整个符号表示N型普通锗二极管

续表

项目	举例及说明	项目	举例及说明
主要参数	（1）最大整流电流 二极管长期运行时，允许通过的最大正向平均电流。如 2AP1 最大整流电流为 16mA。 （2）反向击穿电压 二极管反向击穿时的电压值。如 2AP1 最高反向工作电压规定为 20V，而反向击穿电压实际上大于 40V。 （3）反向电流 二极管未击穿时的反向电流，其值愈小，则二极管的单向导电性愈好	标志识读	（1）普通管 按外壳标注的二极管符号确定极性；或印有一道色环的一端为二极管负极；或平头一端为正极，圆头一端为负极。 （2）点接触型、玻璃外壳封装管 透过玻璃看，有金属触针的一端为正极，另一端为负极
电参量关系	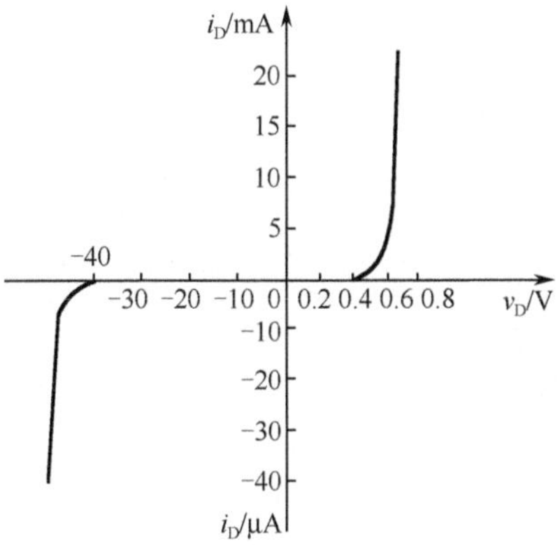 （a）硅二极管2CP10伏安特性曲线 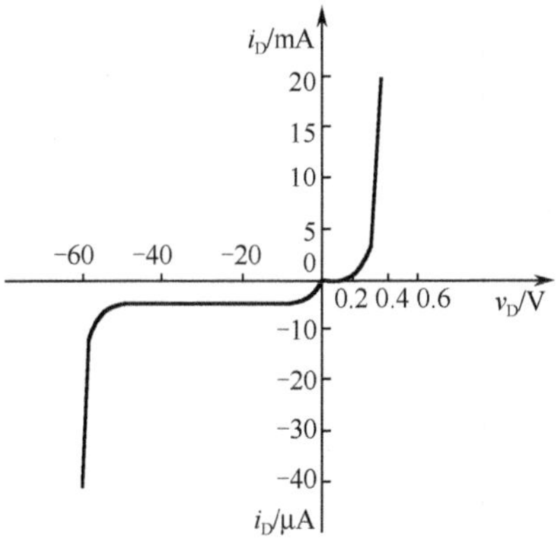 （b）锗二极管2AP15伏安特性曲线	连接	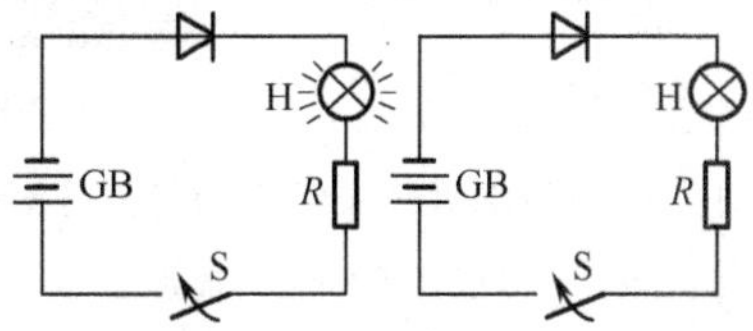 （a）正向连接　（b）反向连接 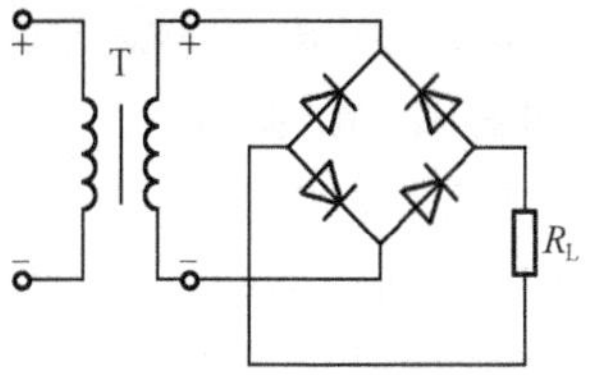 （c）桥式整流电路 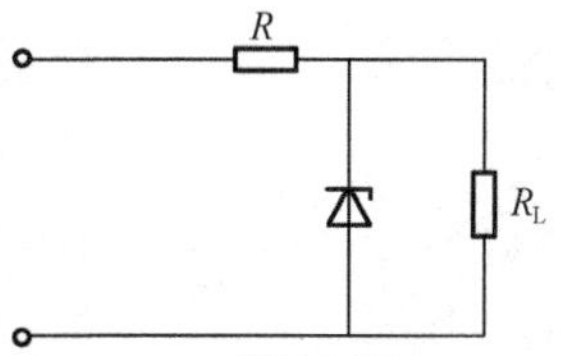 （d）稳压电路
检测	外形端正，标志清晰，漆膜完好，无腐蚀，无氧化，引线牢固的二极管，可初步判定是好的。 （1）用 MF47 型万用表检测 步骤 1：黑表笔插入“-”插孔，红表笔插入“+”插孔。 步骤 2：转动挡位/量程选择开关，小功率二极管置 $R\times100\Omega$ 挡或 $R\times1k\Omega$ 挡，中、大功率二极管置 $R\times10\Omega$ 挡或 $R\times1\Omega$ 挡。	注意事项	① 在检测二极管时，为避免受到电击或造成仪表损坏，要确保电路的电源已关闭，并将所有电容器放电。 ② 正向电阻越小越好，反向电阻越大越好。两者相差愈大（几百倍以上），其单向导电性就愈好。一般小功率锗管正向电阻为 100～500Ω，硅管为 1～3kΩ；反向电阻锗管和硅管都在 500kΩ以上，而且硅管比锗管更大。

续表

项目	举例及说明	项目	举例及说明
检测	步骤 3：两表笔分别接到二极管的两端，并调换两表笔测量，在两次测量结果中，测得电阻值较小的一次，为二极管正向电阻，测得电阻值较大的一次，为二极管反向电阻。在电阻值较小时，与黑表笔（表内电池正极）相接的是二极管正极，与红表笔相接的是负极。 （a）测量正向　　（b）测量反向 （2）用 DT9205N 型便携式数字万用表检测 步骤 1：黑表笔插入 COM 插孔，红表笔插入 VΩ→+ 插孔。 步骤 2：将功能开关拨至·)))·→+挡，红色表笔（表内电池正极）接待测二极管的正极，黑色表笔接负极。 步骤 3：阅读显示屏上的正向压降值（近似值），硅管为 550～700mV，锗管为 150～300mV，仪表显示二极管的正向。 （a）测量正向　　（b）测量反向	注意事项	③ 若测得正向电阻为∞或表针不动，说明二极管内部断路；若测得反向电阻近似为 0，说明二极管被击穿。 ④ 若测得正、反向电阻相差太小，或正反测量都不符合要求，说明二极管性能差或失效。 ⑤ 二极管的正、反向电阻值随检测万用表的量程不同而变化，这是正常现象

4. 三极管

三极管是一种电流控制电流的半导体器件，有锗管和硅管两类，每一类又有 NPN 型和 PNP 型两种结构，使用最多的是硅 NPN 型和 PNP 型，它们除电源极性不同外，工作原理都相同，简介见表 2-5。

表 2-5　三极管简介

项目	举例及说明	项目	举例及说明
外形	 小功率　中功率　大功率 （a）塑料封装三极管 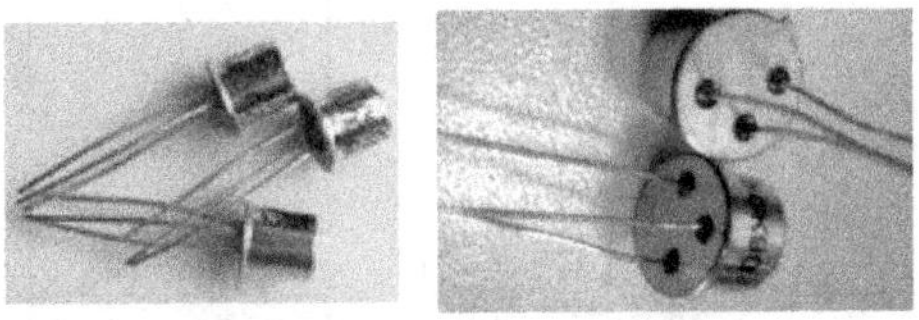 小功率　中功率  大功率 （b）金属封装三极管	结构示意图	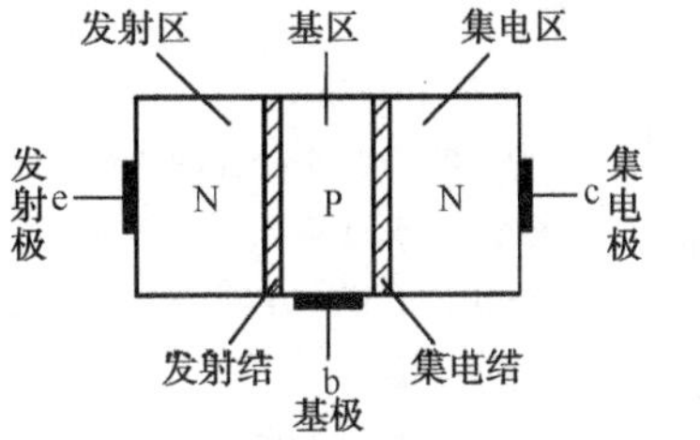 发射区　基区　集电区 发射极 e　N　P　N　c 集电极 发射结　b 基极　集电结 （a）NPN型 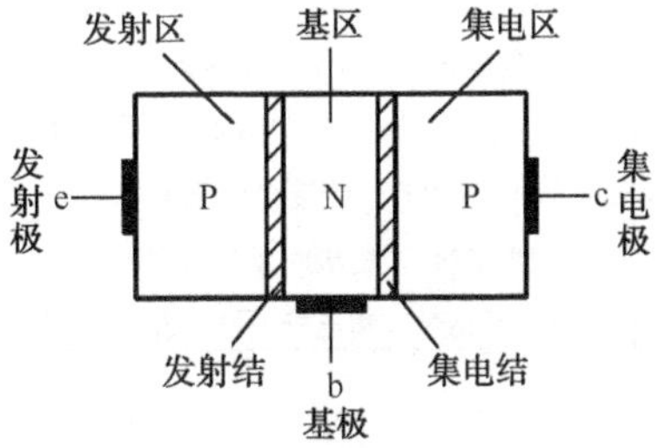 发射区　基区　集电区 发射极 e　P　N　P　c 集电极 发射结　b 基极　集电结 （b）PNP型
功能	适用于检波、整流、放大、开关、稳压、信号调制等	分类	① 按材料：硅管、锗管。 ② 按结构：NPN 型、PNP 型。 ③ 按功率：小功率管、中功率管、大功率管。 ④ 按工作频率：低频管、高频管、超频管。 ⑤ 按封装：金属管、塑料管、陶瓷管。 ⑥ 按功能：开关管、功率管、达林顿管、光敏管。 ⑦ 按结构工艺：合金管、平面管
图形符号	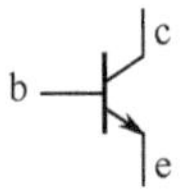 b　c　e　　b　c　e （a）NPN型 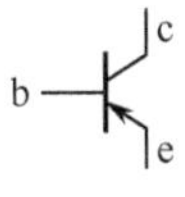　（b）PNP型 在电路中用字母“V”表示	型号意义	如 3DG110B，由国家标准规定的型号命名法可知，3 表示三极管，D 表示 NPN 管、硅材料，G 表示高频小功率管，110 表示序号，整个符号表示 NPN 型高频小功率硅三极管
主要参数	（1）电流放大系数 共发射极接法时的直流和交流放大系数 $\overline{\beta}=\frac{I_C}{I_B}$，　$\beta=\frac{\Delta i_C}{\Delta i_B}$	连接	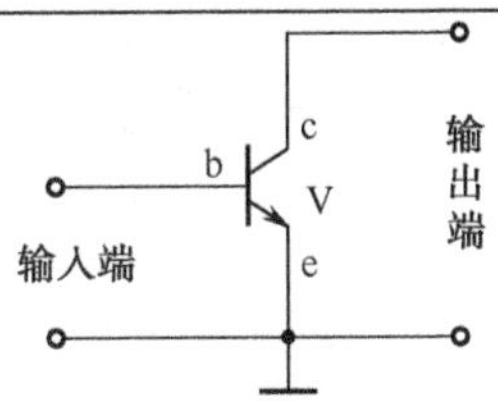 b　c　V　e 输入端　输出端 （a）共发射极接法

续表

项目	举例及说明	项目	举例及说明
主要参数	（2）极间反向电流 ① 集电极-基极反向饱和电流 发射极开路，c、b 间加上一定反向电压时的反向电流。一般很小，小功率硅管小于 1μA，锗管约为 10μA。 ② 集电极-发射极反向饱和电流 基极开路，c、e 间加上一定反向电压时的集电极电流，又叫穿透电流。小功率硅管在几微安以下，锗管约为几十微安以上。 （3）极限参数 ① 集电极最大允许电流 三极管的参数变化不超过允许值时集电极允许的最大电流。 ② 集电极最大允许功率损耗 集电结上允许损耗功率的最大值。超过此值就会使管子性能变坏或烧毁。硅管上限温度约为 150℃，锗管约为 70℃。 ③ 集电极-发射极间反向击穿电压 基极开路时，集电极-发射极间的反向击穿电压	连接	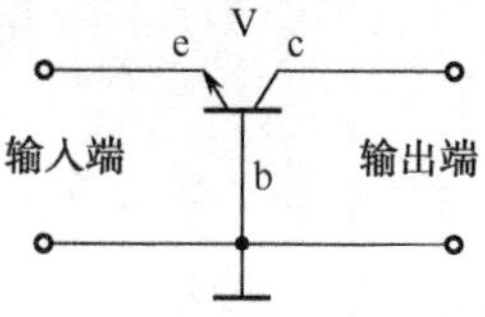 输入端 输出端 （b）共基极接法 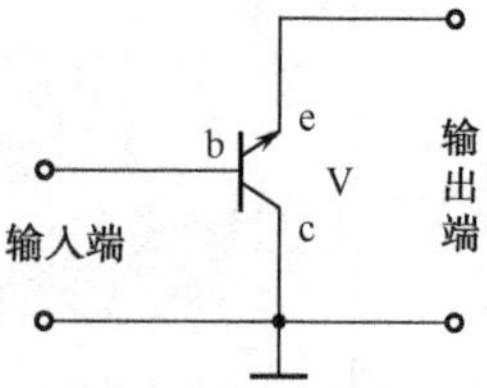 输入端 输出端 （c）共集电极接法
电参量关系	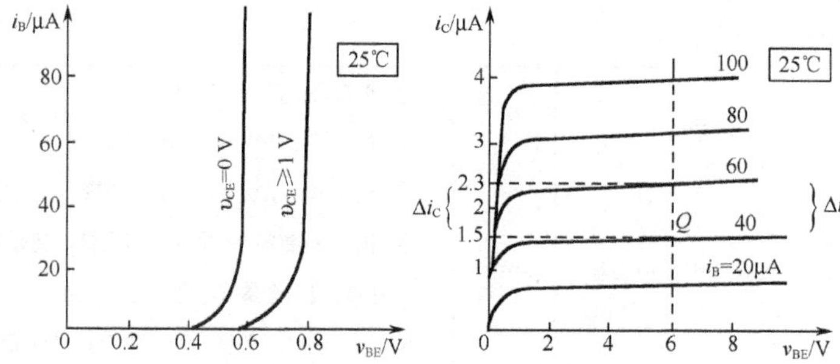 （a）硅NPN型管共发射极输入、输出特性曲线 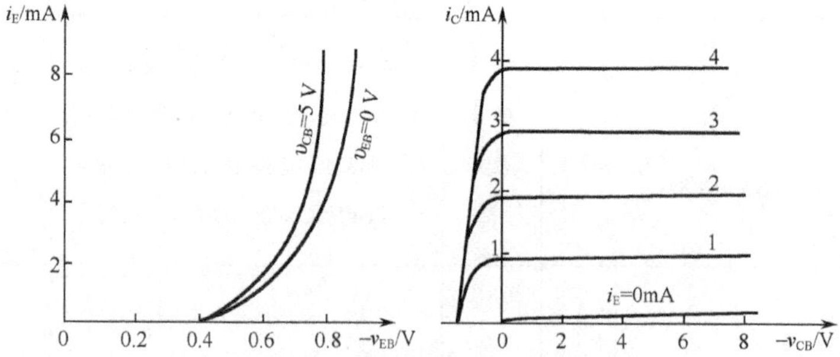 （b）硅PNP型管共基极输入、输出特性曲线	标志识读	（1）金属封装管 按底视图位置放置，使三个引脚构成等腰三角形，从左至右依次为 e、b、c。 （2）中小功率塑料封装管 将平面朝向自己，三个引脚朝下，从左至右依次为 e、b、c。 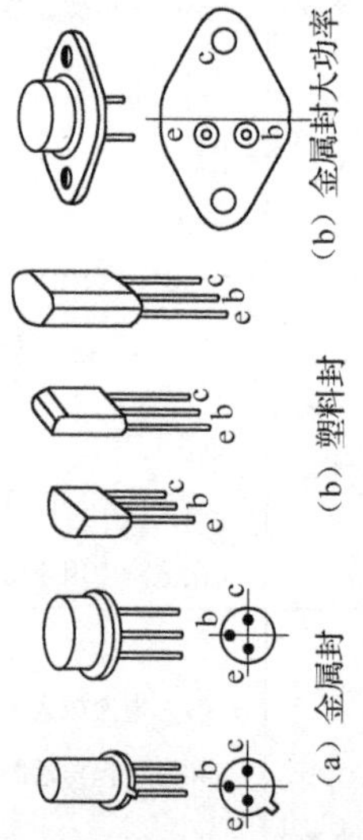 （b）金属封大功率 （b）塑料封 （a）金属封 当然，最为确切的办法就是进行测量或查看使用手册

续表

<table>
<tr><th>项目</th><th>举例及说明</th><th>项目</th><th>举例及说明</th></tr>
<tr><td>检测</td><td>（1）判定 b 极与管型
步骤 1：万用表置 $R\times1k\Omega$挡，测量三极管引脚中的每两个之间的正、反向电阻值。当用一表笔接其中一个引脚，而另一表笔分别接触另外两个引脚，测得电阻值均较小（1kΩ或 5kΩ左右）时，前者所接的那个引脚为三极管的 b 极。
步骤 2：将黑表笔接 b 极，红表笔分别接触其他两引脚，测得阻值都较小，则被测三极管为 NPN 型管，否则，为 PNP 型管。
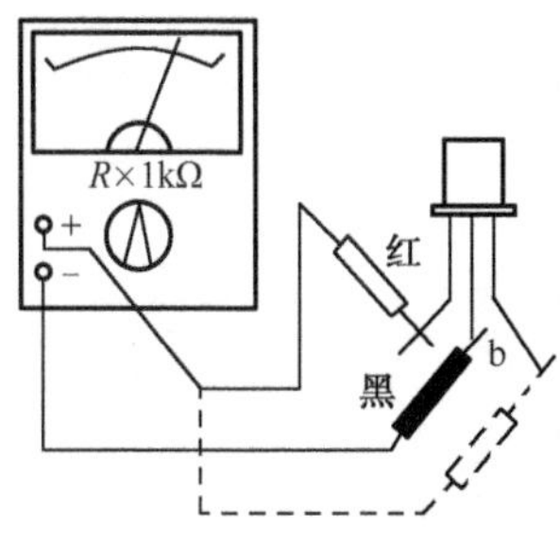

（2）判定 c、e 极
步骤 1：万用表置 $R\times1k\Omega$挡，悬空 b 极，两表笔分别接剩余两引脚，此时指针应指∞。
步骤 2：用手指同时接触 b 极与其中一引脚，若指针基本不摆动；改用手指同时接触 b 极与另一引脚，若指针偏转较明显，读取指示值。
步骤 3：对调万用表两表笔，同样测读示值。
比较两个示值，在示值较小的一次中，PNP 型三极管红表笔所接的电极为 c 极；NPN 型三极管黑表笔所接的电极为 c 极。
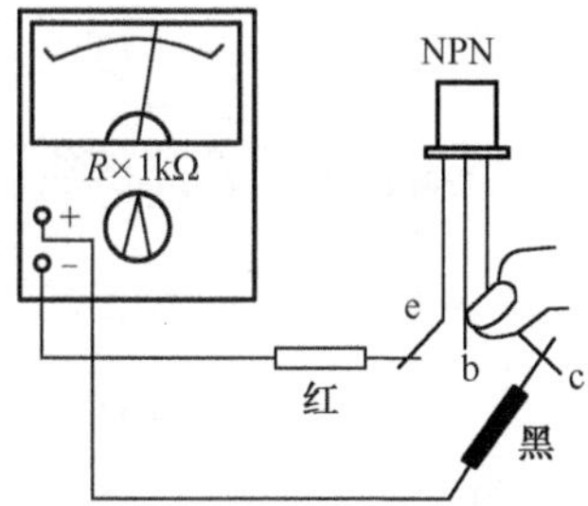

（3）测量 hFE
① 用 MF47 型万用表检测。
步骤 1：转动挡位/量程选择开关至 hFE 挡。
步骤 2：用欧姆调零的方法调零。
步骤 3：按插孔提示的要求将 NPN 或 PNP 型三极管对应插入三极管 N 或 P 插孔中。</td><td>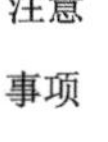注意事项</td><td>① 测量三极管β（hFE）值时，如指针偏转指示大于 1000 应检查引脚是否插错，三极管是否损坏。
附：国产小功率管色点与β值对应关系（参考值）
<table><tr><th>色点</th><th>β值</th><th>色点</th><th>β值</th></tr><tr><td>棕</td><td>5～15</td><td>红</td><td>15～25</td></tr><tr><td>橙</td><td>25～40</td><td>黄</td><td>40～55</td></tr><tr><td>绿</td><td>55～80</td><td>蓝</td><td>80～120</td></tr><tr><td>紫</td><td>120～180</td><td>灰</td><td>180～270</td></tr><tr><td>白</td><td>270～400</td><td>黑</td><td>400～600</td></tr></table>
② 正确加载电压极性。如 PNP 管的发射极对其他两电极是正电位，而 NPN 管则是负电位。防止电流、电压超出最大极限值。
③ 三极管工作于开关状态，要在基极回路加保护线路，以防止发射结击穿；若集电极负载为感性（如继电器的工作线圈），要在集电极回路加保护线路（如线圈两端并联续流二极管），以防线圈反电动势损坏三极管。
④ 避免靠近热元器件，减小温度变化和保证管壳散热良好。功率放大管在耗散功率较大时，应加散热器。安装时要求，散热器与器件接触面清洁平整，接触良好，并加涂硅酯，有利于空气自然对流；有两个以上的螺钉紧固时，采用对角线轮流紧固，防止贴合不良。
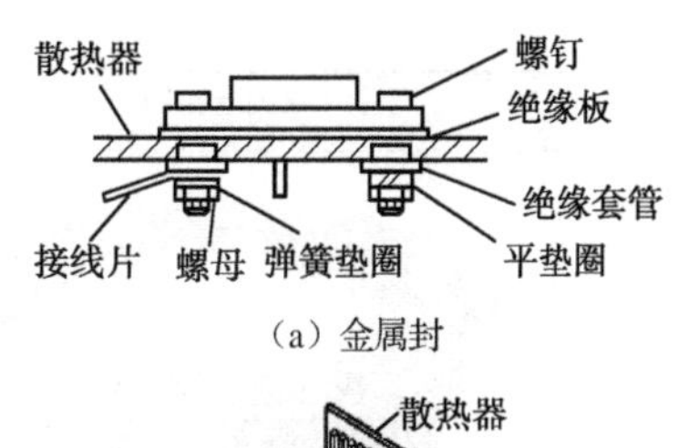

（a）金属封
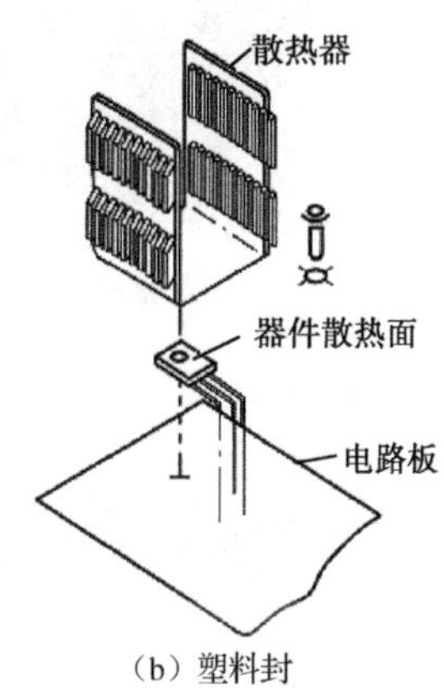

（b）塑料封</td></tr>
</table>

续表

项目	举例及说明	项目	举例及说明
检测	步骤 4：正确读出 hFE 的值。 ② 用 DT9205N 型便携式数字万用表检测。 步骤 1：旋转功能开关至 hFE 挡。 步骤 2：确定被测三极管是 NPN 型还是 PNP 型。 步骤 3：将三极管的 e、b、c 脚插入相对应的三极管测试插孔内。 步骤 4：阅读显示屏上测出的三极管的 hFE 的近似值。 （a）指针表检测　（b）数字表检测	注意事项	

5. 扬声器

扬声器是一种把电信号转变为声信号的换能器件，见表 2-6。

表 2-6　扬声器简介

项目	举例及说明	项目	举例及说明
外形	（a）动圈式扬声器 （b）号筒式扬声器	结构	折环 纸盆 引线 压边 定心片 防尘帽 盆架 接线端子 导磁板 音圈 定心环 芯柱 永磁体 外磁路 （a）动圈式扬声器 振动膜 永久磁铁 音喉 音圈 反射号筒 （b）号筒式扬声器

续表

项目	举例及说明	项目	举例及说明
外形	(c) 压电陶瓷式扬声器	结构	助声腔盖 镀银层 焊点 接线 出声孔 焊点 电压蜂鸣片 (c) 压电陶瓷发声元件
特征	动圈式扬声器： ① 有两个接线柱（两根引线）。 ② 有一个纸盒，通常为黑色或白色。 ③ 扬声器装在机器面板上或音箱内	分类	① 按换能机理和结构：电动式（动圈式）、静电式（电容式）、电磁式（舌簧式）、压电式（晶体或陶瓷式）、电离子式、气动式。 ② 按声辐射材料：纸盆式、号筒式、膜片式。 ③ 按纸盆形状：圆形、椭圆形、双纸盆、橡皮折环。 ④ 按工作频率：低频、中频、高频。 ⑤ 按音圈阻抗：低阻抗、高阻抗。 ⑥ 按磁铁封装：外磁式、内磁式。 ⑦ 按效果：直辐射、环绕声、普通、专用、高保真
图形符号	在电路中用字母“BL”表示	型号意义	如 YD100，由国家标准规定的型号命名法可知，Y 表示扬声器，D 表示动圈式（电动式），100 表示直径为 100mm，整个符号表示直径为 100mm 的动圈式纸盆扬声器；YHG5-1 表示额定功率为 5VA 的高频号筒式扬声器；Yd10-12B 表示 10W 动圈式扬声器
主要性能指标	(1) 额定功率 扬声器在长期正常工作时所能输入的最大电功率，即标称功率。 (2) 额定阻抗 扬声器的交流阻抗值，又称标称阻抗。一般是音圈直流电阻的 1.2～1.5 倍。 (3) 频率响应 扬声器加上相同电压而不同频率的音频信号时，所产生的声压不同，中音频产生的声压大，高、低音频的声压小。当声压下降为中音频的某一数值时，高、低音频的频率范围，即为其频率响应。理想的频率响应特性为 20Hz～20kHz。 (4) 失真 扬声器不能把原来的声音逼真地重放出来的现象叫失真，有频率失真和非线性失真。 频率失真是由于对某些频率的信号放音较强，而对另一些频率的信号放音较弱造成的，失真破坏了原来高低音响度的比例，改变了原声音色。 非线性失真是由于扬声器振动系统的振动和信号的波动不够完全一致造成的，在输出的声波中增加一新的频率成分。 (5) 指向特性 其为扬声器在空间各方向辐射的声压分布特性，频率越高指向性越狭，纸盆越大指向性越强	连接	扬声器只使用两根引脚，不分正负极性，多只同时使用时两个引脚有极性之分。 ① 串联：一只扬声器的正极接另一只扬声器的负极。 ② 并联：各扬声器的正极与正极相连，负极与负极相连。 ③ 确定扬声器正负极性的方法。 a. 用 MF47 型万用表确定。 步骤 1：万用表置直流电流最低挡，两表笔分别接扬声器的两引脚。 步骤 2：用手指轻而迅速地按一下扬声器的纸盆，同时观察万用表指针的摆动方向，若指针向右摆时，规定红表笔所接为正极，黑表笔所接为负极；如指针向左摆时，规定红表笔所接为负极，黑表笔所接为正极。 步骤 3：用同样的方法和极性规定去检测其他扬声器并做好标注。 b. 用干电池确定。 步骤 1：用一节或两节串联的干电池，将电池的正、负极分别接扬声器的两引脚。 步骤 2：在电源接通的瞬间观察扬声器的纸盆振动方向，若纸盆向靠近磁铁的方向运动，则电池的负极接的是扬声器的正极引脚。若纸盆向前运动，则电池正极接的是扬声器的正极引脚。 步骤 3：用同样的方法去检测其他扬声器并做好标注

续表

项目	举例及说明	项目	举例及说明
尺寸	扬声器的尺寸按有效振动半径计算，即纸盆的外沿未压入固定胶圈的直径，习惯上用英寸（1 英寸等于 2.54 厘米）。 4 英寸：口径是 10 厘米，螺钉孔对角距离为 11.5 厘米，相邻孔距为 8 厘米。 5 英寸：口径 13 厘米，螺钉孔对角距离为 13.5 厘米，相邻孔距为 9.5 厘米。 6.5 英寸：口径 16.5 厘米，螺钉孔对角距离为 15.5 厘米，相邻孔距为 11 厘米	标志识读	扬声器上直接标注的有额定功率、额定阻抗和型号。常用的功率有 0.1VA、0.25VA、0.5VA、1VA、3VA、5VA、10VA、50VA、100VA 及 200VA，常用的阻抗有 4Ω、8Ω、16Ω、32Ω等。 额定功率 标称阻抗 型号
检测	（1）估测好坏 ① 用 MF47 型万用表检测。 步骤 1：万用表置于 R×1Ω挡。 步骤 2：红表笔接扬声器一端，黑表笔点触扬声器的另一端，若扬声器有“喀喀”声，且表针作同步摆动，则为正常；若扬声器无声，且指针也不摆动，说明音圈损坏或引线开路；若扬声器无声，且表针指示正常，则为振动系统故障。 ② 用干电池估测。 用导线将 1 节 5 号干电池（1.5V）的负极与扬声器的一端相接，再用正极线端触碰扬声器的另一端，若扬声器有“喀喀”声，则为正常；若扬声器无声，说明扬声器已损坏；若发声干涩沙哑，则为质量不佳。 （2）估测阻抗 万用表置 R×1Ω挡，两表笔分别接扬声器的两引脚，测出扬声器音圈的直流电阻值，如 8Ω扬声器音圈直流电阻值约为 6.5～7.202Ω	注意事项	① 不超过扬声器的额定功率，也不超过规定的工作电压范围。 ② 根据使用场合选择正确的类型，且阻抗要相匹配。 ③ 同时使用两个扬声器时，注意位置的排放，避免出现相反的作用。 ④ 防磁、防潮、远离热源

6. 干电池

干电池是一种以糊状电解液（湿电池是液态电解液）来产生直流电的化学电池，有一次电池和二次电池两种，见表 2-7。

表 2-7　干电池简介

项目	举例及说明	项目	举例及说明
外形	 （a）普通锌锰电池 　（b）碱性锌锰电池  （c）镍氢电池 　（d）镍镉电池  （e）锂电池 　（f）叠层电池  （g）纽扣形碱性电池 　（h）锌-氧化银电池 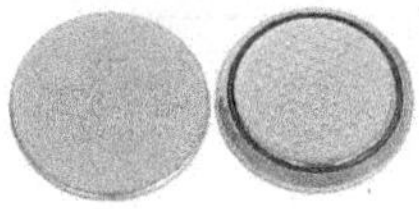 （i）锂-二氧化锰	结构	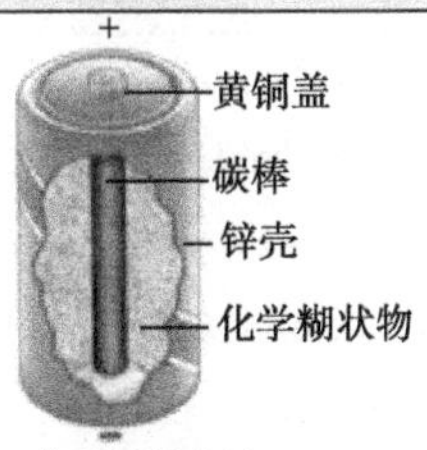 黄铜盖、碳棒、锌壳、化学糊状物 （a）普通锌锰电池 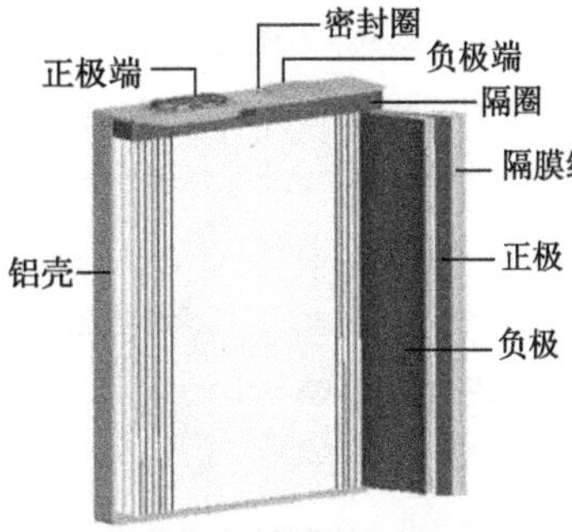 密封圈、负极端、正极端、隔圈、隔膜纸、铝壳、正极、负极 （b）锂电池 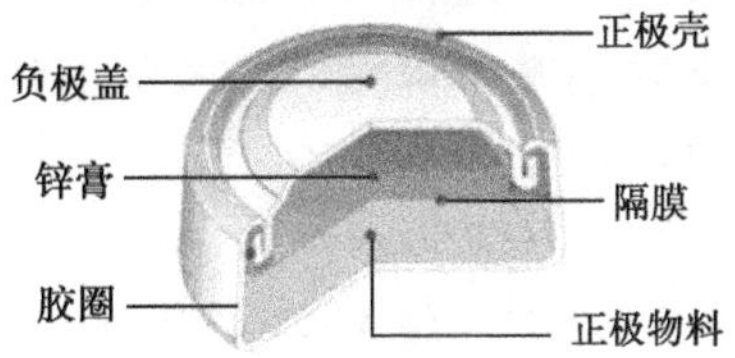 正极壳、负极盖、锌膏、隔膜、胶圈、正极物料 （c）纽扣形碱性电池
功能	适用于手电筒、收音机、收录机、照相机、电子钟、玩具等器件，或国防、科研、电信、航海、航空、医学等领域	分类	① 按外形：圆柱形（1 号、2 号、5 号、7 号），纽扣形，方形，块状，薄片形。 ② 按工作性质：一次电池（糊式锌锰电池、纸板锌锰电池、碱性锌锰电池、纽扣形锌银电池、纽扣形锂锰电池、纽扣形锌锰电池、锌空气电池、一次锂锰电池），二次电池（镉镍电池、氢镍电池、锂离子电池、二次碱性锌锰电池）。 ③ 按材料性质：碳性、碱性
图形符号	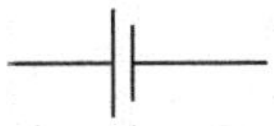 在电路中用字母“GB”表示	型号意义	干电池用字母表示形状，如 R 表示圆柱形、F 表示扁形、S 表示方形；在字母前加数字和字符表示系列和结构代号，如 L 表示碱性；在字母后加数字表示电池的大小；在数字后面再加字母表示特性，如 S 表示普通型、C 表示高容量型、P 表示高功率型。 如 CR2032，C 表示以锂金属为负极、二氧化锰为正极的化学电池体系，R 表示为圆柱形，2032 表示直径为 20mm、高度为 3.2mm

续表

<table>
<tr><th>项目</th><th>举例及说明</th><th>项目</th><th>举例及说明</th></tr>
<tr><td>主要参数</td><td>（1）电动势
两个电极的平衡电极电位之差。
（2）额定电压
又称标称电压，是常温下电池正常工作时的路端电压。
（3）额定容量
电池应能放出的最低容量，单位为毫安·小时（mA·h）、安培·小时（A·h），以符号 C 表示，且常在其右下角以阿拉伯数字标明放电率。如 C_{20}=50，表明在 20 放电率下的容量为 50A·h。
（4）短路电流
电池的两个电极被短路的瞬时电流。如七号高容量电池的短路电流为 3.0A 以上。
（5）内阻
电流通过电池内部时受到的阻碍。不同类型电池的内阻各不相同，其值越小电池越好。同一电池的内阻也不是常数，它随时间逐渐变大。如新的普通七号电池通常为 0.5Ω，锂电池约在 0.1Ω以下。
（6）保存期限和自放电率
从电池制成到开始使用之间允许存放的最长时间。充电电池由于自放电率较高，一般直接给出自放电率，每月百分之几（%/月）。
如下是标称电压为 1.5V 的一次性普通锌锰电池的相关数据。
<table>
<tr><th>型号</th><th>直径（mm）</th><th>高度（mm）</th><th>重量（g）</th><th>保存期限</th></tr>
<tr><td>1 号</td><td>33.5</td><td>61.5</td><td>100</td><td>1 年</td></tr>
<tr><td>2 号</td><td>26.5</td><td>50</td><td>42</td><td>9 个月</td></tr>
<tr><td>5 号</td><td>14.5</td><td>50.5</td><td>16</td><td>9 个月</td></tr>
<tr><td>7 号</td><td>10.5</td><td>44.5</td><td>8</td><td>6 个月</td></tr>
<tr><td>8 号</td><td>12</td><td>30.2</td><td>6</td><td>6 个月</td></tr>
</table></td>
<td>连接</td><td>（1）串联
将多个电池串联起来
6伏
串联电池组适用于输出电流不太大，而输出电压要求较高的场合。
（2）并联
将多个电池并联起来。
1.5伏
并联电池组适用于每个电池的电动势能够满足负载所需的电压，而单个电池的输出电流小于负载所需的电流的情况。
（3）混联电池组
+ −
当需要电源的电压较高且电流较大时，就会用到混联电池组</td></tr>
<tr><td>电参量关系</td><td>（1）串联电池组
设每个电池电动势为 E，内阻为 r，则串联电池组的总电动势、总内阻和电池组所能提供的电流分别为
$E_{总}=nE$，$r_{总}=nr$，$I=\dfrac{nE}{R+nr}$</td>
<td>标志识读</td><td>① 一次性普通锌锰电池的型号表示如下
<table>
<tr><th>中国</th><th>IEC</th><th>美国</th><th>日本</th></tr>
<tr><td>1 号</td><td>R20</td><td>D</td><td>UM-1</td></tr>
<tr><td>2 号</td><td>R14</td><td>C</td><td>UM-2</td></tr>
<tr><td>5 号</td><td>R6P</td><td>AA</td><td>UM-3</td></tr>
<tr><td>7 号</td><td>R03</td><td>AAA</td><td>UM-4</td></tr>
</table></td></tr>
</table>

项目	举例及说明	项目	举例及说明
电参量关系	（2）并联电池组 设每个电池电动势为 E_1，内阻为 r_1，则并联电池组的总电动势、总内阻和电池组所能提供的电流分别为 $E_{总}=E_1=E_2=\cdots=E_n$，$r_{总}=\frac{r_1}{n}$，$I_{总}=I_1+I_2+\cdots+I_n$ （3）通常，一节碳性干电池开路电压为 1.65V，一节碱性干电池开路电压为 1.63V，实际负载电压都在 1.5V 以上，一块手机干电池的电压为 3.7V，一节叠层干电池的电压有 9V、25V 等	标志识读	② 组合干电池的标识 如由 6 个扁平形电池叠层的碳性电池 6F22 和由 6 个扁平形电池叠层的碱性电池 6LR61，它们的电压均为 9V；由 8 个同一规格的 AG 系列电池叠层的扣式电池 23A 和 27A，它们的电压均为 12V
检测	以普通锌锰干电池为例。 （1）用 MF47 型万用表检测 方法一：用万用表的 BATT 挡直接测量干电池的电量。 方法二：用万用表的直流电压挡测量，若所测电压大于干电池的标称电压，说明干电池电量充足；若小于干电池的标称电压，说明干电池电量不足。 方法三：万用表置直流电流 5A 挡，将黑表笔接电池负极，红表笔接电池正极，观察干电池瞬时短路电流，从而判断电池电量是否充足。如 2 号干电池所测电流，新的约为 3.3A，旧的约为 0.395A。此方法在一定程度上影响干电池使用寿命。 方法四：万用表置直流电流 5A 挡，串联一个 3Ω、2W 的电阻器，通过测量电池的放电电流计算出电池内阻，从而判断电池电量是否充足。如 2 号干电池内阻，新的约为 0.4Ω，旧的约为 181.5Ω。此方法测试电流小，无不良影响，但较为麻烦。 （2）用称重的方法检测 称出干电池的重量可知其优劣，如一节 7 号碱性干电池重约 11～13 克，一节 5 号碱性干电池重约 23～25 克，一节 1 号碱性干电池重约 135～140 克的均为正品，否则为劣质	注意事项	① 要根据不同负载选择电池的规格，重视短路电流的实际意义。如闪光灯等需要大电流输出，选用碱性锌锰电池；如收音机等选用普通锌锰电池。 ② 新旧电池不能混用。 ③ 不同性能电池不能同用，如碳性与碱性、镍镉电池与镍氢电池。 ④ 电池不要裸装于空气中，不要用湿手或金属直接接触电池的正负极。 ⑤ 购买电池时注意其生产日期和储存期，不宜长期存放。如普通锌锰电池保质期为 2 年。 ⑥ 电池长期不用或电池用完要从机器中取出。 ⑦ 废旧电池不要随意丢弃，电池中所含的汞、镉、铅等重金属，对人体和环境都有危害

7. 开关

开关是用来接通和断开电路的元件，且具有主动预防电气火灾的功能，应用于各种电子设备、家用电器中。它不仅仅只完成一个电路的通、断或转换，而且可能使多个电路同时改变，这种改变可能还有几种选择，简介见表 2-8。

表 2-8　开关简介

项目	举例及说明	项目	举例及说明
外形	  （a）波动开关　（b）按帽开关   （c）按钮开关　（d）键盘开关	结构	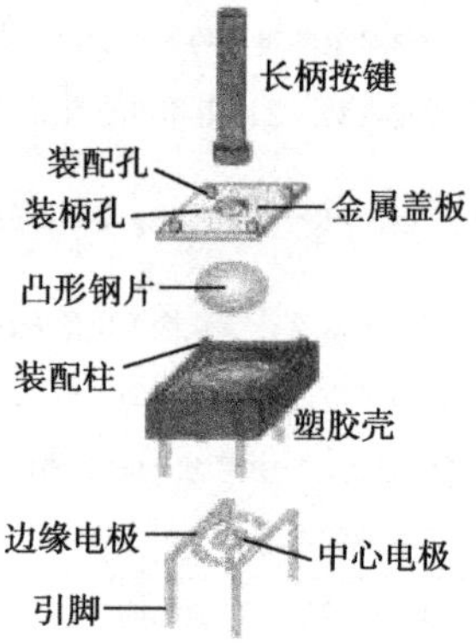 长柄按键、装配孔、装柄孔、金属盖板、凸形钢片、装配柱、塑胶壳、边缘电极、中心电极、引脚 微型开关（常开式）
功能	广泛应用于航空/航天、军事装备、通信、计算机、汽车、工业自动化控制装备、家用电器等领域	分类	① 按构成功能：机械开关、水银开关、舌簧开关、薄膜开关、电子开关、定时开关、接近开关。 ② 按接点的数目：单极单位、双极双位、单极多位、多极单位、多极多位。 ③ 按特性及尺寸大小：电源开关、高压开关、普通开关、微型开关。 ④ 按结构特点：滑动开关、波动开关、波段开关、按钮开关、按键开关、微动开关、钮子开关
图形符号	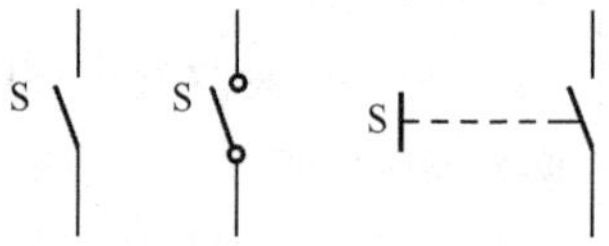 S　S　S （a）一般开关符号　（b）手动开关 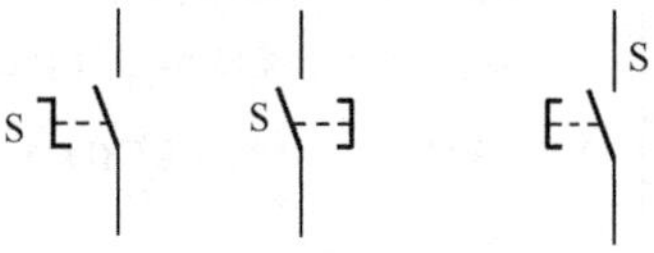 S　S　S （c）旋转开关　（d）拉拔开关　（e）按钮开关 在电路中用字母“S”表示	型号意义	如一般家庭常用的空气开关 DZ47-60C32 型，DZ 表示塑料外壳式断路器，47 表示设计代号， 60 表示壳架等级额定电流为 60A，C（或 B）表示瞬时脱扣类型为照明保护型（D 为动力保护型），32 表示该断路器额定电流为 32A
主要参数	（1）容量 在正常工作状态下可容许的电压、电流及负载功率。 （2）最大额定电压 在正常工作状态下开关允许施加的最大电压。 （3）最大额定电流 正常工作状态下开关所允许通过的最大电流 （4）接触电阻 开关接通时，两个触点导体间的电阻值。一般机械开关在 $2\times10^{-4}\Omega$以下。		（1）普通开关 ① 外观上。 印方标识清晰；塑胶表面光洁平滑，色彩均匀，无破损，无毛刺、划痕、脏污，金属部分无氧化、无变形、无引脚相碰或断裂；弹性好，开和关的转折有力度，有一定的重量感。 ② 质量上。 用 MF47 型万用表检测。

续表

项目	举例及说明	项目	举例及说明
	（5）绝缘电阻 指定的导体间绝缘体所呈现的电阻值。一般开关均大于100MΩ。 （6）耐压或抗电强度 指定的不相接触的导体之间所能承受的电压。一般要大于100～500V。 （7）寿命 在正常条件下能工作的有效使用次数。通常为5×10^3～10^4次，较高的有5×10^4～5×10^5次	检测	步骤1：万用表置$R\times10\Omega$挡，两表笔分别接开关的输入/输出端，当开关闭合时，测得的电阻值应为零；当将开关断开时，测得的电阻值应为∞。 步骤2：万用表置$R\times10\text{k}\Omega$挡，两表笔分别接开关的输入/输出端，测得的电阻值应为∞，否则说明它们之间有漏电性故障。 （2）薄膜按键开关 用MF47型万用表检测。 步骤1：万用表置$R\times10\Omega$挡，两支表笔分别接一个行线和一个列线，当用手指按下该行线和列线的交点键时，测得的电阻值应为零。当松开手指时，测得的电阻值应为∞。 步骤2：万用表置$R\times10\text{k}\Omega$挡，不按开关上的任何键，保持全部按键均处于抬起状态。先把一表笔接在任意一根线上，用另一表笔依次去接触其他的线，循环检测，测得的电阻值应为∞，发现某对引出线之间的电阻不是∞，说明它们之间有漏电性故障
标志识读	开关上的标识有国家强制性产品认证（CCC）标志加企业代码、输入/输出电压、额定功率、载电电流、产品型号、日期，有清晰的厂家地址、电话的完整包装，包装内有使用说明和合格证	注意事项	① 在性能允许的开关次数范围内，根据使用条件和功能来选择合适类型的开关。 ② 输入/输出电压、额定电流要比目标值尽量大一些。 ③ 开关的触点和接插件的线数要留有一定的余量，以便并联使用或备用。线数要留有一定的余量，以便并联使用或备用。 ④ 不使用超过开关的开闭容量等接点额定值的负载，不搞错各端子的布线，触点的接线和焊接可靠，为防止断线和短路，焊接处要加套管保护，通电时不触摸接线端子（带电部位）。 ⑤ 不拆卸开关或使开关跌落

8. 接插件

接插件又称连接器，其接口部件是电路与电路之间的连接工具，有接件和插件。在电子设备中提供简便的插拔式电气连接，其质量和性能的好坏直接影响到电子系统和设备的工作可靠性。除专用功能的接插件外，一般接插件大体上有插座、连接器、接线板和接线端子等，简介见表 2-9。

表 2-9　接插件简介

项目	举例及说明	项目	举例及说明
外形	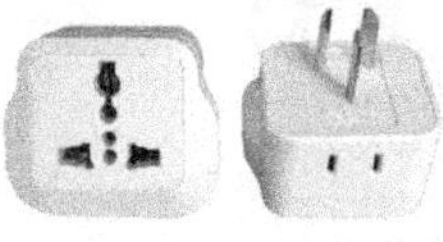 （a）国标电源插头、插座 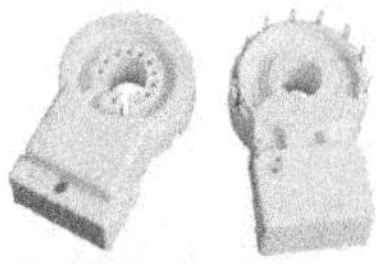　（b）显像管插座 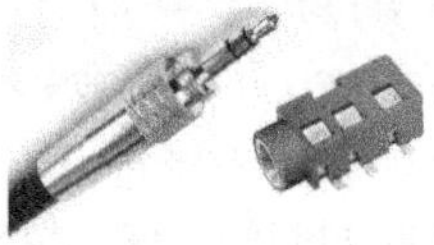 （c）同心连接器 　（d）集成电路插座 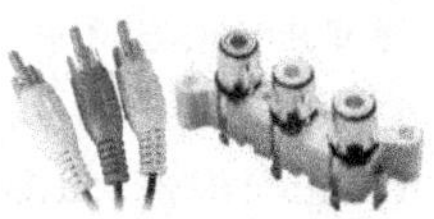 （e）小型视频连接器 　（f）圆形连接器 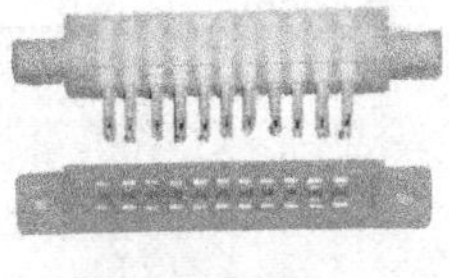 （g）印制电路连接器 　（h）鳄鱼夹  （i）接线端子 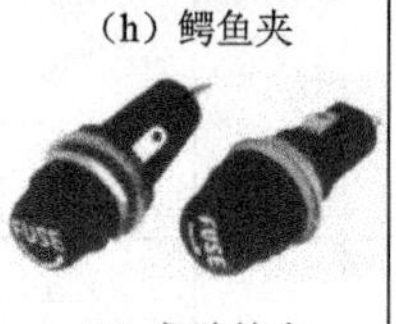　（j）保险管盒	结构	① 3.5 毫米前置音频插座的结构： 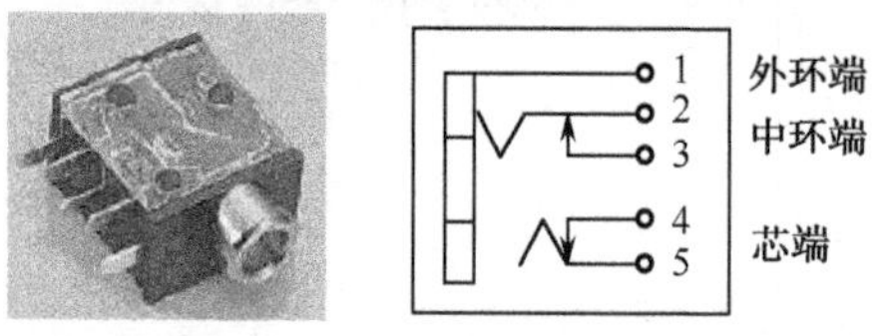 （a）开关型 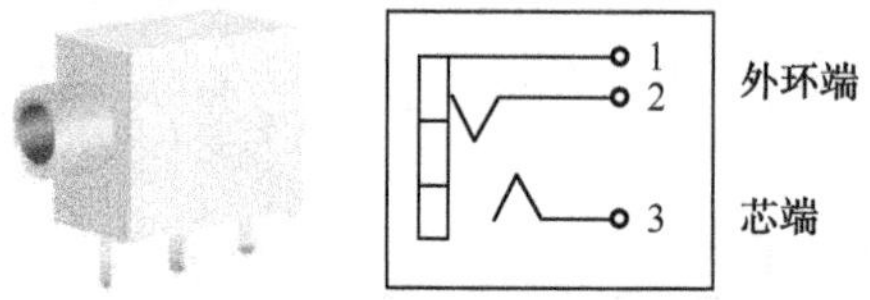 （b）无开关型 开关型 2/3，4/5 端为两个开关，当没有插头插入时，2/3，4/5 端连通，当插头插入时 2/3，4/5 端断开。无开关型则无 3/4 两个开关端。 ② 3.5 毫米插头结构：  （a）二芯型 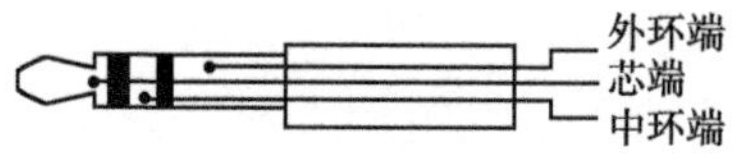 （b）三芯型 一般二芯型（已很少用）用于传声器，三芯型用于立体声音耳机（或有源音箱）
功能	① 用于电路板与其他电路板或仪器之间的连接，以保证数据和信息的相互交流和传递，如排线接口、插槽等。 ② 仪器与仪器之间的数据传输，如数据线、波导管接口、同轴线接口等。 ③ 大功率电路中的电源传输接口，如电源插座、插头、查线排等	分类	① 按外形结构（横截面）：圆形（圆形连接器、同心连接器、耐水压密封连接器），矩形（矩形连接器、条列式连接器、印制电路连接器）。 ② 按工作频率（以 3MHz 为界）：低频（音频莲花头连接器），高频（视频连接器、带状电缆连接器）。 ③ 按用途、安装方式、特殊结构、特殊性能等还可以划分为许多不同的类型，但一般只是为了突出某一特征和用途，基本分类仍然没有超出上述划分原则

续表

项目	举例及说明	项目	举例及说明
图形符号	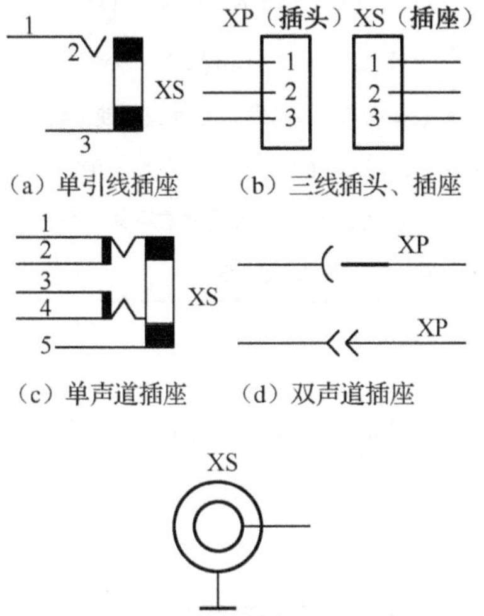 XP（插头）XS（插座） （a）单引线插座　（b）三线插头、插座 （c）单声道插座　（d）双声道插座 （e）针形插座 在电路中用字母“X”表示。为了区分接件和插件（插座和插头），一般用“XS”表示插座，用“XP”表示插头	型号意义	射频连接器由型号命名法可知，其型号由类别代号和结构形式代号两部分组成，中间用短横线隔开。 如L16-JW5表示连接螺纹为M16×1的弯式非密封射频插头，插头内导体为插针接触件，配用SYV-50-3电缆（电缆代号为5）。SL6M-5OKF表示连接螺纹为M16×1的直式密封视频插座，插座内导体为插孔接触件，阻抗为50Ω，法兰盘安装。Q9F-5OKH4表示连接卡口为9.6mm的直式防辐射射频插座，插座内导体为插孔接触件，阻抗为50Ω，焊接安装，配用SYV-50-2-2电缆（电缆代号为4）。LYl6-50J5表示连接螺纹为M16×1的直式非密封射频插头，插头内导体为插针接触件，阻抗为500Ω，压接式装接电缆，配用SYV-50-3电缆（电缆代号为5）
主要参数	（1）最高工作电压、工作电流 在正常工作条件下，接插件的接触对所允许的最高电压和最大电流。 （2）绝缘电阻 接插件的各接触对之间及接触对与外壳之间所具有的最低电阻值。 （3）接触电阻 插头插入插座后，接触对之间所具有的阻值。 （4）分离力 插头或插针拔出插座或插孔时所需要克服的阻力	检测	（1）外观上 外形：表面清洁，色泽均匀，无裂痕及机械划伤，无破损、变形，尺寸符合规格要求。 绝缘子：无老化、变色。 插脚：印刷电路板耦合器的插脚无弯曲，弯曲不能超过一个插脚直径。 插针：无弯曲。 插孔：无变形。 镀层：镀层应均匀、完整，无起层及明显堆积现象。 配件：配件齐全。 标志：经受任何规定的试验后仍是清晰的。 其他：内导体与外导体间无金属屑；对于未涉及的缺陷及用语言无法描述的缺陷，以签样为准。 （2）质量上 用万用表检测。 步骤1：万用表置R×10Ω挡，两表笔分别接接插件的同一根导线的两个端头，测得的电阻值应小于0.5Ω；若大于则说明存在接触不良，或有断路故障，或多股导线中大多数导线断开。 步骤2：万用表置R×10kΩ挡，两表笔分别接接插件的任意（不同导线）两个端头，测得的电阻值应为∞，否则说明它们之间有局部短路性故障

续表

项目	举例及说明	项目	举例及说明
标志识读	接插件上有牢固、清晰、查看方便的制造公司名称或商标、生产批号、产品型号等标识内容	注意事项	① 根据使用条件和功能来选择合适类型的接插件，尽量选用带定位的接插件，避免插错而造成故障。线数要留有一定余量，以便并联使用或备用。 ② 额定电压、电流要留有一定的余量。 ③ 触点的接线和焊接要可靠，并在焊接处加套管保护，防止断线或短路

9. 常用导线

电子产品中常用的导线是能够导电的金属线，其作用是将电路内部或电路之间连接起来，实现电气连接，简介见表 2-10。

表 2-10 常用导线简介

项目	举例及说明	项目	举例及说明
外形	（a）裸线 （b）电磁线 （c）绝缘电线 （d）通信电缆 （e）屏蔽线 （f）高压电缆 （g）扁平电缆（又称排线） （h）电源线	结构	绞合软铜导体 聚氯乙烯绝缘 编织屏蔽 聚氯乙烯护套 （a）聚氯乙烯绝缘编织屏蔽聚氯乙烯护套低压电缆 抗拉纤维丝 镀锡铜线编织 聚氯乙烯绝缘 聚氯乙烯护套 铝箔麦拉 镀锡铜线 （b）聚氯乙烯绝缘屏蔽聚氯乙烯护套软电线 塑料封套 绝缘层 中心铜线 网状屏蔽层 （c）屏蔽线
分类	常用导线按功用分为裸线、电磁线、绝缘电线和通信电缆四类	图形符号	

续表

<table>
<tr><th>项目</th><th>举例及说明</th><th>项目</th><th>举例及说明</th></tr>
<tr><td>型号意义</td><td>由国家标准规定的型号命名法可知：
AVVR2×18/0.21 为聚氯乙烯绝缘、聚氯乙烯护套的双芯安装软线，2 根 18 股，单股线直径为 0.21mm。
AVVP2×15/0.18 为聚氯乙烯绝缘、聚氯乙烯护套的双芯屏蔽线，2 根 15 股，单股线直径为 0.18mm。
AVD6×9/0.15 为聚氯乙烯绝缘的带型安装排，6 根 9 股，单股线直径为 0.15mm</td><td>主要参数</td><td>① 标称截面积（mm^2）。
② 线芯结构：材质（铜、铝），线芯根数、股数（单股线直径，mm）。
③ 参考重量（kg/km）。
④ 环境温度。
⑤ 直流电阻（不大于Ω/km，℃）。
⑥ 使用频率。
⑦ 拉断力（N）</td></tr>
<tr><td>连接</td><td>（a）交叉相连　（b）交叉不相连
（c）接地（地），一般符号
（d）接机壳或接底板
（e）抗干扰接地（无噪声接地）
（f）保护接地
（g）等电位</td><td>标志识读</td><td>
<table>
<tr><th colspan="2">电路种类</th><th>导线颜色</th></tr>
<tr><td colspan="2">一般交流线路</td><td>①白②灰</td></tr>
<tr><td rowspan="5">三相 AC 电源线</td><td>A 相</td><td>黄</td></tr>
<tr><td>B 相</td><td>绿</td></tr>
<tr><td>C 相</td><td>红</td></tr>
<tr><td>中性线</td><td>淡蓝</td></tr>
<tr><td>保护零线</td><td>黄和绿双色线</td></tr>
<tr><td rowspan="3">直流（DC）线路</td><td>+</td><td>①红②棕</td></tr>
<tr><td>0（GND）</td><td>①黑②紫</td></tr>
<tr><td>−</td><td>①蓝②白底青纹</td></tr>
<tr><td rowspan="3">三极管</td><td>E（发射极）</td><td>①红②棕</td></tr>
<tr><td>B（基极）</td><td>①黄②橙</td></tr>
<tr><td>C（集电极）</td><td>①青②绿</td></tr>
<tr><td rowspan="2">立体声电路</td><td>R（右声道）</td><td>①红②橙③无花纹</td></tr>
<tr><td>L（左声道）</td><td>①白②灰③有花纹</td></tr>
<tr><td>指示灯</td><td></td><td>青</td></tr>
</table>
</td></tr>
<tr><td>检测</td><td>例如，铜导线质量的快速检查。
① 称重量。常用的塑料绝缘单股铜芯线按截面积以每 100m 称重，1.5mm^2 大于 1871g，2.5mm^2 大于 2915g，4.0mm^2 大于 4312g，6.0mm^2 大于 6107g 为合格。
② 查线芯。紫红色、有光泽、手感软为合格；紫黑色、偏黄或偏白，杂质多，机械强度差，韧性不佳，稍用力即折断，或将线头剥开 2cm，用白纸在线芯上搓一搓，纸上有黑色物质则为伪劣。伪劣线绝缘层看似厚实，实为再生塑料制成，时间一长，就会老化漏电。
③ 看标识。标识完整为正规，模棱两可或“三无”为伪劣。
④ 比价格。价格偏低为伪劣，合理为正规</td><td>选用</td><td>选用导线时，需要考虑电气性能、环境条件、装配工艺等因素。
（1）电气性能
不同截面积和线径的导线允许通过的电流值称为安全载流量，在使用时应符合一定的要求。
导线在工作时如果电压过高，就会导致放电击穿。导线上标志有加电 1min 导线不发生放电现象的试验电压，实际工作电压大约为试验电压的 1/3～1/5。
（2）环境条件
导线（特别是电源线）在工作时，都会受到机械力、环境气候、工作时间等因素的影响，在选择导线种类规格时均要留有充分的余量。
（3）导线颜色
为了整机装配及维修方便，导线和绝缘套管的颜色通常按一定的规定选用</td></tr>
</table>

任务 2　电路识读

中夏牌 ZX2019 型音乐门铃的电路接线方式如图 2-2 所示。

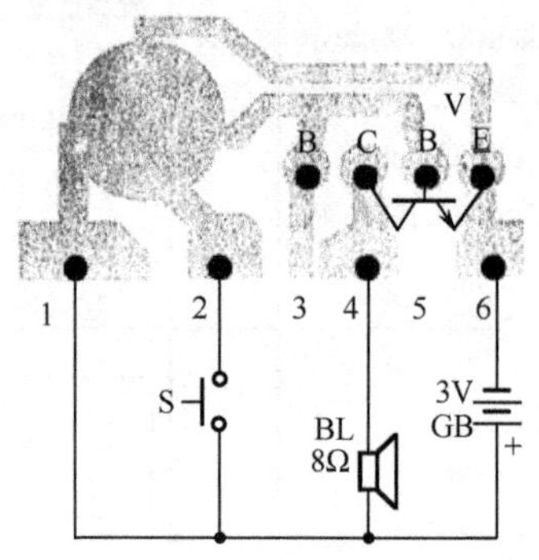

图 2-2　中夏牌 ZX2019 型音乐门铃电路装配图

1. 三极管放大电路

单元电路是电子电路的基本要素之一，模拟电路中最基本的单元电路是放大电路。共发射极放大电路如图 2-3 所示。

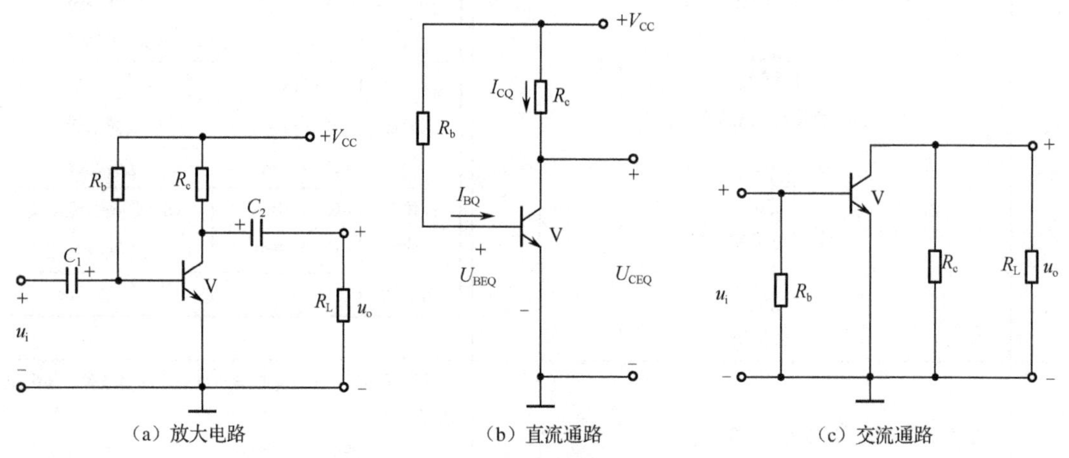

图 2-3　共发射极单管放大电路

（1）电路元器件及作用

① V——三极管。放大元件，用基极电流 i_B 控制集电极电流 i_C。

② V_{CC}——电源。使三极管的发射结正偏，集电结反偏，三极管处在放大状态，同时也是放大电路的能量来源，提供电流 i_B 和 i_C。V_{CC} 一般在几伏到十几伏之间。

③ R_b——偏置电阻器。用来调节基极偏置电流 I_B，使三极管有一个合适的工作点，一般为几十千欧到几百千欧。

④ R_c——集电极负载电阻器。将集电极电流 i_C 的变化转换为电压的变化，以获得电压放大，一般为几千欧。

⑤ C_1、C_2——电容器。用来传递交流信号，起到耦合的作用。同时，又使放大电路和信

号源及负载间直流相隔离，起隔直作用。为了减小传递信号的电压损失，C_1、C_2应选得足够大，一般为几微法至几十微法，通常采用电解电容器。

（2）静态

放大电路无外信号输入时的直流工作状态为静态，静态时直流电流流过的路径为直流通路。在分析直流等效电路时，一般把电容器视为开路，把电感器和变压器线圈视为短路。

若三极管各极直流电压和直流电流分别用U_{BEQ}、U_{CEQ}、I_{BQ}和I_{CQ}表示（Q为静态工作点），由图2-2（b）可知：

$$V_{CC} = I_{BQ}R_b + U_{BEQ}$$

$$I_{BQ} = \frac{V_{CC} - U_{BEQ}}{R_b}$$

$$V_{CC} = I_{CQ}R_C + U_{CEQ}$$

一般情况下，锗管U_{BEQ}=-（0.2～0.3）V；硅管U_{BEQ}=0.6～0.7V。若V_{CC}>>U_{BEQ}，则$I_{BQ} \approx \frac{V_{CC}}{R_b}$。调节$R_b$的参数，就可改变放大电路静态电流$I_{BQ}$、$I_{CQ}$，从而使其静态工作点发生变化。

（3）动态

当输入正弦交流信号u_i时，电路中的电流和电压都将以静态工作电压、电流为基点而上下波动，如图2-4所示。

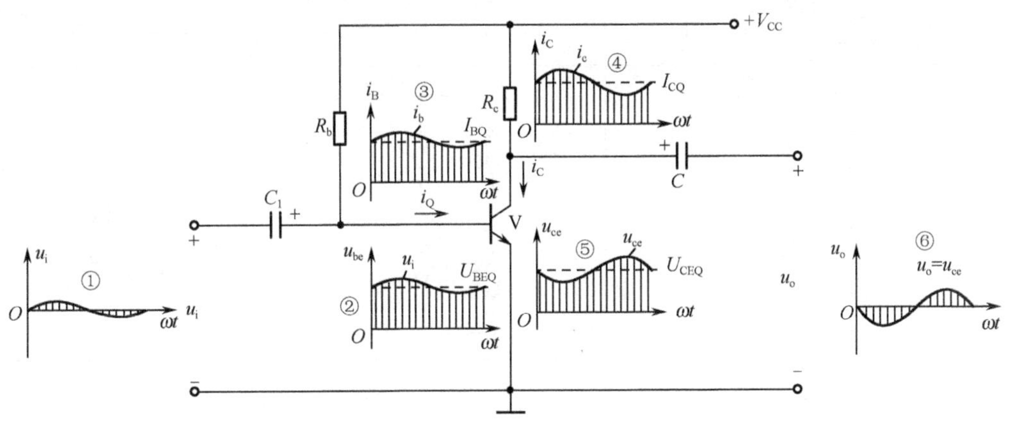

图2-4　放大电路中的电压和电流波形

图中：

① 正弦交流信号u_i输入。

② u_i使三极管基极-发射极的电压以U_{BEQ}为基点上下波动。

③ 基极-发射极电压的波动使基极电流以I_{BQ}为基点上下波动。

④ 基极电流的波动使集电极电流以I_{CQ}为基点上下波动。

⑤ 集电极电流的波动使集电极电阻R_C上的压降发生波动，从而使U_{CE}发生变化。

⑥ 通过C_2将直流量U_{CEQ}隔离，而把正弦交流信号耦合输出。

若电路的参数选择适当，输出信号电压u_o的幅度将比输入信号电压u_i大得多，从而达到放大的目的。

处理交流信号的通路即为交流通路（交流等效电路），如图2-3（c）所示。在画这类电路时，电源可以看成短路，高频电感线圈看成开路，交流旁路电容器、耦合电容器和退耦电容器一律看成短路，振荡电容器、移相电容器等有电路功能任务的电容器视情节而定，如图 2-5 所示电路，当 $X_C=\dfrac{1}{2\pi fc}\ll R_L$ 时，可认为 $u_2=u_1$，即耦合元件 C 对特定频率 f 的信号可认为短路。

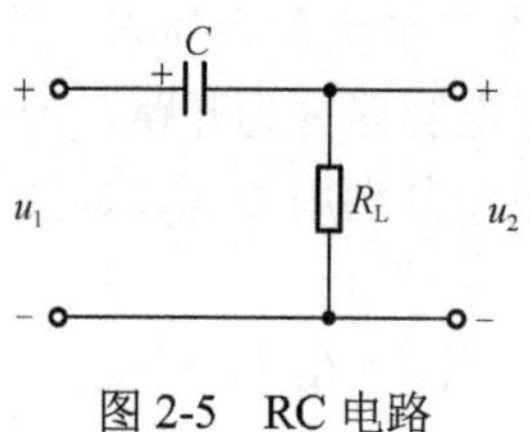

图 2-5　RC 电路

三极管三种基本放大电路见表 2-11。

表 2-11　三极管三种基本电路

项目	共发射极放大电路	共基极放大电路	共集电极放大电路
电路图	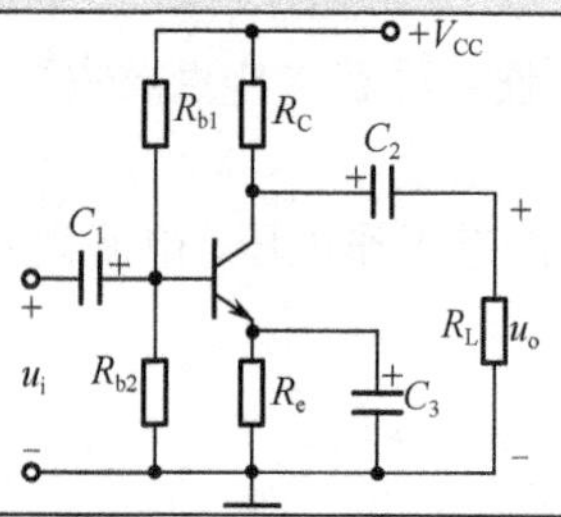	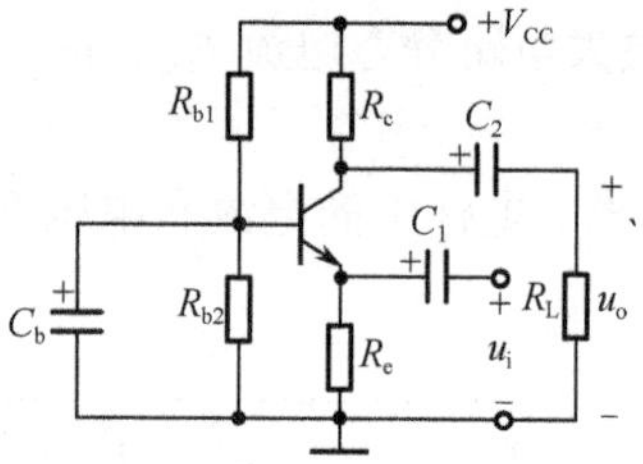	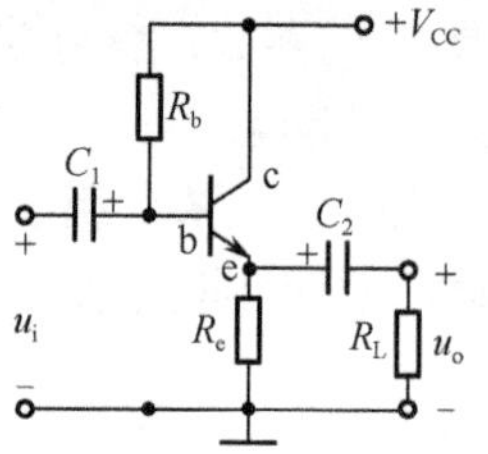
直流通路			调 R_b 可以改变放大器的工作状态
静态	$U_{BQ}=\dfrac{V_{CC}}{R_{b1}+R_{b2}}\cdot R_{b2}$ $U_{EQ}=U_{BQ}-0.7$ $I_{EQ}=\dfrac{U_{EQ}}{R_e}$ $I_{CQ}\approx I_{EQ}$ $I_{BQ}=I_{CQ}/\beta$ $U_{CEQ}\approx V_{CC}-I_{CQ}(R_c+R_e)$	$U_{BQ}=\dfrac{V_{CC}}{R_{b1}+R_{b2}}\cdot R_{b2}$ $U_{EQ}=U_{BQ}-0.7$ $I_{EQ}=\dfrac{U_{EQ}}{R_e}$ $I_{CQ}\approx I_{EQ}$ $I_{BQ}=I_{CQ}/\beta$ $U_{CEQ}\approx V_{CC}-I_{CQ}(R_c+R_e)$	$I_{EQ}=(1+\beta)I_{BQ}$ $I_{BQ}=\dfrac{V_{CC}-U_{BEQ}}{R_b+(1+\beta)R_e}$ $U_{CEQ}=V_{CC}-I_{EQ}R_e$
交流通路	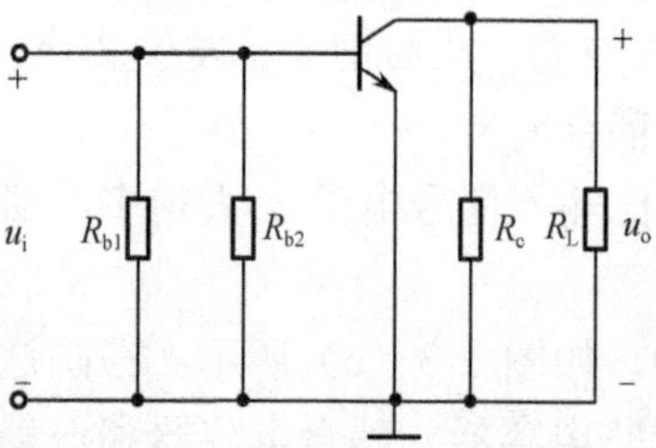	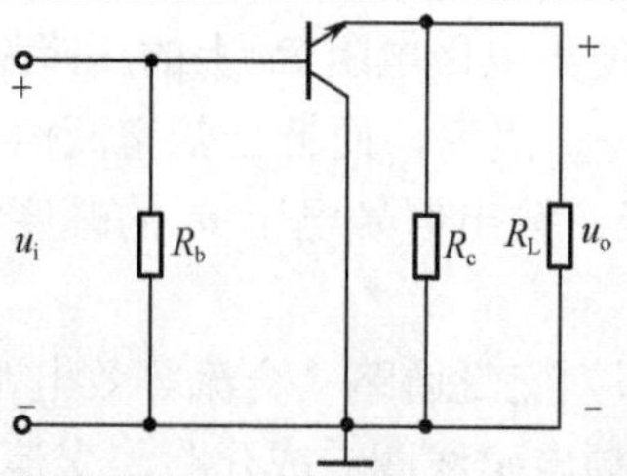	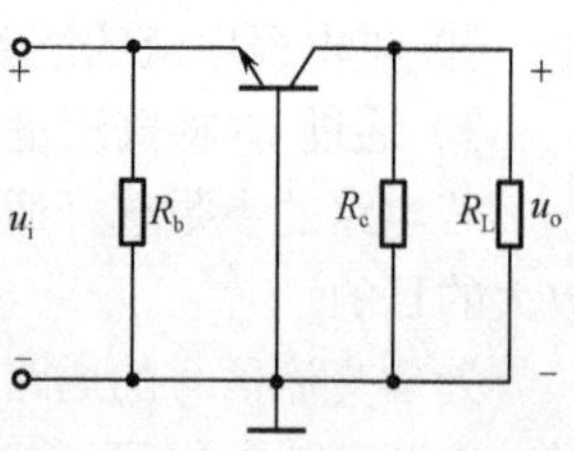

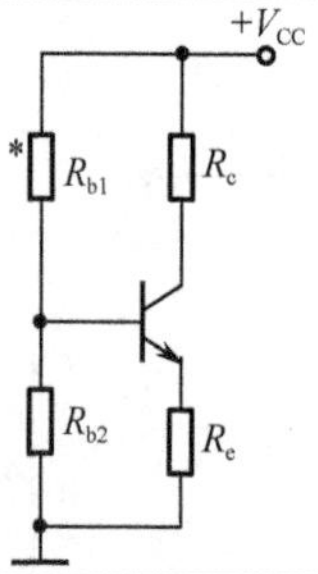

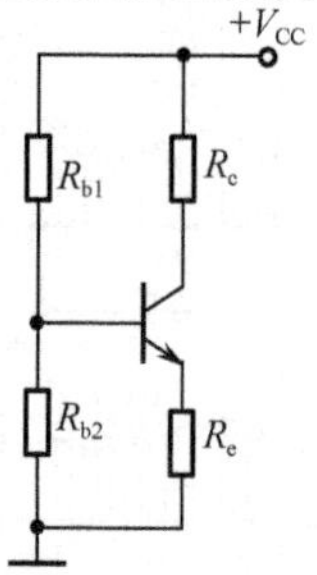

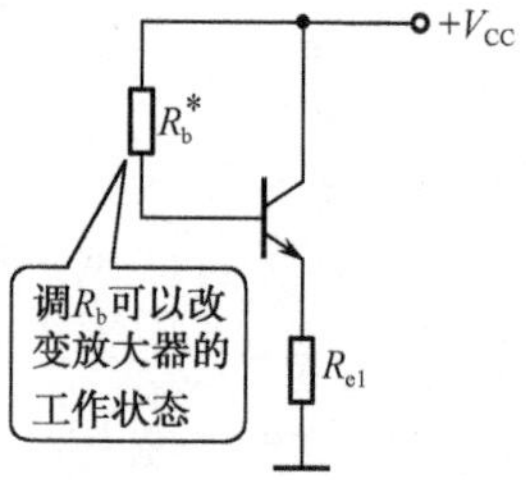

续表

项目	共发射极放大电路	共基极放大电路	共集电极放大电路
输入电阻 r_i	$r_i = R_{b1} // R_{b2} // r_{be}$ $r_{be} \approx 300 + \beta \dfrac{26(\text{mV})}{I_{EQ}(\text{mA})}$	$R_e // \dfrac{r_{be}}{(1+\beta)}$ 一般约几十欧	$r_i' = \dfrac{u_i}{i_b} = \dfrac{i_b \cdot r_{be} + i_e \cdot R_L'}{i_b} = r_{be} + (1+\beta) \cdot R_L'$ $r_i = R_b // r_i'$（相对共发射电路阻值较大）
输出电阻 r_o	r_o=R_c	r_o=R_c 约几百欧至几千欧	$r_o = R_e // \dfrac{r_{be} + R_b // r_s}{1+\beta}$ 单管放大电路一般约为几十欧，与共发射极电路相比，阻值小得多
输入、输出相位	反向	同相	同相
电压放大倍数	$A_u = \dfrac{u_o}{u_i} = -\dfrac{i_c \cdot R_L'}{i_b \cdot r_{be}} = -\beta \dfrac{R_L'}{r_{be}}$（其中 $R_L' = R_C // R_L$，一般 A_u 有几十倍）	$A_u = \beta \dfrac{R_L'}{r_{be}}$ $A_i \leqslant 1$	$A_u = \dfrac{u_o}{u_i} = \dfrac{u_o}{u_i + u_o} \leqslant 1 (u_o >> u_{be})$
电流放大倍数	大（几十到二百倍）	≤1	大（几十到三百倍）
功率放大倍数	大（数千倍）	较大（数百倍）	小（数十倍）
稳定性	差	较好	较好
频率特性	差	好	好
失真情况	较大	较小	较小
应用范围	放大及开关电路等	高频放大及振荡电路	阻抗变换电路

2. 音乐集成电路

音乐集成电路内部有振荡器、节拍器、音色发生器、ROM、地址计算器和控制输出电路，可向外发送固定存储的乐曲，又称音乐 IC。其具有声音悦耳、外接元件少、价格低、功能齐全和使用方便等特点，在家用电器、时钟、工艺品及玩具等方面应用广泛。

音乐集成电路有塑封单列直插式、塑封双列直插式及黑膏封印版等封装形式，如图 2-6 所示；在控制功能上各不相同，但其基本电路和工作原理大多相同，基本原理方框图如图 2-7 所示；部分音乐集成电路简介见表 2-12。

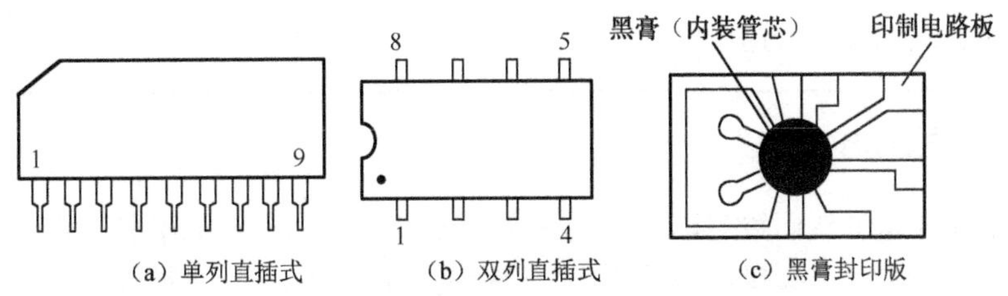

图 2-6　音乐集成电路封装形式图

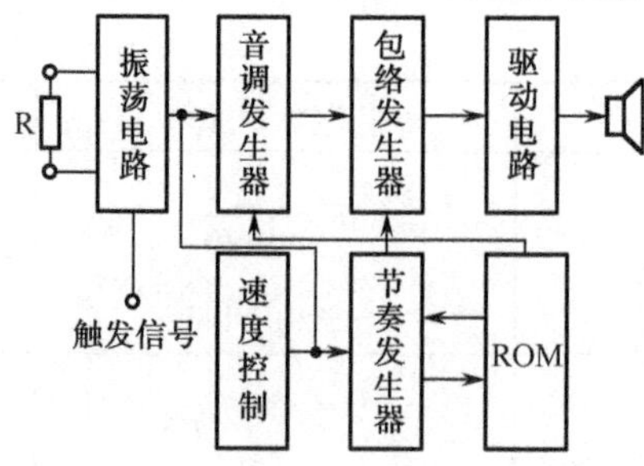

图 2-7　音乐集成电路基本原理框图

表 2-12　部分音乐集成电路

名称	型号	功能及应用	示例实物图
您好！欢迎光临	TQ33F	触发一次响"您好！欢迎光临"一声	
您好！欢迎光临	PS91710		
110 警车声	XC3180	加电后不停地响，适用于电话机等防盗报警	
120 救护车声	XC3180	加电后不停地响，适用于电话机等防盗报警	
四声报警	CK9561	警车声、消防车声、救护车声、机枪声	
八音铃/报警	YG-TY	八键八音，有铃音、报警声、枪声等	
八音五闪	732-01	八种枪声+LED 闪灯	
应用须知	① 音乐集成电路种类很多，有时很难从型号和外形上知道其输出的内容。所以在选购时，最好临时搭接外围元件，试听一下曲调是否满意。 ② 正确了解、选择音乐集成电路的工作电压，否则将会产生失真。 ③ 输出的音调受外接电阻阻值的影响，阻值小则音调高，反之则音调低。 ④ 有的集成电路系列输出电流很小，在外接功放输出时要注意。 ⑤ 由于音乐集成电路采用 CMOS 封装，容易受外界静电影响而损坏，因此焊接时应使电烙铁外壳可靠接地，操作人员最好佩戴防静电设备		

3. 音乐门铃电路识读

中夏牌 ZX2019 型音乐门铃电路，采用 2 节五号碱性锌锰干电池串联供电；PX088A 音乐集成电路有 6 个引出脚，1 脚接电源正极，2 脚接电路触发器，3、5 脚接电路输出端，4 脚接扬声器，6 脚接电源负极；S 为按钮开关；V 是一只小功率 NPN 型三极管，用以放大音乐 IC 输出的音频信号，推动小型扬声器发声。

任务 3　电路制作

1. 材料准备

工具：电烙铁、烙铁架、尖嘴钳、斜口钳、镊子、一字形螺钉旋具、十字形螺钉旋具、美工刀、吸锡器、实训操作台等。

耗材：焊锡、助焊剂、阻焊剂、砂纸、吸锡网线、套管、电子护套、AB 胶等。

仪表：万用表。

器材：中夏牌 ZX2019 型音乐门铃电路套件（表 2-1）。

2. 元器件引线成形

根据元器件的封装外形和印制电路板上安装位置的要求，引线成形时留出 1.5mm 以上的余量，弯曲不成死角，半径大于引线直径的 1～2 倍，有字符面置于容易观察的位置，如图 2-8 所示。

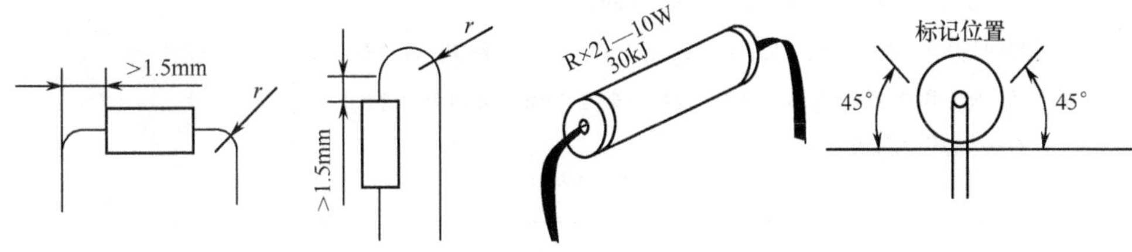

图 2-8　元器件引线成形

3. 元器件装接方法

步骤 1：用针头（电烙铁）清空焊盘插孔，防止装接元器件引脚时造成印制电路板的焊盘翘起。

步骤 2：按以下要求将加工成形的元器件引脚插入焊盘插孔中，如图 2-9 所示。

顺序：先小后大，先低后高，先轻后重，从左到右，从上到下。

方向：标记和色码部位朝上，排列整齐、有序，按类别高矮一致；水平装接的数值从左至右读，竖直装接的数值从下至上读；有极性的元器件不要插反。

间距：元器件间距不小于 1mm，引线间距大于 2mm，必要时可以给引线套上绝缘套管。直立装接，元器件离印制电路板 2～6mm 左右；水平装接，元器件离印制电路板 0.5mm 左右。

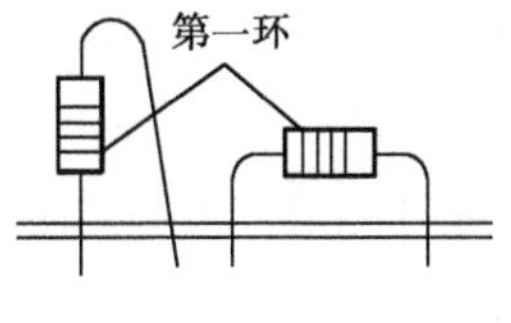

图 2-9　元器件装接

4. 手工焊接

（1）焊接用材料

焊接常用材料简介见表 2-13。

表 2-13　焊接用材料简介

材料		简介	示例图
焊料		常用的焊料是在锡中加入一定比例的铅和少量其他金属制成的，又称焊锡。 焊锡是一种易熔金属，能使元器件引线与印制电路板的连接点连接在一起。锡铅合金熔点低、流动性好、对元件和导线的附着力强、机械强度高、导电性好、不易氧化、抗腐蚀性好、焊点光亮美观。 但铅是对人体有害的金属，因此使用无铅化的焊锡成为大势所趋。为了改善无铅化后的焊点质量，达到锡、铅合金时的物理特性、机械特性，以及润湿性和焊接性，可添加其他一些金属，如铋（Bi）、银（Ag）、铟（In）、铜（Cu）、镍（Ni）、锑（Sb）等以改善焊点的质量。目前国际公认最好的焊锡为：Sn96.5%，Ag3.O%，Cu0.5%。 焊锡按含锡量的多少可分为 15 种，按含锡量和杂质的化学成分可分为 S、A、B 三个等级	焊锡丝
焊剂	助焊剂	一般可分为无机助焊剂、有机助焊剂和树脂助焊剂。 助焊剂能溶解金属表面的氧化物，达到去除的目的；在焊接加热时包围金属的表面，使之和空气隔绝，防止金属在加热时氧化；降低了熔融焊锡的表面张力，有利于焊锡的湿润	松香
	阻焊剂	阻焊剂限制了焊接的区域，只在需要的焊点上进行焊接，同时，把不需要焊接的印制电路板的板面部分覆盖起来。这样可保护面板使其在焊接时受到的热冲击小，不易起泡，同时还起到防止桥接、拉尖、短路、虚焊等情况	紫外光固化绿油
	注意	必须合理使用焊剂，要根据被焊件的面积大小和表面状态适量施用，用量过小则影响焊接质量，用量过多，焊剂残渣将会腐蚀元件或使电路板绝缘性能变差	
耗材	吸锡网线	适用于精密仪器、线路板的拆焊	
	砂纸	适用于木材、金属的抛光打磨	
	套管	适用于焊点、电感的绝缘保护	

续表

材料		简介	示例图
耗材	电子护套	适用于端子压紧后的绝缘与保护	
	闭端子	适用于各种电器产品、灯饰等	
	绝缘胶带	适用于电线缠绕、电子零件的绝缘保护	
	502胶	适用于黏接金属、橡胶等	
	AB胶	适用于黏接塑料与塑料、塑料与金属、金属与金属等	
	塑料扎带	适用于家用电器等内部连接线的捆扎、固定	
	清洗液	焊点周围和印制电路板表面存留的助焊剂残渣、油污、汗渍等，如不及时清洗，会出现焊点腐蚀，绝缘电阻下降，接触不良，甚至会发生电气短路等故障。所以焊点须进行100%的清洗，以提高产品的可靠性和使用寿命。 （1）清洗剂的要求与选择 使用能有效地完全除去（溶解）污物，对人体无害、不损伤元器件及标记、价格合理、工艺简便、性能稳定的清洗剂。一般选用工业用酒精或航空洗涤汽油等。 （2）清洗方法 用沾有清洁剂的泡沫塑料块或纱布逐步擦洗焊点；或将印制电路板焊点面浸没到装有清洁剂的容器里1～10min，再用毛刷轻轻刷洗。清洗时要戴防护胶手套、卫生口罩等	酒精

（2）焊接方法

使用电烙铁进行手工焊接，有一定的技术要领，简介见表 2-14。

表 2-14　焊接简介

项　　目	简　　介	示　例　图
正确姿势	挺胸端坐，不弯腰，鼻尖与烙铁头保持 30cm 的距离，减少有害气体的吸入量	
拿焊锡丝	左手拿焊锡丝，连续焊接按图（a）拿，断续焊接按图（b）拿。 由于焊锡丝中含有一定比例的铅，而铅是对人体有害的一种重金属，因此操作时应该戴手套或在操作后洗手，避免食入铅尘	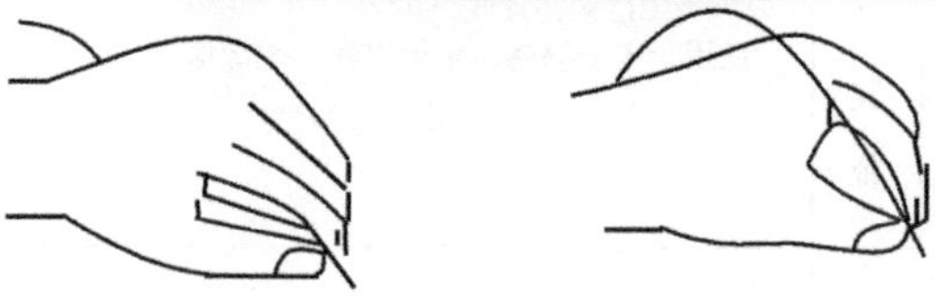 （a）　（b）
把握电烙铁	把握因电烙铁的种类和焊件要求不同，没有统一的要求，因人而异，以不易疲劳、操作方便为原则。焊接时拿稳用准，烙铁头朝下。一般在操作台上焊接印制板等焊件时，多采用握笔式。 电烙铁使用以后，一定要稳妥地插放在烙铁架上，并注意导线等其他杂物不要碰到烙铁头，以免烫伤导线，造成漏电等事故	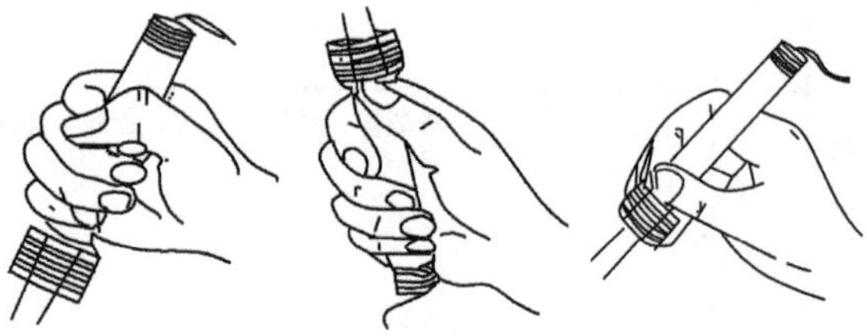 （a）反握式　（b）正握式　（c）握笔式
焊接基本步骤　五步法	准备施焊：左手拿焊丝，右手握烙铁，进入备焊状态。要求烙铁头保持干净，无焊渣等氧化物，并在表面镀有一层焊锡	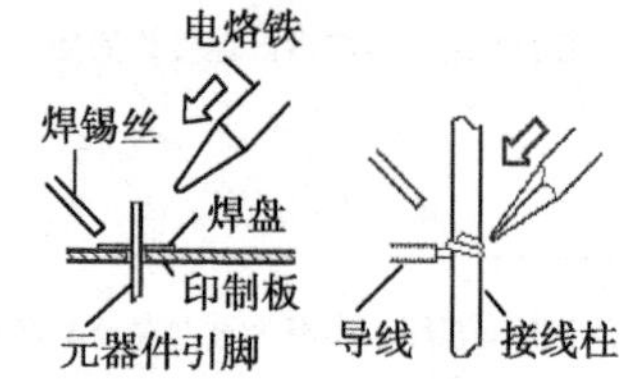 电烙铁　焊锡丝　焊盘　印制板　元器件引脚　导线　接线柱
	加热焊件：烙铁头靠在两焊件的连接处，加热整个焊件全体，时间大约为 1～2 秒钟。对于在印制板上焊接元器件来说，要注意使烙铁头同时接触两个被焊接物。例如，图中的导线与接线柱、元器件引线与焊盘要同时均匀受热	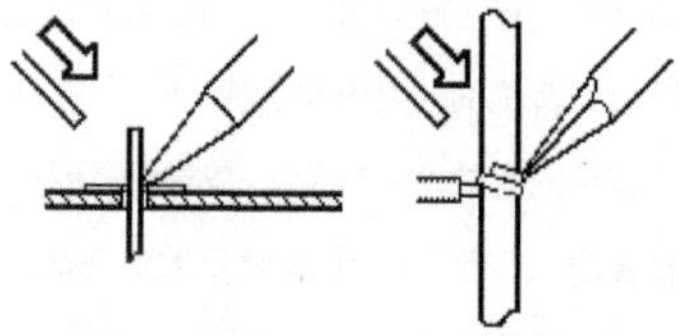
	送入焊丝：焊件的焊接面被加热到一定温度时，焊锡丝从烙铁对面接触焊件。注意：不要把焊锡丝送到烙铁头上	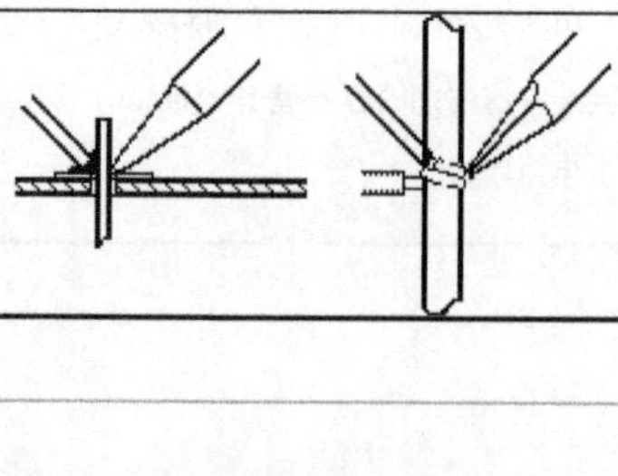

续表

<table>
<tr><th colspan="2">项　　目</th><th>简　　介</th><th>示　例　图</th></tr>
<tr><td rowspan="5">焊接基本步骤</td><td rowspan="2">五步法</td><td>移开焊丝：当焊丝熔化一定量后，立即向左上45° 方向移开焊丝</td><td></td></tr>
<tr><td>移开烙铁：焊锡浸润焊盘和焊件的施焊部位以后，向右上45° 方向移开烙铁，结束焊接。从第三步开始到第五步结束，时间大约也是1～2s</td><td></td></tr>
<tr><td rowspan="3">三步法</td><td>准备：与五步法第一步相同</td><td rowspan="3">适用于热容量小的焊件</td></tr>
<tr><td>加热与送丝：烙铁头放在焊件上后立即放入焊丝</td></tr>
<tr><td>去丝移烙铁：焊锡在焊接面上浸润扩散达到预期范围后，立即拿开焊丝并移开烙铁，并注意移去焊丝的时间不得滞后于移开烙铁的时间</td></tr>
<tr><td colspan="2">合格焊点</td><td>在单面板上，焊点仅形成在焊接面的焊盘上方；但在双面板或多层板上，熔融的焊料不仅浸润焊盘上方，还由于毛细作用，渗透到金属化孔内，焊点形成的区域包括焊接面的焊盘上方、金属化孔内和元件面上的部分焊盘。
有可靠的电气连接，足够的机械强度，光洁整齐外观的焊点为合格</td><td> 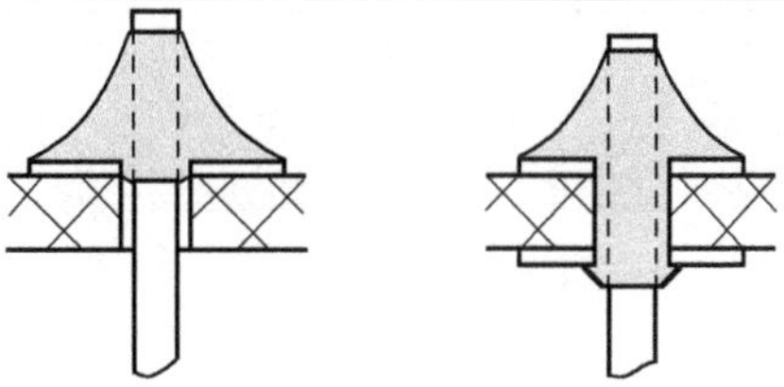（a）单面板焊点　（b）双面板焊点 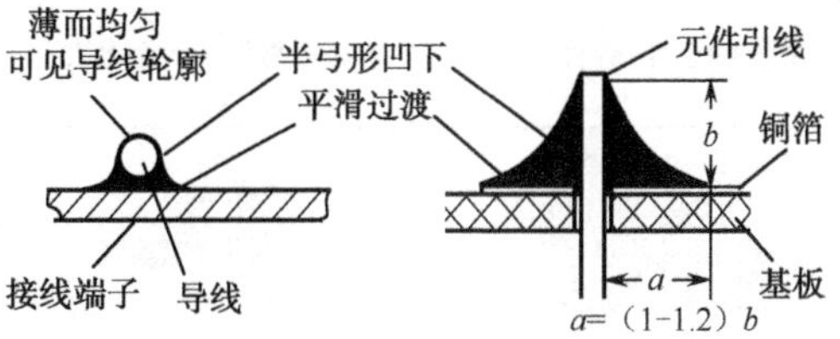
薄而均匀
可见导线轮廓
半弓形凹下
平滑过渡
元件引线
铜箔
接线端子
导线
基板
$a=(1\text{-}1.2)b$
（c）合格焊点</td></tr>
<tr><td colspan="2">焊接注意</td><td colspan="2">① 用0.5～0.8mm的焊锡丝，30W、40W、50W的电烙铁焊接插装的元器件；用0.8～3.0mm的焊锡丝，≥30W、≤70W的电烙铁焊接导线。
② 戴防静电手腕带，用防静电镊子夹持元器件，用≤0.5mm的焊锡丝，25W、30W以下的电烙铁焊接贴装的元器件。
③ 焊接热敏元件或遇热易损元器件、导线的绝缘层时要采取散热措施</td></tr>
<tr><td colspan="2">清理焊点</td><td colspan="2">① 将印制电路板侧立，用剪刀剪去引脚多余的部分（一般留1.5～2mm为宜，不要求剪脚的元器件除外），扔到专用的废品箱里，并避免剪掉的引脚到处飞溅而造成质量隐患或射伤人体。
② 戴上防护胶手套或卫生口罩，用泡沫塑料块或纱布沾上工业用酒精或航空洗涤汽油等清洁剂逐步擦洗焊点；或将印制电路板焊点面浸没到装有清洁剂的容器里1～10min，用毛刷轻轻刷洗。100%的清洗印制电路板，可以提高产品的可靠性和使用寿命</td></tr>
</table>

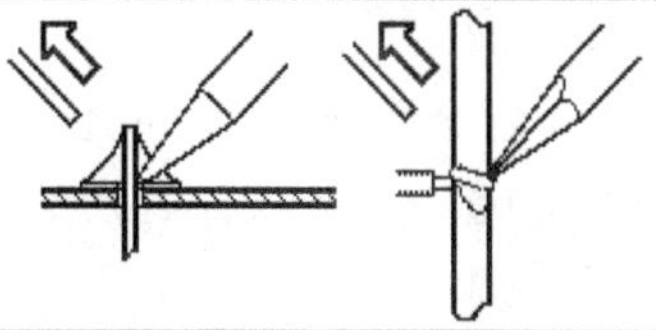

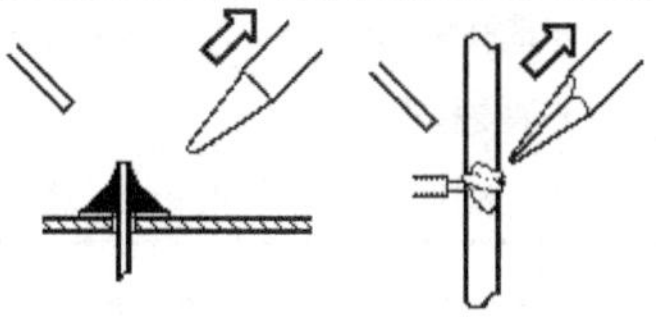

续表

项　目	简　介	示 例 图
检查焊点质量	（1）观察 目视或借助 3～10 倍的放大镜进行目检；用镊子轻轻拨动可疑的焊接部位（导线、元器件引脚和焊盘间的锡焊），确认其质量（有无虚焊及机械损伤等）。 （2）重焊 用满带松香焊剂、缺少焊锡的电烙铁重新熔融焊点，从焊点旁边或下方撤走电烙铁，查看有无暴露出的虚焊。 （3）通电检查 确认直观检查及连接检查无误。通电检查发现电路桥接、内部虚焊等微小的缺陷	

常见焊点缺陷及原因见表 2-15。

表 2-15　常见焊点缺陷及原因

缺陷	虚焊	锡量过多	锡量过少	过热
原因	焊件清理不干净或助焊剂不足或质差焊件加热不充分	焊丝撤离过迟	焊丝撤离过早	加热时间过长或烙铁功率过大
示意图				
缺陷	冷焊	空洞	拉尖	剥离
原因	焊料未凝固时焊件抖动	焊盘孔与引线间隙太大	加热时间不足或焊料不合格	加热时间过长或焊盘镀层不良
示意图				
缺陷	桥接			
原因	焊料过多或烙铁施焊撤离方向不当			
示意图				

（3）焊接音乐门铃电路

依电路装配图进行安装，按元器件装接和焊接方法，正确地使用电烙铁将中夏牌 ZX2019 型音乐门铃电路焊接成形，见表 2-16。焊接时避免虚焊、焊锡过多等现象。

表 2-16　组装中夏牌 ZX2019 型音乐门铃电路

步骤	1	2	3
组装	镀锡	按钮开关	电池夹引线
操作说明	将所用导线、三极管引脚、电池夹接线处、扬声器接线片等，用美工刀刮干净，并镀上锡	先将多股细线拧在一起焊到焊片上（多股软线的长度视门铃的实际情况而定，不可过长），再组装按钮开关	红、黑引线分别焊接在电池正、负极的接线片上（焊接时，若电池夹的负极弹簧较长，导致电源接触不良，可将其截去一节）
示例图	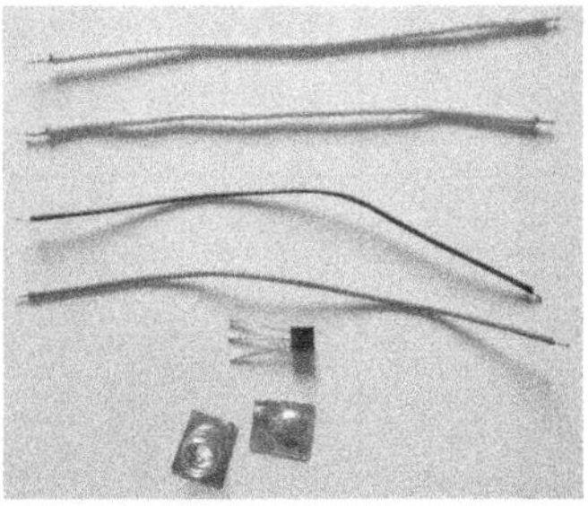	  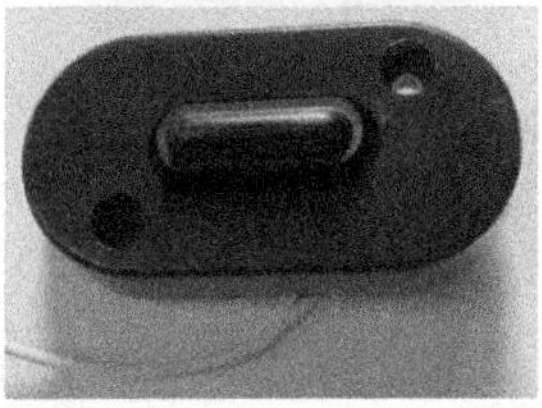	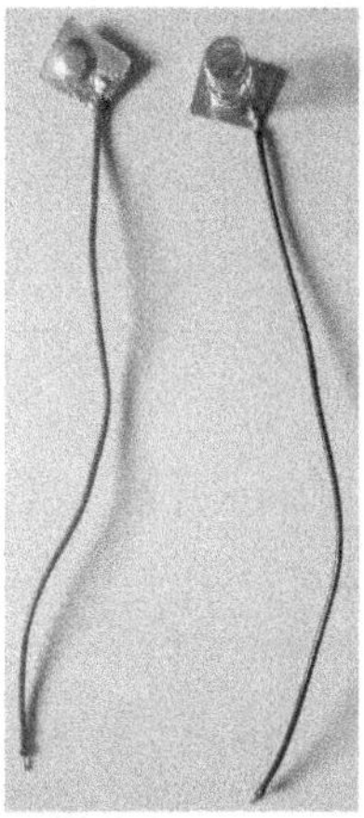
步骤	4	5	6
组装	装三极管	焊三极管	扬声器
操作说明	将三极管按 E、B、C 脚的对应关系插入小孔	电烙铁外壳妥善接地或电烙铁烧热后，拔下电源插头趁热焊接好三极管，再剪去引脚的多余部分（防止电烙铁外壳感应带电损坏集成电路，焊接时间要短，焊点要小而圆；相邻焊点不要相碰短路）	将两根黄导线的一端焊在扬声器接线片上，另一端，接扬声器负极的焊到印制电路板的 4 脚；接扬声器正极的焊到印制电路板的 1 脚（此处暂时不焊接，待到后面一起焊接）

续表

步骤	4	5	6
示例图			
步骤	7	8	9
组装	电路电源引线	连接按钮开关	关键点 1 脚的焊接
操作说明	黑引线的另一端焊接在印制板的 6 脚，红引线的另一端焊在 1 脚（此处暂时不焊接，待到后面一起焊接）	按钮开关上的 2 根引线分别焊在印制电路板 2 脚、1 脚（1 脚暂时不焊接，待到后面一起焊接）	先将要接到 1 脚的 3 根引线焊到一起后，再焊到 1 脚上（可请同学相助）
示例图			

5. 测试电路

（1）测试方法

电路的测试是用仪器仪表对电路的技术指标或功能进行测量或试验，常用的方法有直流电压法和直流电流法。

直流电压法就是将万用表置直流电压挡，直接并联在待测电路的两端点上进行测量，如图 2-10 所示。

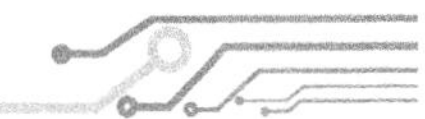

直流电流法就是把印制电路板上预留的测试用断点（工艺开口）焊开，将万用表置直流电流挡串联接入电路，测量出电流数值，如图 2-11 所示。

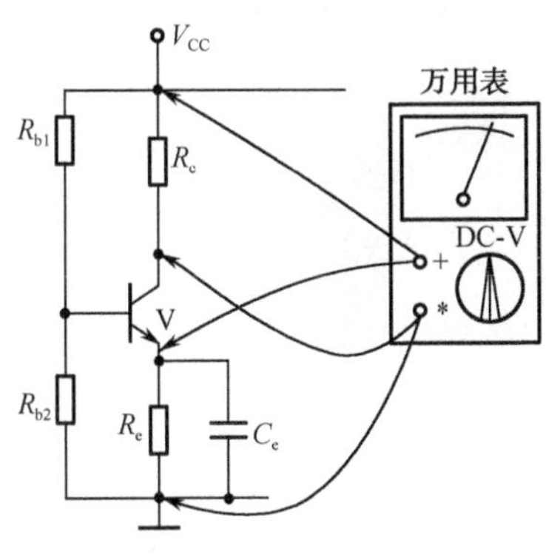

图 2-10　直流电压法

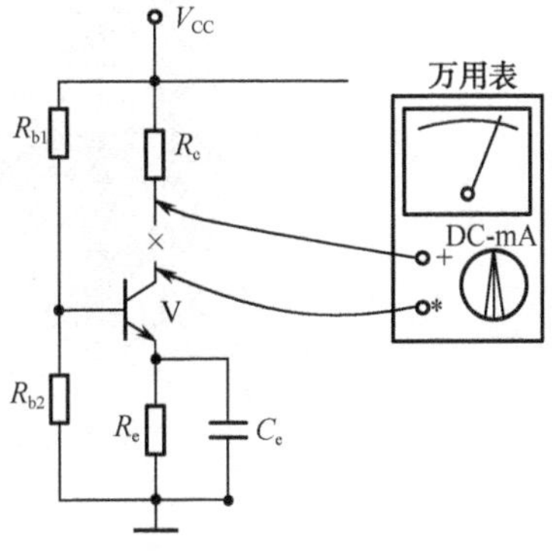

图 2-11　直流电流法

（2）测试音乐门铃电路

焊接完毕，逐个检查各个焊点，要求焊点要小，不能有假焊、虚焊、桥接等现象。然后按测试方法测试中夏牌 ZX2019 型音乐门铃电路，见表 2-17。

表 2-17　测试中夏牌 ZX2019 型音乐门铃电路

步骤	1	2	3
测试	总内阻	静态工作点	试听
说明	万用表置 $R\times100\Omega$挡，红表笔接电源线负极，黑表接电源线正极。测两电源线间的电阻，在 1.3kΩ左右为正常，若为零，则电路中有短路现象	装上电池（注意正负极），万用表置直流电压 10V 挡，黑表笔接 6 脚，红表笔接 1 脚，4 脚电压值为 3V，2 脚、3 脚、5 脚电压为 0，属正常	按一下按钮开关，扬声器就放送一首 24 和弦音乐声
示例图			
故障排除	现象 1：发不出声音。 排除：在三极管的 b 和 c 之间焊接一只 103（10^4pF）的瓷片电容器。 现象 2：按钮不起作用。 排除：检查按钮开关是否装错。 现象 3：没有声音。 排除：检查干电池、扬声器、焊接线路等		

6. 音乐门铃成品

将装配、调试成功的中夏牌 ZX2019 型音乐门铃电路装入盒盖中，合上后盖，拧紧螺钉，其松紧度应恰到好处，安装完成，如图 2-12 所示。

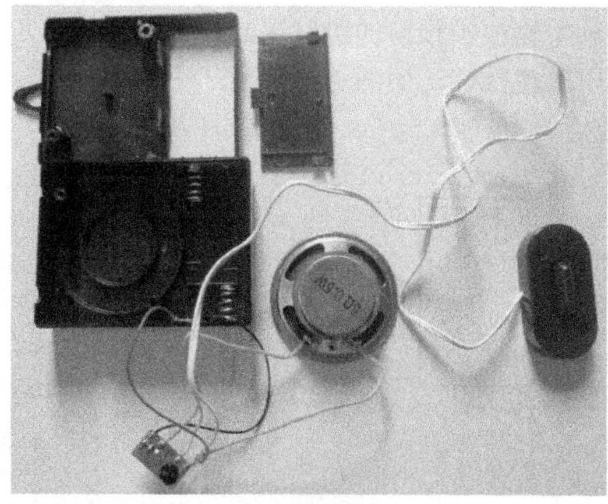

（a）装盒前

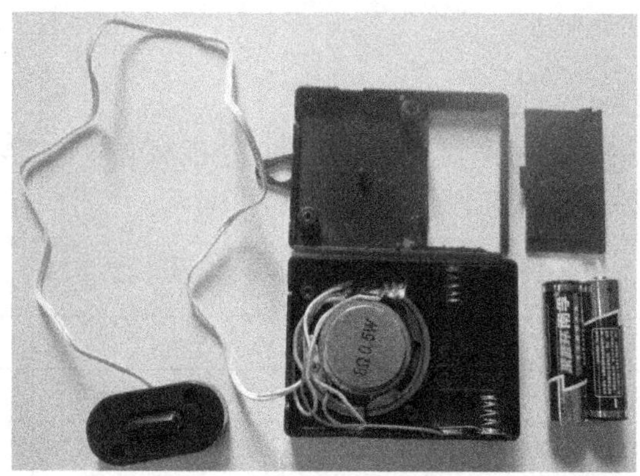

（b）装盒后

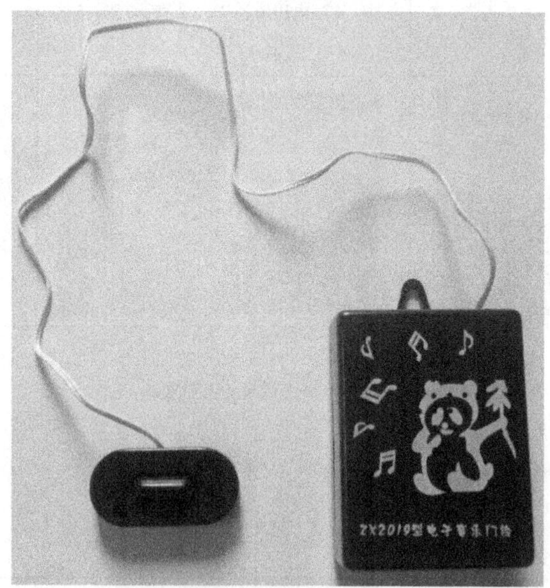

（c）成品图

图 2-12　成品中夏牌 ZX2019 型音乐门铃

（1）产品功能特点

一种 24 和弦音乐声，性能可靠。平时耗电量少，工作时音质宏亮、清晰、优美逼真。广泛应用于家庭、宾馆、办公室、公寓等场所。配合门禁使用，按钮用门禁主机上的按钮，适合所有的门禁。

（2）主要性能

① 产品品牌：中夏牌。

② 产品型号：ZX2019 型。

③ 工作电压：DC3V（2 节 5 号电池）。

④ 控制距离：≤100m。

⑤ 门铃音乐：24 和弦音乐声。

⑥ 外观尺寸：主机 61mm×81mm×25mm。

（3）使用指南

① 将门铃后面的电池盖打开，装入 2 节 5 号电池（通常可使用一年），安装到适当位置（挂壁或用双面胶黏贴）。

② 将按键黏贴到适当位置。

③ 每按一下按钮开关，门铃就放送一首 24 和弦音乐声，提示户主客人来访，完毕后自动停止。

项目测试

1．根据表 2-18 中的色环要求，挑选 10 只不同阻值的色环电阻器插在硬纸板上，由其色环读出标称值和用指针式或数字式万用表测量出其电阻值并填写到表中。相互检查，看 10 只电阻器中你测量正确的有几只？将测量值和标称值相比较，了解各电阻器的误差。

表 2-18　电阻器的识别

序号	色环	标称值	测量值	序号	色环	标称值	测量值
1	橙黑黑棕棕			6	棕黑黑棕棕		
2	棕灰黑棕棕			7	绿蓝黑棕棕		
3	绿棕黑黑棕			8	黄橙黑黑棕		
4	蓝灰黑棕棕			9	白棕黑黑棕		
5	棕黑黑黑棕			10	橙黑黑红棕		

2．用指针式或数字式万用表测量表 2-19 中电容器的电容量，并填写内容。

表 2-19　电容器的识别

序号	图示	类型	标称值	测量值	序号	图示	类型	标称值	测量值
1					6				

续表

序号	图示	类型	标称值	测量值	序号	图示	类型	标称值	测量值
2					7				
3	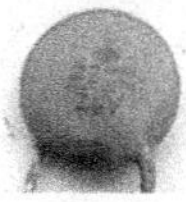				8				
4					9				
5					10				

3．根据表 2-20 中的图示，试判断二极管的导通与截止，并求出流过二极管的电流 I。

表 2-20　看图填数据

图示（硅管）	数据	图示（锗管）	数据
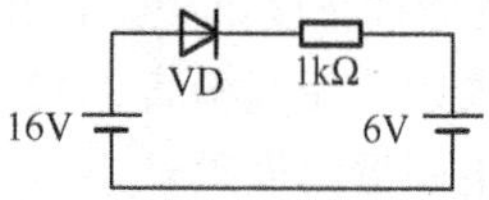	导通（　） 截止（　） I=	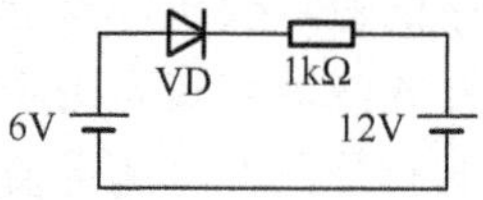	导通（　） 截止（　） I=

4．用指针式万用表检测表 2-21 中的小功率三极管，并填写内容。

表 2-21　三极管的识别

项目	操作过程及结论							
图示								
型号								
测量	仪表挡位	极间	正向值	反向值	仪表挡位	极间	正向值	反向值
判定 b 极								
判定 c 极								
测电流放大能力								
类型								
频率特性								

5．调研身边使用的电池、开关、接插件，并将结果填入表 2-22 中。

表 2-22　常用电池、开关、接插件调查

名称	应用场所	应用设备	性能状况

6．调整放大电路的静态工作点是检修电子设备常用的手段，如对于图 2-13（a）所示电路，有人常接成图 2-13（b）的形式。

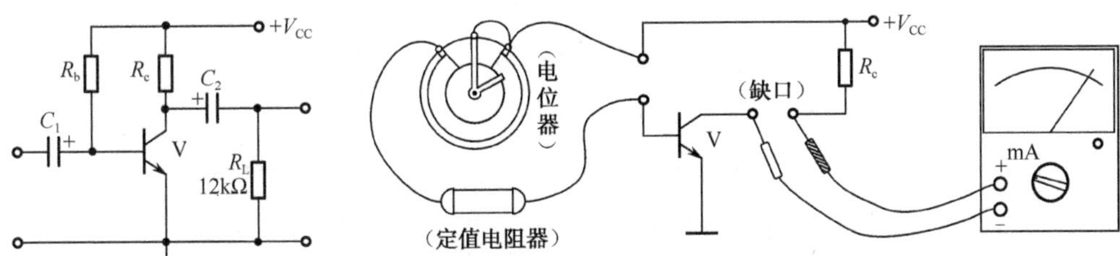

图 2-13　调整放大电路的静态工作点

（1）阅读：静态工作点的调试

放大器的静态工作点处于最佳状态时，才能取得最佳的电路放大效果，所以在设置放大电路或更换三极管时，常常通过调整基极偏置电阻器来获得合适的 I_{CQ}。

步骤 1：取一只定值电阻器和一只电位器，串联后接入电路用以代替偏流电阻器 R_b，电位器的电阻值取 R_b 的 1～2 倍，在调试前电位器的电阻值调在中间位置。

步骤 2：用电烙铁烫开印刷电路板上连接三极管集电极与电源的铜箔条上的缺口，将万用表置直流毫安挡，在缺口处红表笔接电源正极一侧，黑表笔接集电极一侧，如图 2-13（b）所示。

步骤 3：接通电源，左右缓慢地调节电位器，可观察到毫安表上反映 I_{CQ} 的读数会相应地跟随变化。当 I_{CQ} 达到期望值或者电路呈现最佳效果值时，结束调整过程。

步骤 4：断电后，用万用表欧姆挡测出总电阻，然后用接近的标称电阻器替代。

步骤 5：再次通电，若无异常，焊好缺口，电路调试结束。

（2）回答问题

① 图 2-13（b）中为什么要串联一个定值电阻器？不用行不行？

② 先后更换了几只三极管，在调节电位器时发现有的 I_C 变化很灵敏，有的 I_C 变化不够灵敏，原因何在？

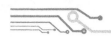

③ 因三极管的发射区和集电区是同类型半导体材料，初学者搞混两个电极是常有的事，结果造成电路不能正常工作。有人做了一个实验，按图 2-13（b）互换 E 极和 C 极分别测量二次，是否其中一次在调节电位器时三极管的 I_C 变化很灵敏，另一次则变化很小？哪一次为正确？为什么？

7．试画出图 2-14 所示电路中图 2-14（a）～图 2-14（d）的直流通路，图 2-14（e）～图 2-14（h）（各电容器电容量足够大）的交流通路，了解其失去放大作用的原因。

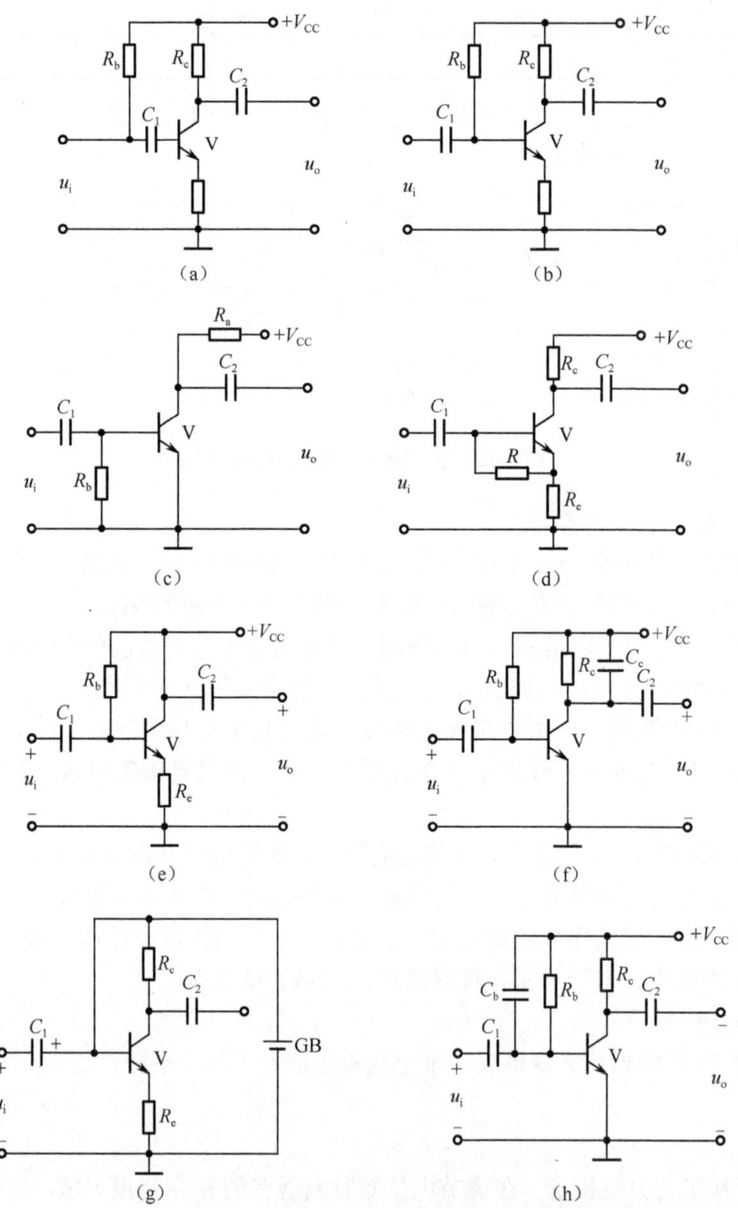

图 2-14　电路

8．观察一些实际的集成电路，再查找相关资料，将识别的内容填写在表 2-23 中。

表 2-23　集成电路的认识

序号	型号	封装形式	类型	应用场合	主要参数	备注

9．用铜丝焊制图 2-15 所示几何模型。要求使用标准的五步焊接法焊接；焊接可靠，不能有虚（假）焊；焊点光滑，无毛刺；一致性好，大小均匀，形状和锡量合适。

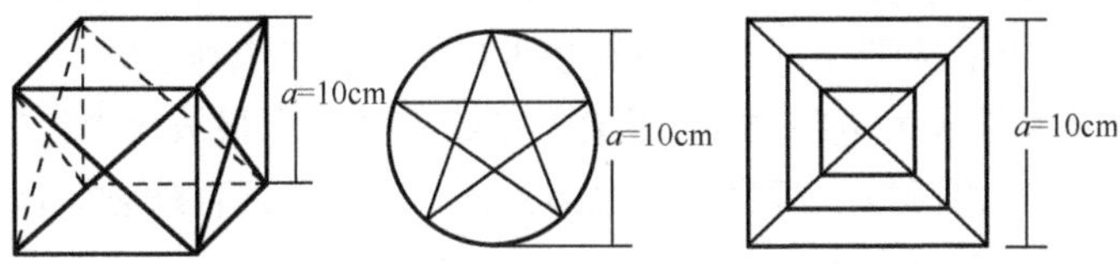

图 2-15　几何模型

10．在音乐门铃电路中，当按下开关时，电路板上的 2 端和 1 端接通，音乐集成电路被触发。而传感器可以把周围环境中的非电量（如亮度、温度、水位等）变化转换为电量变化，若用传感器顶替开关去触发电路，音乐门铃就变成了自动报警器。

图 2-16 所示电路为由 2CU 型光电二极管控制的自动报警电路，当光电二极管的电阻值随照射光线强度达到一定值时，AB 接通电路被触发。100kΩ微调电阻器用来控制报警器的灵敏度，据此自己制作一个试试（教师自定）。

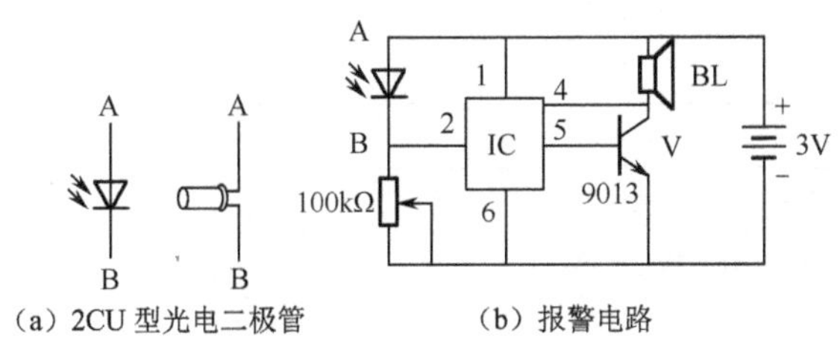

（a）2CU 型光电二极管　　（b）报警电路

图 2-16　自动报警器电路

项目总结

1．归纳梳理

① 电阻器是用电阻材料制成的、有一定结构形式、能在电路中起限制电流通过作用的电子元件。将它们串、并联连接后，可用于电路的降压、分压、限流、分流和负载等。电阻器按阻值和功率分为不同的系列，电阻体上有具体的标识。电容器在电子电路中是用来通过交流而阻隔直流的，是一种储能元件。有极性电容器和无极性电容器两种，广泛应用于阻隔直流、信号耦合、旁路、滤波、调谐回路、能量转换和控制电路等方面。二极管具有单向导通特性，在电子电路中能起整流、稳压、限幅、续流、变容和显示等作用。三极管是一种弱电流控制强电

流的半导体器件，制作材料有锗和硅，结构形式有 NPN 和 PNP。在电子电路中能起放大、振荡和无触点开关等作用。

集成电路是一种微型电子器件，在工业、民用、军事、通讯、遥控等方面应用广泛。扬声器是常用的电声器件，可用万用表对其部分性能进行简易的检测。干电池有圆柱形、扣形、方形和块状，是电子产品正常工作的基本能源。

② 裸线、电磁线、绝缘电线、通信电缆等常用导线，在电子产品中能将电路内部或电路之间连接起来，实现电气连接。串接在电路中的开关和接插件，起作断开、接通或转换电路的作用。由开关和接插件上的生产使用标识，可以了解其各项性能指标。

③ 手工锡焊是在干净的工作台面上，用性能优良的电烙铁、焊料、焊剂、烙铁架和镊子等工具器材，运用五步或三步操作法进行的焊接技术。利用无铅焊锡等焊料，松香、焊锡膏等助焊剂和酒精、松香水等清洗剂，可以较好地实现电子产品的装配。

④ 三极管有共发射极放大电路、共基极放大电路和共集电极放大电路三种基本放大电路，分析电路的方法有直流电路等效法和交流电路等效法，调试电路有静态调试与动态调试两种途径，测试电路的方法有测试直流电压法和测试直流电流法。

2. 项目评估

评估指标	评估内容	配分	自我评价	小组评价	教师评价
学习态度	① 出全勤。 ② 认真遵守学习纪律。 ③ 搞好团结协作	15			
安全文明生产	① 严格遵守安全操作规程。 ② 工作台面整洁，工具、仪表齐全，摆放整齐	10			
理论测试	语言上能正确清楚地表达观点	5			
	能正确完成项目测试	10			
操作技能	能正确选择、配置和使用调试用仪器仪表及工具	10			
	能正确识读电路图，识别与检测元器件	20			
	能成功焊接音乐门铃电路	15			
	能正确调试、组装音乐门铃	15			
总评分					
教师签名					

3. 学习体会

收获	
缺憾	
改进	

项目三

组装声光控延时开关

项目目标

<table>
<tr><td>技能目标</td><td>① 正确识读声光控延时开关电路图，对照原理图能看懂印制电路图和接线图，认识电路图上的各种元器件的符号，并与实物相对照。
② 熟悉光敏电阻器、晶闸管、驻极体传声器和数字逻辑集成电路的一般检测方法。
③ 掌握识读电路原理图、印制电路图的方法。
④ 熟悉声光控延时开关电路的制作步骤、检测、故障处理及注意事项</td></tr>
<tr><td>知识目标</td><td>① 了解印制电路板的构成。
② 了解逻辑门电路知识</td></tr>
</table>

项目描述

灯具开关一般有机械式和电子式，其中机械式有拉线型、按钮型和翘板型，电子式有触摸型、遥控型、智能型等，如图 3-1 所示。在无人值守的楼道里，照明灯的控制开关大多采用电子式。

（a）拉线开关

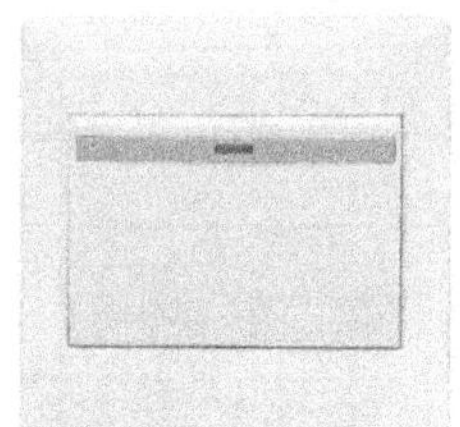

（b）大翘板开关

（c）触摸开关

（d）人体红外感应开关

图 3-1　灯具开关

本项目通过对中夏牌 SGK-10 型声光控延时开关的组装，来学习光敏电阻器、晶闸管、传声器、数字逻辑集成电路、印制电路板等元器件与材料的性能、应用、质量检测，以及识读、装接、调试、维修该电路的基本方法。

项目实施

任务 1　元器件认知

中夏牌 SGK-10 型声光控延时开关的元器件规格与数量见表 3-1。

表 3-1　元器件列表

序　　号	1	2	3
实物图			
名称	电阻器	电阻器	电阻器
位号	R_1	R_2、R_3	R_4
规格	120kΩ	47kΩ	2.2MΩ
数量	1 只	2 只	1 只
序号	4	5	6
实物图			
名称	电阻器	电阻器	电阻器
位号	R_5	R_6	R_7
规格	1MΩ	10kΩ	470kΩ
数量	1 只	1 只	1 只
序号	7	8	9
实物图			
名称	电阻器	光敏电阻器	瓷片电容器
位号	R_8	RG	C_1
规格	5.1MΩ	RG625A	104（10^5pF）
数量	1 只	1 只	1 只
序号	10	11	12
实物图			
名称	电解电容器	二极管	三极管
位号	C_2、C_3	VD_1～VD_5	V
规格	10μF/25V	1N4007	9014
数量	2 只	5 只	1 只
序号	13	14	15
实物图			
名称	单向晶闸管	数字集成电路	驻极体

续表

序号	13	14	15
位号	VT	IC	BM
规格	MCR100-6	TC4011BP	二端式，54±2dB
数量	1 只	1 块	1 个
序号	16	17	18
实物图			
名称	前盖、后盖	红面板	导线
数量	1 套	1 块	2 根
序号	19	20	21
实物图			
名称	自攻螺钉	螺钉	螺钉盖
规格	ϕ3×8mm	ϕ4×25mm	
数量	5 颗	2 颗	2 颗

1．光敏电阻器

光敏电阻器是用半导体材料制成，能将光照的变化转换成电信号的电子元件，见表 3-2。

表 3-2　光敏电阻器简介

项目	举例及说明	项目	举例及说明
外形	（a）环氧树脂封装 （b）金属封装	结构	半导体光敏层　梳状金属电极　透明树脂防潮膜　陶瓷基板　金属引脚 （a）剖面图 半导体光敏层　梳状金属电极　金属引脚顶部 （b）俯视图

续表

项目	举例及说明	项目	举例及说明
功能	光敏电阻器的电阻值随照射在其表面上光的强弱（明暗）变化而变化，光照越强电阻值越小，光照越弱电阻值越大，是实现将光信号转换为电信号的关键元器件，广泛用于导弹制导、天文探测、非接触测量、人体病变探测、红外光谱、红外通信等国防、科学研究和工农业生产中	分类	① 按光谱特性：紫外光敏电阻器、红外光敏电阻器和可见光光敏电阻器。 ② 按半导体材料：本征型光敏电阻器、掺杂型光敏电阻器。 ③ 按封装：环氧树脂封装、金属封装。 ④ 按陶瓷基座直径：Φ3mm、Φ4mm、Φ5mm、Φ7mm、Φ11mm、Φ12mm、Φ20mm、Φ25mm
图形符号	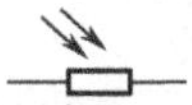 在电路中用字母“RG”表示	型号意义	如 MG 41，由国家标准规定的型号命名法可知，M 表示敏感元件，G 表示光敏电阻器，4 表示可见光，1 表示生产序号，整个符号表示可见光光敏电阻器
主要参数	（1）亮电阻 光敏电阻器受到光照射时的电阻值称为亮电阻，常用“100LX”表示。 （2）亮电流 在规定的外加电压下，光敏电阻器受到光照射时所通过的电流称为亮电流。 （3）暗电阻 光敏电阻器在无光照射（黑暗环境）时的电阻值称为暗电阻，常用“0LX”表示。 （4）暗电流 在规定的外加电压下，光敏电阻器在无光照射（黑暗环境）时所通过的电流称为暗电流。 （5）最高工作电压 光敏电阻器在额定功率下所允许承受的最高电压。 （6）额定功率 光敏电阻器用于某种电路中所允许消耗的功率称为额定功率。当温度升高时，其消耗的功率就降低。 （7）时间常数 光敏电阻器从光照跃变开始到稳定亮电流的 63%时所需的时间。 （8）相对灵敏度 光敏电阻器在不受光照射和受光照射时电阻值的相对变化。 （9）温度系数 光敏电阻器在环境温度改变 1℃时，其电阻值的相对变化	电参量关系	（1）伏安特性 在一定照度下，光敏电阻器两端所加的电压与流过光敏电阻器的电流之间的关系，称为伏安特性（图中虚线为允许功耗曲线）。 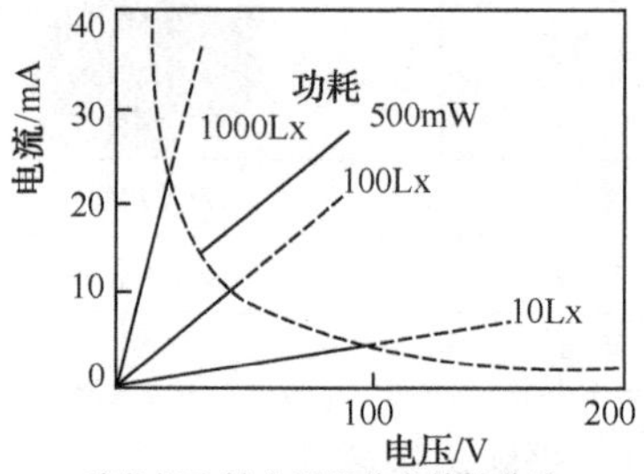 硫化镉光敏电阻器伏安特性曲线 （2）光电特性 光敏电阻器的光电流与光照度之间的关系称为光电特性。 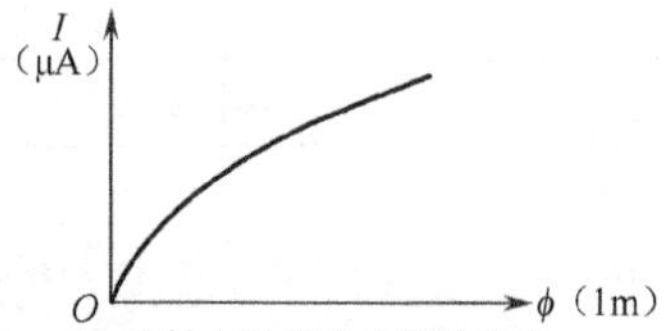 光敏电阻器光电特性曲线 （3）光谱特性 对于不同波长的入射光，光敏电阻器的相对灵敏度是不相同的。 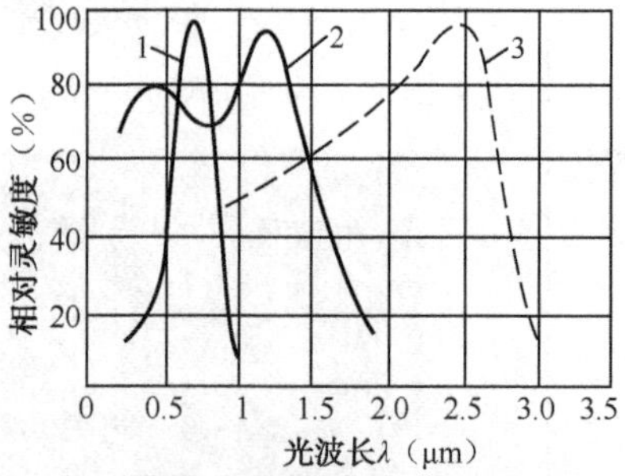 1—硫化镉；2—硫波化铊；3—硫化铅 光敏电阻器光谱特性曲线 （4）频率特性 当光敏电阻器受到脉冲光照时，光电流要经过一段时

续表

项目	举例及说明	项目	举例及说明
主要参数			间才能达到稳态值，光照突然消失时，光电流也不立刻为零。这说明光敏电阻有时延特性。由于不同材料的光敏电阻器时延特性不同，所以它们的频率特性也不相同。 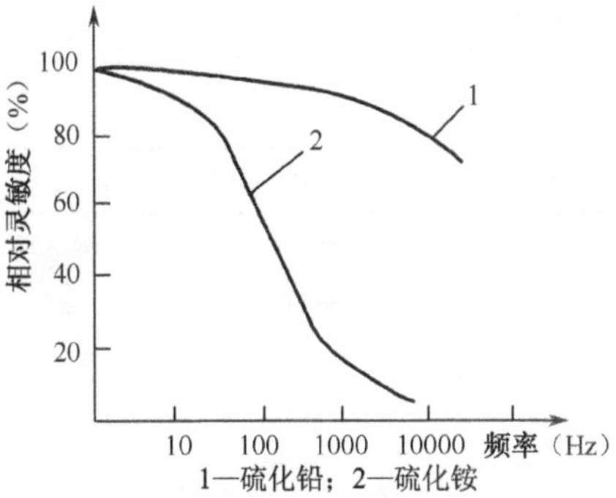 1—硫化铅；2—硫化铊 光敏电阻器频率特性 （5）温度特性 光敏电阻器受温度影响较大，当温度升高时，它的暗电阻会下降。温度的变化对光谱特性也有很大影响。 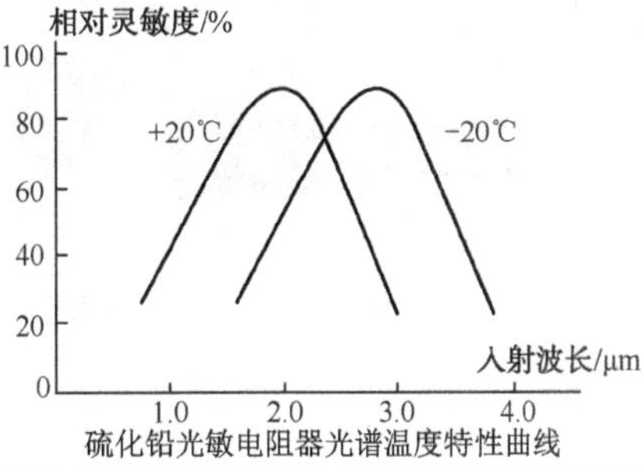 硫化铅光敏电阻器光谱温度特性曲线
检测	（1）测暗电阻 万用表置 $R\times1\text{k}\Omega$挡，用黑纸片遮住光敏电阻器，只露出引脚，测试电阻值，阻值≥1MΩ为正常；若很小或接近于零，说明光敏电阻器内部短路。 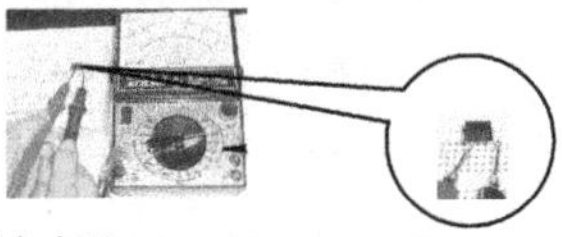 （2）测亮电阻 万用表置 $R\times1\text{k}\Omega$挡，在光照条件下，电阻值明显减小，约 20kΩ左右为正常；若值很大甚至无穷大，说明光敏电阻器内部开路。 （3）测电阻变化 万用表置 $R\times1\text{k}\Omega$挡，左右移动黑纸片，指针有来回摆动。若指针始终停在某一位置不动，说明光敏电阻器已损坏。 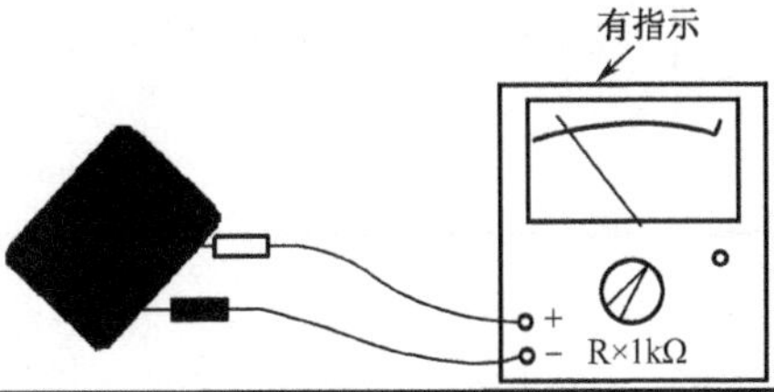	注意事项	① 根据不同用途，选用不同特性的光敏电阻器。用于数字信息传输选用亮电阻与暗电阻差别较大（光照指数大）的为宜，用于模拟信息传输选用光照指数值小的为好。 ② 使用时，光源的光谱特性要与光敏电阻器的光电特性相匹配，并防止杂散光的影响；且电参数（电压、功耗）不允许超过额定值。 ③ 在使用过程中，引线焊接位置要距陶瓷基座 3 毫米以上，且焊接时间尽可能短。 ④ 测量光敏电阻器时，手不要同时触及其两引脚；在路测量时要将其一个引脚脱离电路，以消除相连元件的影响。 ⑤ 避免在潮湿、高温的环境下保存光敏电阻器

2. 晶闸管

晶闸管是一种可控开关型半导体器件，俗称可控硅，有单向和双向两种，具有体积小、重量轻、功耗低、效率高、寿命长及操作方便等优点，主要用于整流、逆变、调压及开关等方面，见表 3-3。

表 3-3　晶闸管简介

项目	举例及说明	项目	举例及说明
外形	 小功率 　中功率  大功率 （a）单向晶闸管 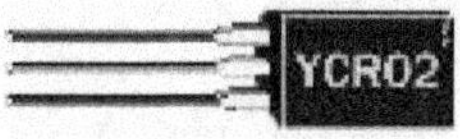 小功率 　大功率 （b）双向晶闸管	结构	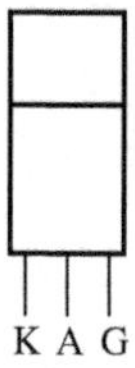 K A G 引脚排列 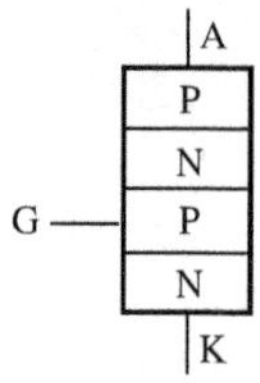　结构图 （a）单向晶闸管 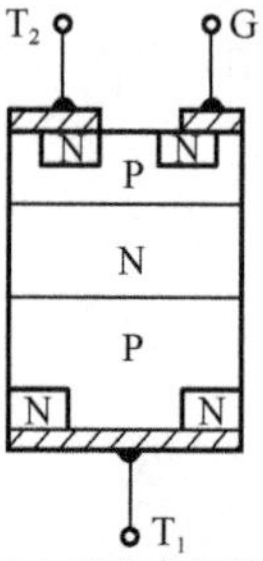 T_2　G　N　N　P　N　P　N　N　T_1 （b）双向晶闸管
功能	以小电流（电压）控制大电流（电压），且体积小、重量轻、功耗低、效率高、开关迅速，适用于无触点开关、可控整流、逆变、变频、调光、调压、调速等。家用电器中的调光灯、调速风扇、空调、电视机、电冰箱、洗衣机、照相机、组合音响、声光电路、定时控制器、玩具装置、无线电遥控、摄像机及工业控制等都有大量使用	分类	① 按关断、导通及控制方式：普通、双向、逆导、门极关断、温控、光控。 ② 按引脚和极性：二极、三极、四极。 ③ 按封装形式：金属封、塑封、陶瓷封。 ④ 按电流容量：大功率、中功率、小功率。 ⑤ 按关断速度：普通、快速（高频不等于快速）
图形符号	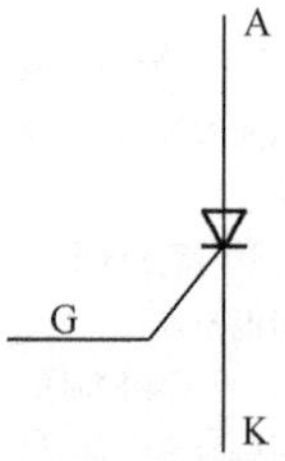 A　G　K　T_1　G　T_2 （a）单向晶闸管 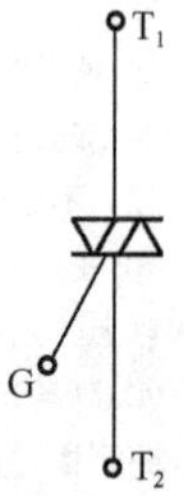　（b）双向晶闸管 在电路中用文字符号“VT”表示。A—阳极，K—阴极，G—控制极，T_1、T_2—第一、第二阳极	型号意义	如 KP1-2，由国家标准规定的型号命名法可知，K 表示晶闸管，P 表示普通反向阻断型，1 表示通态电流 1A，2 表示重复峰值电压 200V，整个符号表示 1A 200V 普通反向阻断型晶闸管。 又如 KS5-4，K 表示晶闸管，S 表示双向型，5 表示通态电流 5A，4 表示重复峰值电压 400V，整个符号表示 5A 400V 双向晶闸管

续表

项目	举例及说明	项目	举例及说明
主要参数	（1）正向重复峰值电压 在控制极开路和正向阻断的条件下，重复加在晶闸管两端的正向峰值电压。 （2）反向重复峰值电压 在控制极开路时，允许重复加在晶闸管两端的反向峰值电压。 （3）正向平均电流 环境温度为40℃及标准散热条件下，晶闸管处于全导通时可以连续通过的工频正弦半波电流的平均值。 （4）维持电流 在室温下和控制极断路时，晶闸管维持导通状态所必需的最小电流。 （5）控制极触发电压、触发电流 在室温下，阳极加正向电压为直流 6V 时，使晶闸管由阻断变为导通所需要的最小控制极电压和电流	连接	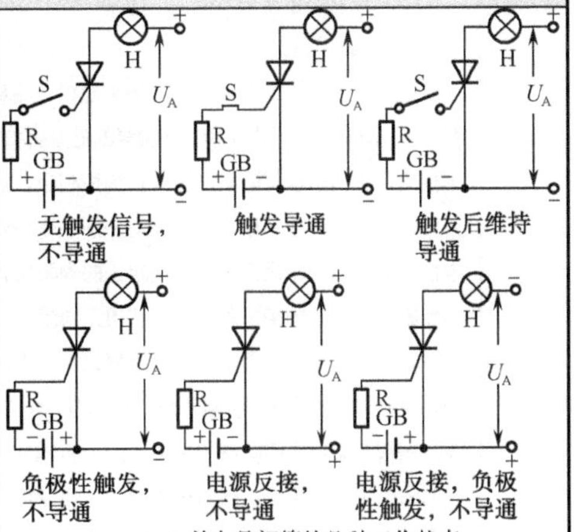 无触发信号，不导通　触发导通　触发后维持导通 负极性触发，不导通　电源反接，不导通　电源反接，负极性触发，不导通 （a）单向晶闸管的几种工作状态 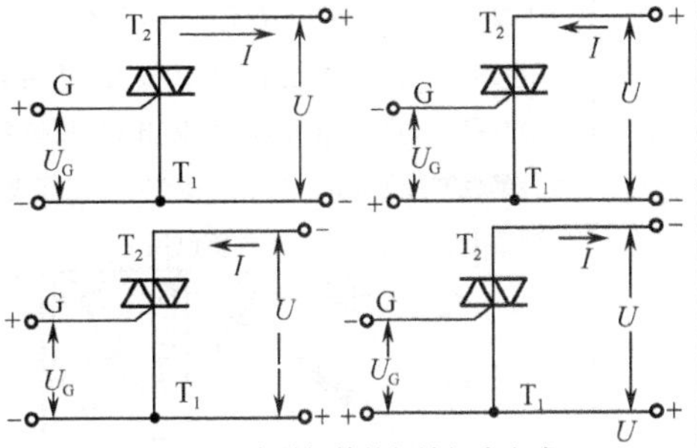 （b）双向晶闸管的极性组合方式
电参量关系	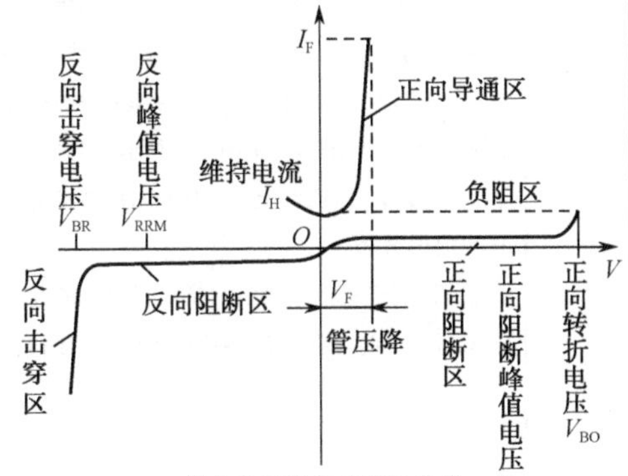 （a）单向晶闸管伏安特性曲线 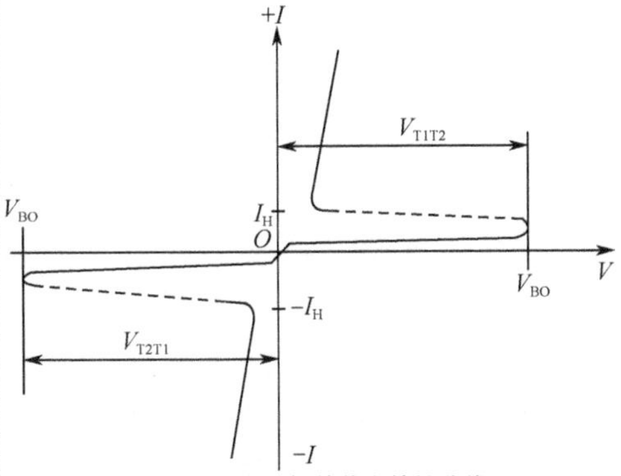 （b）双向晶闸管伏安特性曲线	标志识读	（1）单向螺栓管 螺栓一端为阳极，较细的引线端为控制极，较粗的引线端为阴极。 （2）平板形管 平面端为阳极，另一端为阴极，引出线端为控制极。 （3）金属壳封装管 外壳为阳极。 （4）塑封普通管 中间引脚为阳极，且多与自带散热片相连

续表

项目	举例及说明	项目	举例及说明
检测	（1）单向晶闸管 步骤 1：万用表置 R×100Ω或 R×1kΩ挡，测量晶闸管任意两脚的正、反向电阻。若测得的结果都接近∞，则被测两脚为阳极与阴极，另一脚为控制极。然后用万用表黑表笔接控制极，用红表笔分别触碰另外两个电极，电阻小的一极为阴极，电阻大的为阳极。 步骤 2：在控制极与阴极之间测得正向阻值应为几千欧。若阻值很小说明击穿；若阻值过大则为断路；测得反向电阻应为∞，若阻值很小或为零，说明击穿。在控制极与阳极之间测得的阻值应为∞，若阻值较小，说明内部击穿或短路。在阴极与阳极之间测得正、反向阻值均应为∞，否则说明内部击穿或短路。 步骤 3：万用表置 R×1Ω挡，黑表笔接阳极 A，红表笔接阴极 K，指针指示阻值应很大。再用金属物将控制极 G 与阳极 A 短接后即断开（触控制极 G 时红、黑表笔始终连接不动），指针应有大幅度偏转，且读数不变，否则说明晶闸管已损坏。 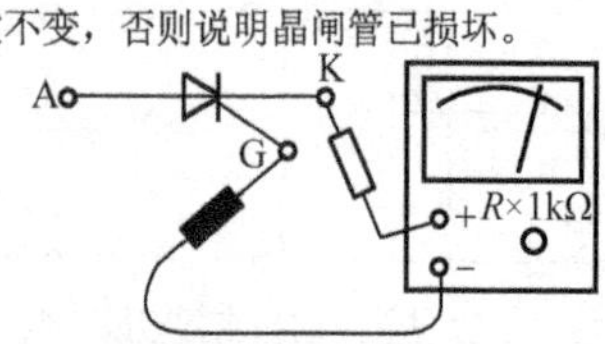 A　K　G　+R×1kΩ　− （2）双向晶闸管 步骤 1：万用表置 R×1Ω挡，测任意两脚之间的正、反向电阻，若某脚和其他两脚之间阻值均很大，则该脚为 T_2 极。 步骤 2：将黑表笔接 T_1 极，红表笔接 T_2 极，阻值为∞。 步骤 3：将 T_2、G 瞬时短接一下（给 G 极加上负触发信号），万用表指针动作为一固定值，证明管子已经导通，导通方向为 $T_1 \rightarrow T_2$，上述假定正确。如指针无动作，改变两表笔连接方式，重复上述操作。 步骤 4：将红表笔接 T_1 极，黑表笔接 T_2 极。将 T_2 极与 G 极瞬间短接一下（给 G 极加上正触发信号），万用表指针动作为一固定值，证明管子再次导通，导通方向为 $T_2 \rightarrow T_1$，即该管具有双向导通性。 步骤 5：取消短接后，阻值仍不变，说明晶闸管在触发之后能维持导通状态 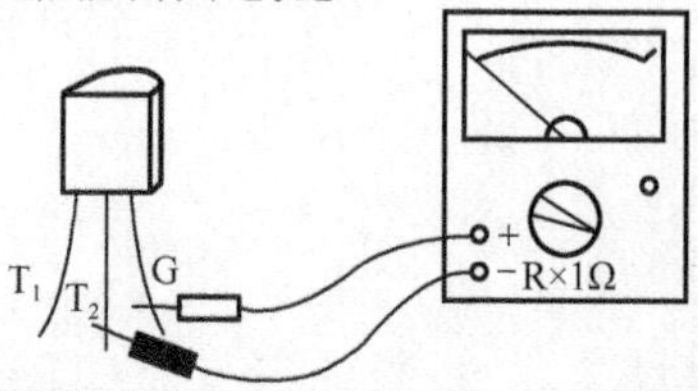 T_1　T_2　G　+　−R×1Ω	注意事项	① 选用晶闸管的额定电压时，应参考实际工作条件下的峰值电压的大小，并留出一定的余量。 ② 选用晶闸管的额定电流时，除了考虑通过元件的平均电流外，还应注意正常工作时导通角的大小、散热通风条件等因素。在工作中还应注意管壳温度不超过相应电流下的允许值。 ③ 使用晶闸管之前，要用万用表检查晶闸管是否良好。发现有短路或断路现象时，应立即更换。 ④ 严禁用兆欧表（即摇表）检查晶闸管的绝缘情况。 ⑤ 电流为 5A 以上的可控硅要装散热器，并且保证所规定的冷却条件。为保证散热器与晶闸管管芯接触良好，它们之间应涂上一薄层有机硅油或硅脂，以助于良好的散热。 ⑥ 按规定对主电路中的晶闸管采用过压及过流保护装置，并防止晶闸管控制极的正向过载和反向击穿

3. 传声器

传声器是一种将声信号转换为电信号的换能器件，俗称话筒、麦克风。传声器的好坏会直接影响声音的传输质量，简介见表 3-4。

表 3-4　传声器简介

项目	举例及说明	项目	举例及说明
外形	（a）有线传声器　（b）无线传声器 （c）领夹型无线传声器　（d）蓝牙无线传声器	结构	音圈　外壳　音膜　引出端　防护网　永久磁铁　输出变压器 （b）动圈式 压簧　外壳　防尘网　引出线　S　3D3G　驻极体振动膜　G　D　背极　金属极板　场效应管 （b）电容式
图形符号	在电路中用字母“BM”表示	型号意义	如 CZⅢ-1，由国家标准规定的型号命名法可知，C 表示传声器，Z 表示驻极体式，Ⅲ表示三极，1 表示产品序号，整个符号表示三极驻极体式传声器
分类	① 按换能原理：电动式、电容式、电磁式、压电式、碳粒式、半导体式。 ② 按声作用方式：压强式、压差式、组合式、线列式、抛物线反射镜式。 ③ 按电信号的传输方式：有线、无线。 ④ 按用途：测量、人声、乐器、录音传声器、立体声。 ⑤ 按接收声波的方向性：无指向性、有方向性。 ⑥ 按指向性：心型、锐心型、超心型、耳戴型（蓝牙）、领夹型、单向型、双向型、全向型、可变指向型。 ⑦ 新型：硅微、液体、激光（它们多用于窃听）	主要参数	（1）灵敏度 在一定声压作用下输出的信号电压，其单位为 mV/Pa。 （2）输出阻抗 在 1kHz 频率下测得的传声器输出端的交流阻抗。有低阻抗（如 50Ω、150Ω、200Ω、250Ω、600Ω等）和高阻抗（如 10kΩ、20kΩ、50kΩ）两种。高阻抗传声器常以 dB（分贝）表示。 （3）频率特性 传声器灵敏度和频率间的关系，即频率特性。理想的传声器频率特性为 20Hz～20kHz。 （4）固有噪声 在没有外界声音、风振动及电磁场等干扰的环境下测得的传声器输出电压有效值，一般在 μV 数量级。 （5）方向性 传声器的灵敏度随声波入射方向而变化的特性。如单方向性表示只对某一方向来的声波反应灵敏，而对其他方向来的声波则基本无输出。无方向性则表示对各个方向来的相同声压的声波都能有近似相同的输出

续表

项目	举例及说明	项目	举例及说明
电参量关系	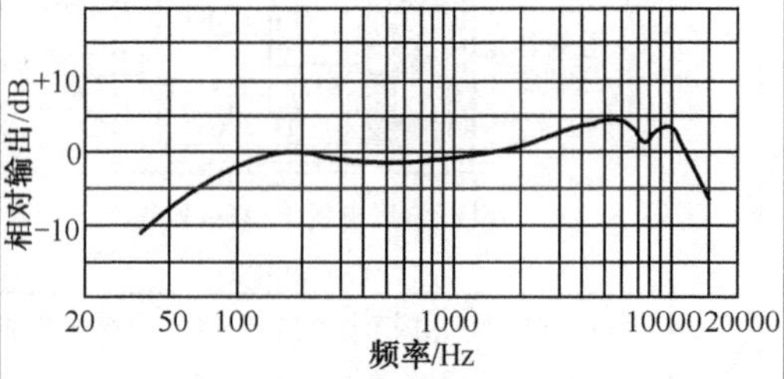 传声器频响特性曲线	连接	（1）二端式驻极体传声器 传声器底部有两个接点，分别是漏极 D 和接地端，源极 S 已在内部与接地端相连，其中与金属外壳相连的是接地端。 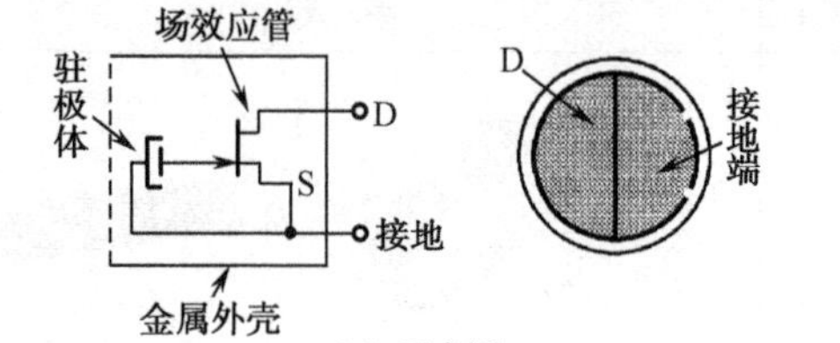 （a）示意图 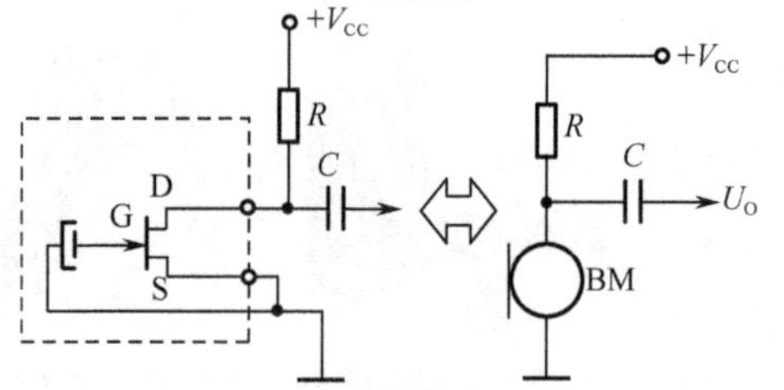 （b）漏极输出 （2）三端式驻极体传声器 传声器底部有三个接点，分别对应的是源极 S、漏极 D 和接地端，其中与金属外壳相连的是接地端。 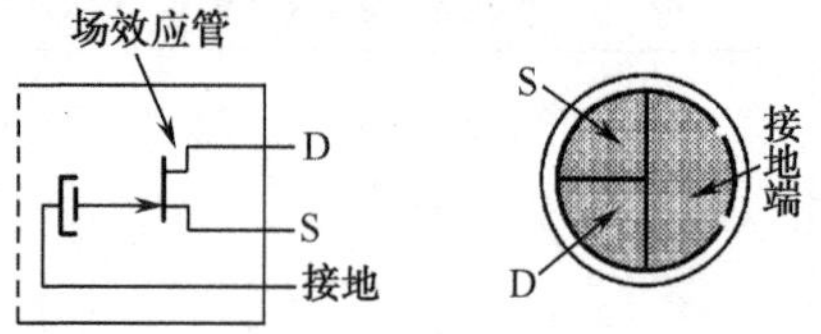 （a）示意图 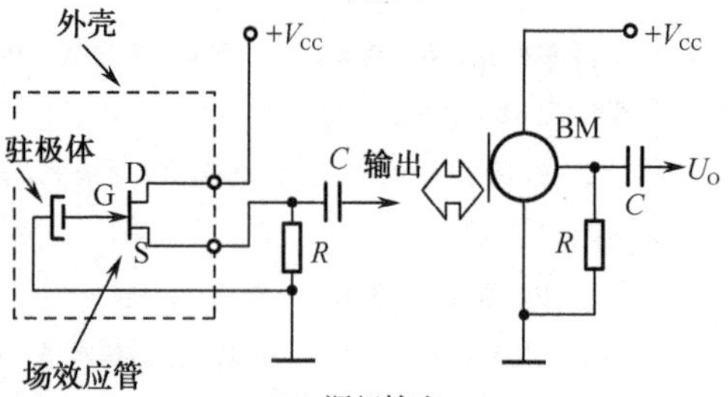 （b）漏极输出
检测	（1）二端式驻极体传声器 步骤 1：万用表置 $R\times100\Omega$挡，分别测传声器的两电极与外壳之间的电阻值，阻值为零的极为 S 极。 步骤 2：万用表置 $R\times100\Omega$挡，分别测传声器的两电极与外壳之间的电阻，阻值为几千欧的极为 D 极。 步骤 3：万用表置 $R\times100\Omega$挡，红表笔接外壳 S 极，黑表笔接 D 极。用嘴对准传声器慢而均匀地轻轻吹气。吹气	注意事项	（1）普通传声器 ① 传声器的输出阻抗与放大器的输入阻抗相同是最佳匹配，若失配比在 3∶1 以上，则会影响传输效果。如 50Ω 传声器接输入阻抗为 150Ω放大器时，虽然输出增加近 7dB，但高低频的声音都会有明显的损失。 ② 高质量传声器选择双芯绞合金属隔离线，一般传声器可采用单芯金属隔离线；高阻抗传声器传输线长度不

续表

项目	举例及说明	项目	举例及说明
检测	瞬间表针摆动幅度越大，说明传声器灵敏度就越高。若表针摆动幅度不大（微动）或根本不摆动，说明此传声器性能差，不宜使用。同类型传声器比较，指针偏转越多，说明传声器灵敏度越高。 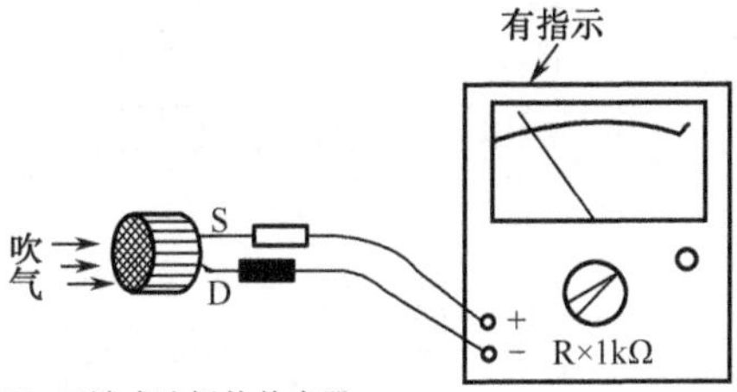 有指示 吹气 S D + − R×1kΩ （2）三端式驻极体传声器 按与二端式驻极体传声器相同的方法进行检测。万用表置 R×1kΩ挡，黑表笔接传声器的 D 端，红表笔同时接 S 端和接地端。向传声器发声，万用表指针有指示，则为正常；若无指示，则说明传声器有问题。 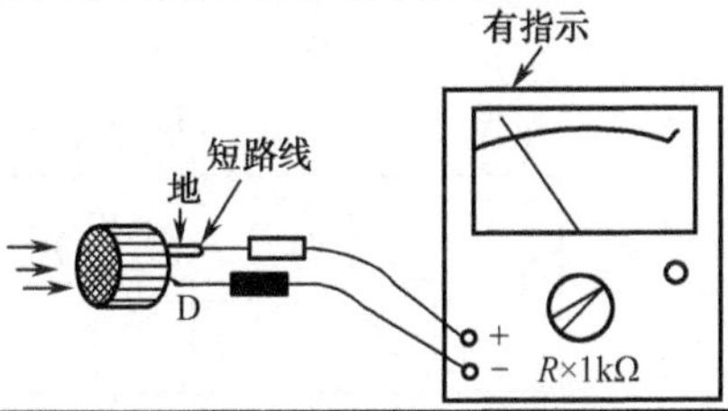 有指示 短路线 地 D + − R×1kΩ	注意事项	超过 5m，低阻抗传声器可延长至 10～50m。 ③ 传声器与嘴巴之间的工作距离通常为 30～40cm，太远则回响增加、噪声增大；过近会因信号过强而失真、低频声过重而影响语音清晰度。 ④ 一般声源要对准话筒中心线，两者间偏角越大，高音损失越大。 ⑤ 传声器不要靠近扬声器或对着扬声器放置，否则会引起啸叫；一个人或几个人演唱，传声器的高度与演唱者口部一致；人数众多时则选择平均高度放置；有领唱或领奏时就放置专用传声器。 ⑥ 传声器在使用中应防止敲击或跌倒。不宜用吹气或敲击的方法试验传声器，否则很易损坏。传声器在室外使用，要使用防风罩，避免录进风声及防止灰尘污染。 （2）无线传声器 ① 选择安放接收器的位置，要使其避开“死点”。 ② 接收时，调整接收天线的角度，调准频率，调好音量使其处在最佳状态。 ③ 无线传声器的天线应自然下垂，露出衣外。 ④ 安装电池时，极性切勿装反；不用时要关断电源；声音质量变差时，要检查一下电池电压；长时间不用时要取出电池

4. 数字逻辑集成电路

用数字信号完成对数字量进行算术和逻辑运算的集成电路，称为数字逻辑集成电路。它具有稳定性高、处理精度不受限制、能进行逻辑演算与判断、数字信息可长期储存等特点，适用于通信、计算机、自动控制和航天等，见表 3-5。

表 3-5　数字逻辑集成电路简介

项目	举例及说明	项目	举例及说明
外形	SN74LS08N （a）74LS08N  HD74LS32P （b）74LS32P	内部方框图和引脚排列	V_{CC} 4B 4A 4Y 3B 3A 3Y 14 13 12 11 10 9 8 & & 74LS08N & & 1 2 3 4 5 6 7 1A 1B 1Y 2A 2B 2Y GND （a）74LS08N 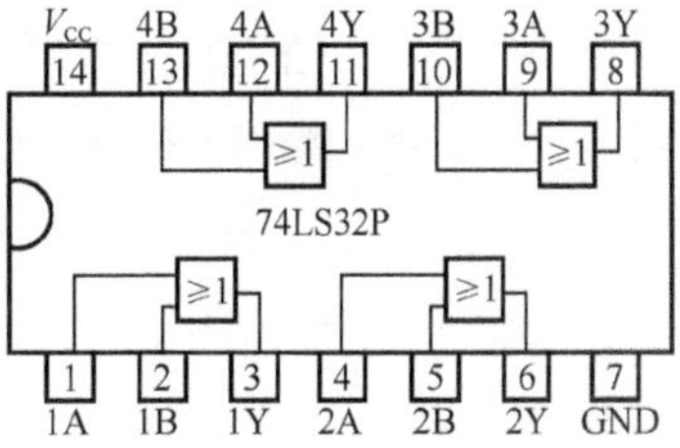 V_{CC} 4B 4A 4Y 3B 3A 3Y 14 13 12 11 10 9 8 ≥1 ≥1 74LS32P ≥1 ≥1 1 2 3 4 5 6 7 1A 1B 1Y 2A 2B 2Y GND （b）74LS32P

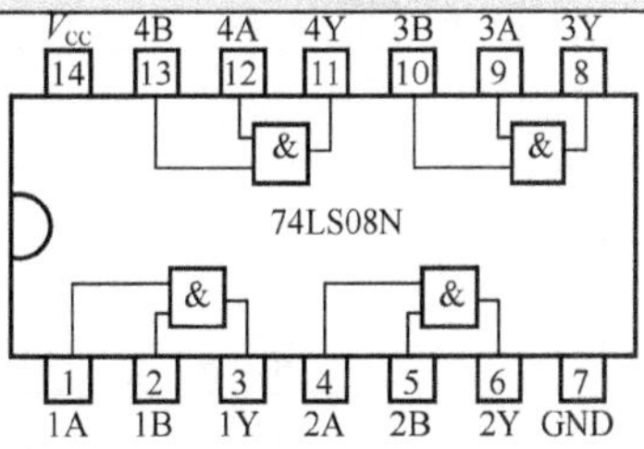

续表

项目	举例及说明	项目	举例及说明
外形	 (c) 74LS04N  (d) 74LS00  (e) 74LS32P	内部方框图和引脚排列	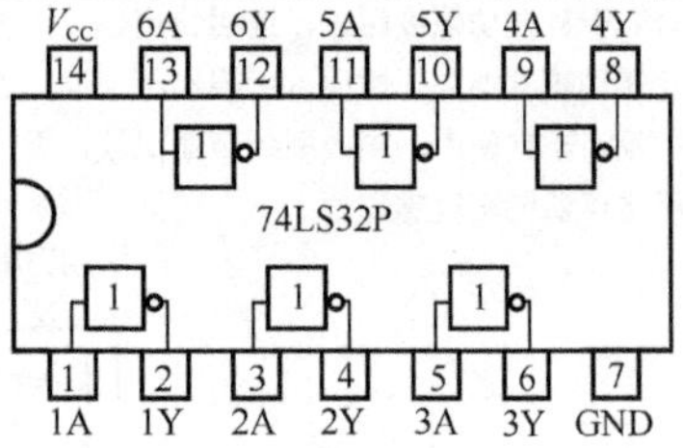 (c) 74LS04N 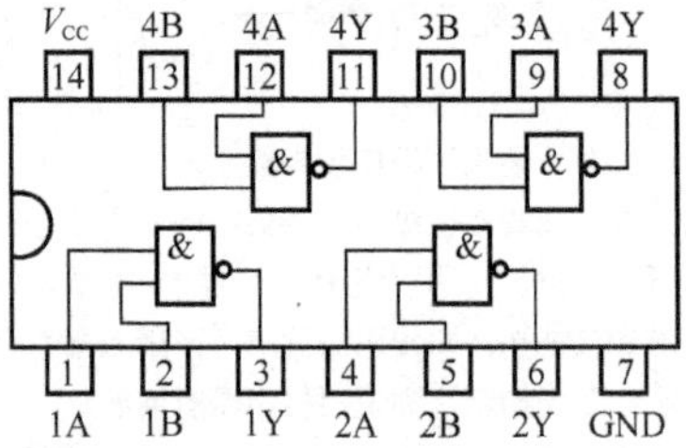 (d) 74LS00 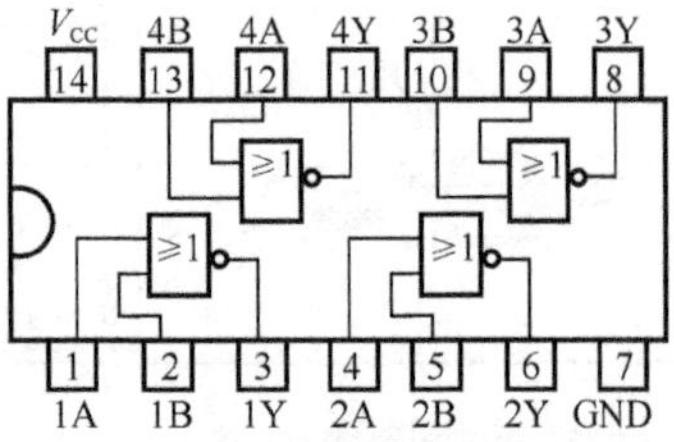 (e) 74LS32P
功能	① CMOS 电路电源电压范围宽、功耗很小、输入阻抗很高、逻辑摆幅大、扇出能力强、抗干扰和抗辐射能力强、温度稳定性好，但工作速度较慢、输出电流较小。 ② TTL 电路工作速度快、传输延迟时间短、工作频率高、输出电流大、抗杂散电磁场干扰能力强、稳定性和可靠性高，但功耗较大、输入阻抗较低、电源电压范围窄	分类	① 按用途：通用型、微处理型、特定用途型。 ② 按逻辑功能：组合逻辑电路、时序逻辑电路。 ③ 按电路结构：TTL 型、CMOS 型。 ④ 按封装形式：扁平封装、双列直插封装
图形符号	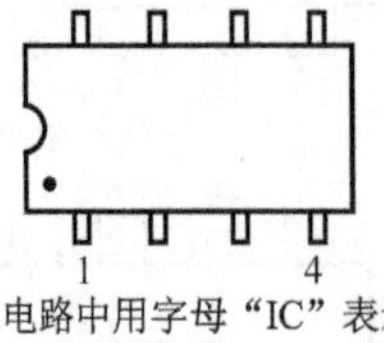 在电路中用字母“IC”表示	型号意义	数字集成电路的型号组成一般由前缀、编号、后缀三大部分组成，前缀代表制造厂商，编号包括产品系列号、器件系列号，后缀一般表示温度等级、封装形式等。 如 CT74LS04C（或 M）J（或 D、P、F），由国家标准规定的型号命名法可知，C 表示中国制造，T 表示 TTL 集成电路，74 表示国际通用 74 系列，LS 表示低功耗肖特基电路，04 表示器件序号（04 为六反相器）；C 表示工作温度 0～70℃（商用级），J 表示黑瓷低熔玻璃双列直插封装。 若将型号中的 CT 换为国外厂商缩写字母，则表示该器件为国外相应产品的同类型号。如 SN 表示美国德克萨斯公司，DM 表示美国半导体公司，MC 表示美国摩托罗拉公司，HD 表示日本日立公司

续表

项目	举例及说明	项目	举例及说明
主要参数	（1）电源电压 保证电路正常工作的电压。 （2）输出高电平电压 电路处于截止状态的输出电平。 （3）输出低电平电压 在输出端接有额定负载时，电路处于饱和状态的输出电平。 （4）输入高电平最小电压 保证输入为高电平所允许的最小输入电压。 （5）输入低电平最大电压 保证输入为低电平所允许的最高输入电压。 （6）高电平输入电流 符合规定的高电平电压输入某一输入端时，流入该输入端的电流。 （7）低电平输入电流 符合规定的低电平电压输入某一输入端时，流入该输入端的电流。 （8）高电平输出电流 输出为高电平时，流出输出端的电流。 （9）低电平输出电流 输出为低电平时，流入输出端的电流	标志识读	集成电路的每一个引脚各对应一个脚码，每个脚码所表示的阿拉伯数字（如 1、2、3、…）是该集成电路物理引脚的排列次序，靠帮助使用者确定脚码 1 引脚的定位标识来实现。扁平封装以器件正面的一端标上小圆点（或小圆圈、色点）为标识。塑封双列直插式封装有弧形凹口、圆形凹坑或小圆圈。进口的有色线、黑点、方形色环、双色环等。 如识别双列直插式集成电路引脚时，将其正面的字母、代号对着自己，使定位标识在左下方，最靠近定位标识的引脚则为物理引脚的第 1 脚，脚码为 1，其他引脚的排列次序及脚码按逆时针方向依次加 1 递增。 脚码　14 13 12 11 10 9 8　CT74LS04××　××××　元件型号　定位标识　生产日期　1 2 3 4 5 6 7 双列直插式集成电路举例 元件型号下方的一组阿拉伯数字表示生产日期，不要将其混淆到元件型号中。 使用器件时，应在手册中了解每个引脚的作用和每个引脚的物理位置，以保证正确地使用和连线
检测	在数字集成电路内部每个输入端都分别与电源和地之间反接有一个二极管，一般情况下，电源与地之间电阻值为 20kΩ以上，低于 1kΩ则已损坏。 以 TC4011BP 为例， 步骤 1：万用表置 $R\times1k\Omega$ 挡，红表接每个与非门的输入端，黑表笔接地端，电阻值约 4kΩ左右；反向测量电阻值约为 50kΩ左右。 步骤 2：万用表置 $R\times1k\Omega$ 挡，红表接电源端，黑表笔接地端，电阻值约为 1.5kΩ左右；反向测，电阻值约为 150kΩ左右。	注意事项	① 不允许在超过极限参数的条件下工作。 电源电压要避免超过极限值，TTL 集成电路必须使用+5V 稳压电源。同时电源电压的高低还会影响电路的工作频率。电压低工作频率会下降或增加传输延迟时间，如 CMOS 触发器电压由+15V 下降到+3V 时，最高工作频率将从 10MHz 下降到几十 kHz。电源的极性不能接反，极性颠倒会因电流过大而造成器件损坏。 ② 多余输入端的处理。 TTL 电路多余的输入端可以悬空，悬空时该端的逻辑状态一般当“1”看待，悬空容易受干扰，有时会造成电路误动作。所以，多余输入端要根据实际需要做适当处理。如与门、与非门的多余输入端可直接接到电源上，或将不同的输入端共用一个电阻器接到电源上，或将多余的输入端并联使用。或门、或非门的多余输入端就直接接地。

续表

项目	举例及说明	项目	举例及说明
检测		注意事项	由于 CMOS 电路输入阻抗高，容易受静电感应发生击穿，除电路内部设置保护电路外，在使用和存放时应注意静电屏蔽；在电路中未使用的输入端不能悬空，要根据实际情况接电源或地，或与其他正在使用的输入端并联。 ③ 多余输出端的处理。 TTL 集成电路的输出端不允许并联使用。在 CMOS 电路中未使用的输出端要悬空，不能直接接到电源或地上。 ④ 国产 CC4000 系列与国外 CD4000 系列、MC14000 系列可直接互换使用。 个别引脚功能、封装形式相同的 IC，电参数有一定差异，互换时应注意。 ⑤ 输入信号幅度不能超过电源电压，即满足 $0 \leq V_i \leq$ 电源电压。 当输入端施加电压过高（大于电源电压）或过低（小于 0V），或电源电压突变时，电路中的电流可能会迅速增大，烧坏器件，即晶闸管效应。预防的主要措施是，输入端信号幅度不能大于电源电压和小于 0V；消除电源上的干扰；在条件允许的情况下，尽可能降低电源电压，如果电路工作频率比较低，用+5V 电源供电最好；对使用的电源加上限流措施，使电源电流被限制在 30mA 以内。 ⑥ CMOS 电路的焊接。 焊接工具要良好接地，焊接时间不宜过长、温度不要太高，必要时应使用插座。如将烙铁接地，使用 20～25W 内热式烙铁焊接。不能在通电的情况下，拆卸或拔、插集成电路

5. 印制电路板

印制电路板由印制线路（电路）加基板构成。基板上有元器件之间电气连接导电图形的是印制线路或印制电路；印制线路或印制电路的成品板即为印制线路板或印制电路板；印制板上连接有电气元器件和机械零件，并已完成安装、焊接和涂覆等全部工艺的是印制电路板组件。印制电路单面板组件如图 3-2 所示，元器件集中的一面为元器件面，印制导线和焊盘集中的一面为焊接面。

（1）敷铜板

经过黏接、热挤压工艺，使一定厚度的铜箔牢固地附着在绝缘基板上的板材，称为敷铜箔层压板，简称敷铜板，如图 3-3 所示。

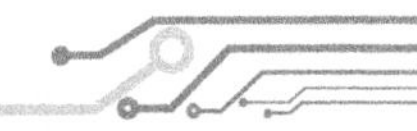

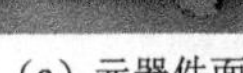

(a) 元器件面　　(b) 焊接面

图 3-2　印制电路单面板组件

图 3-3　敷铜板

常用敷铜板的种类及特性见表 3-6。

表 3-6　常用敷铜板的种类及特性

名称	标准厚度（mm）	铜箔厚度（μm）	性能特点	典型应用
酚醛纸基敷铜板	1.0、1.5、2.0、2.5、3.0、3.2、6.4	50～70	价格低，阻燃强度低，易吸水，不耐高温	一般应用于中低频电路，如收音机、录音机等
环氧纸基敷铜板	同上	35～70	价格高于酚醛纸基板，机械强度、耐高温和耐潮湿较好	工作环境好的仪器、仪表及中高档消费类电子产品
环氧玻璃布敷铜板	0.2、0.3、0.5、1.0、1.5、2.0、3.0、5.0、6.4	35～50	价格较高，基板性能优于酚醛纸板且透明	工业装备或计算机等高档电子产品
聚四氟乙烯玻璃布敷铜板	0.25、0.3、0.5、0.8、1.0、1.5、2.0	35～50	价格高，介电性能好，耐高温，耐腐蚀	微波、高频、航空航天、导弹、雷达等
聚酰亚胺柔性敷铜板	0.2、0.5、0.8、1.2、1.6、2.0	35	重量轻，可挠性好	工业装备或消费类电子产品，如计算机、仪器仪表等

(2) 助焊与阻焊

印制电路板上要焊接的部位（如焊盘），都要涂上助焊剂，以利于焊接；除此之外的其他地方要覆盖一层阻焊剂，以防止焊锡溢出引起短路，如图 3-4 所示。阻焊剂一般是绿色或棕色的，所以成品的印制电路板一般为绿色或棕色的，这实际上是阻焊剂的颜色。

(3) 丝网层

在印制电路板上印出的一些用于标示元器件的位置或说明电路的文字或图案（图 3-5 中的

LED_3、C_4 等）称为丝网层。在顶层（元器件面）的称为顶层丝网层，在底层（焊接面）的称为底层丝网层，一般印刷在阻焊层上，如图 3-5 所示。

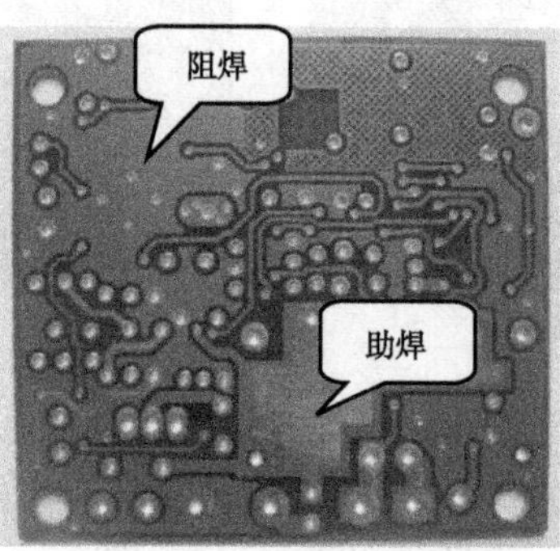

图 3-4　印制电路板上的助焊与阻焊

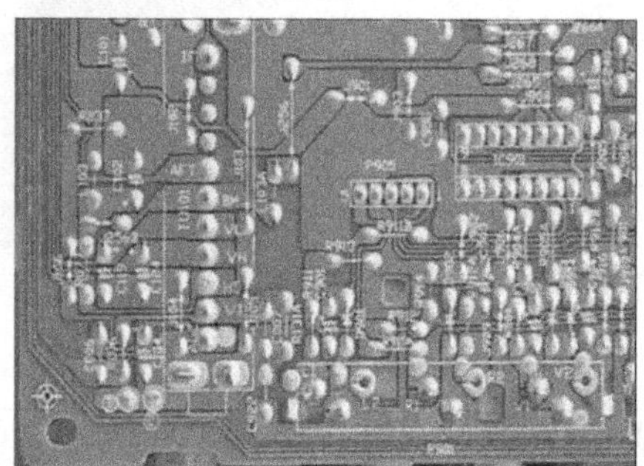

图 3-5　印制电路板上的丝网层

任务 2　电路识读

中夏牌 SGK-10 型声光控延时开关电路原理图如图 3-6 所示。

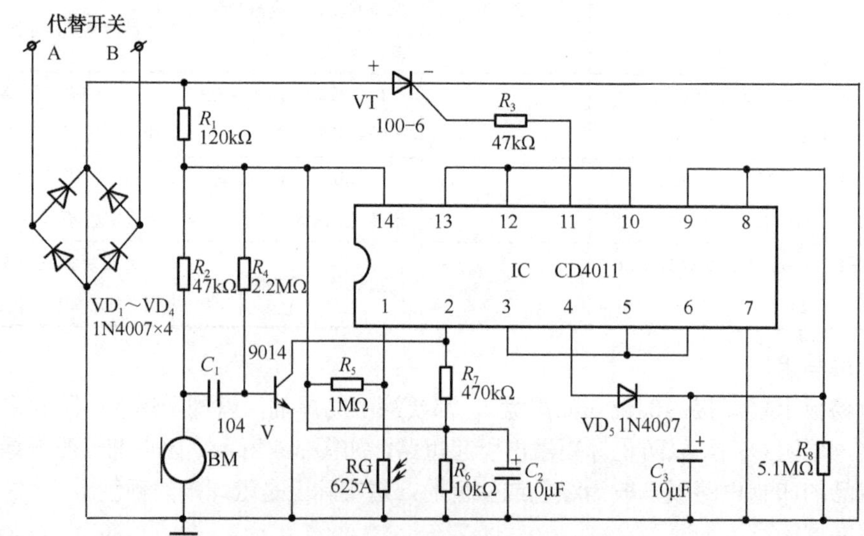

图 3-6　中夏牌 SGK-10 型声光控延时开关电路原理图

1. 电路原理图识读方法

电路原理图是详细说明产品各元器件、各单元之间的工作原理及其相互间连接关系的图样，又称电路图，简称原理图，有整机电路原理图和单元电路原理图两种。

一张完整的电路原理图由国家标准规定的图形符号、文字符号、连线以及注释性字符等若干要素构成，自左至右、自上而下排成一行或数行。图中标出了各元器件的基本参数和若干工作点的电压、电流数据，以及电路输入、输出信号的波形、幅度、频率等方面的变化。

识读原理图的基本方法见表 3-7。

表 3-7　识读原理图的基本方法

方　法	内　容	举　例
清楚整体功能	从设备的名称来判断它的功能	直流稳压电源的功能是将交流电变换成稳定的直流电输出
找出信号处理流程和方向	原理图一般按所处理信号的流程为顺序来绘制，通常是从左到右的方向	收音机的输入是天线，一般画在原理图的左侧；输出则是功率放大器与扬声器
分清主、辅通道电路及其接口	主通道的电路实现整机电路的基本功能，辅助通道的电路用以提高基本电路的性能或增加辅助功能	收音机的 AGC 电路即为辅助通道电路
瞄准核心元器件，简化成单元电路	以核心元器件为标志，将电路分解为若干个单元电路，然后详细识读各个单元电路	核心元器件有晶体三极管、集成电路、微处理器等收音机电路可分为高频、中频和音频电路
分析直流供电电路	电池或整流稳压电源通常在原理图的右侧，直流供电路径按从右到左的方向排列	直流电路可以帮助掌握直流工作状态，计算出直流电压、直流电流等相关参数。 如 RC 退耦电路就接在直流供电电路上
分析交流等效电路	省略对分析影响不大的电阻器、电容器、保护晶体二极管等附属性元件，能合并的电感器、电容器用等效元件代替	交流等效电路可以帮助分析电路的某些动态特性。 例如本机振荡电路类型的判断
总结	化整为零，找出通路，跟踪信号，分析功能	

2. 印制电路图识读方法

印制电路图是表示原理图中各元器件、零部件、整件在印制电路板上的分布，各引脚之间的连线走向，以及各部分之间连接关系的图样，有图纸表示方式和直标表示方式，如图 3-7 所示。通常按对照原理图与方框图、由电信号的主体路径，来分析印制电路图。

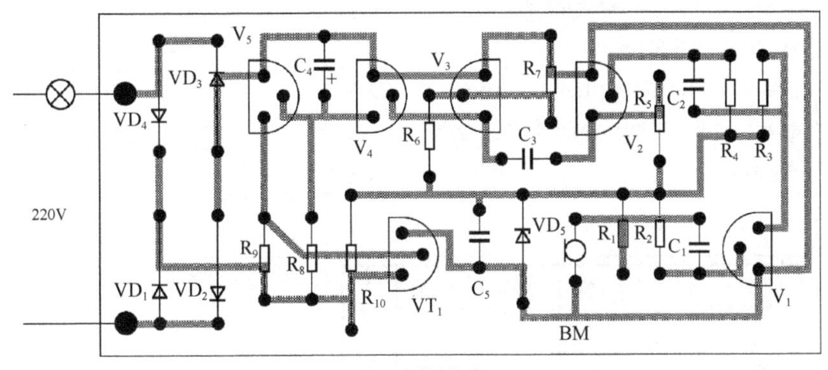

（a）图纸方式

图 3-7　印制电路图的表示方式

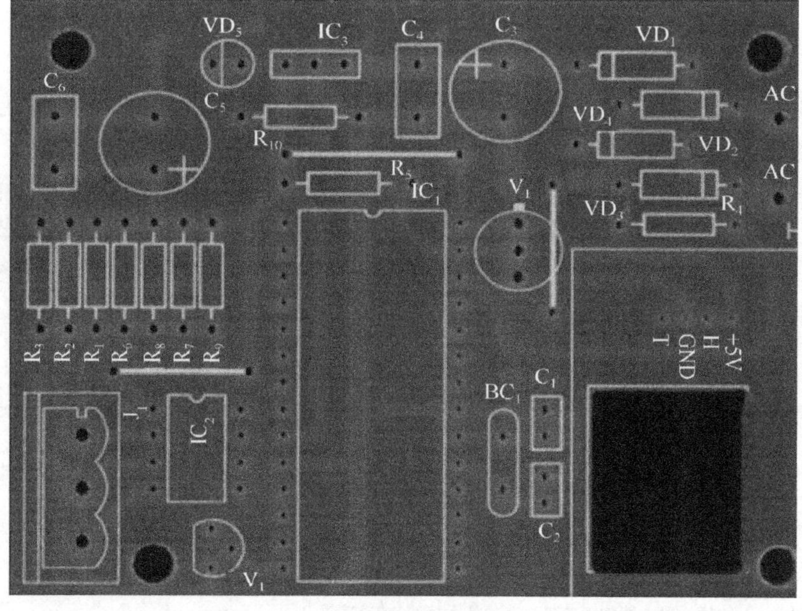

（b）直标方式

图 3-7　印制电路图的表示方式（续）

3. 逻辑门电路

（1）与门电路

与门电路简介见表 3-8。

表 3-8　与门电路简介

项　目	简　介	图　示
逻辑关系	当决定某事件（灯亮）的全部条件（开关 A、B 闭合）同时具备时，结果（灯亮）才会发生	A B GB Y
电路举例	当 A、B 两输入端均为高电平时，晶体二极管 VD_1、VD_2 导通，Y 为高电平（3V）。 当 A、B 两输入端均为低电平，或有一个输入端为低电平时，与低电平相连接的晶体二极管导通，Y 为低电平（0V）	$+V_{CC}$ +12V R_1 3V 0V A VD_1 3V 0V B VD_2 Y R_2
电压关系	输入电压（V）：V_A 0 0 3 3；V_B 0 3 0 3 输出电压（V）：V_Y 0 0 0 3	
逻辑功能	全 1 出 1，有 0 出 0	

续表

<table>
<tr><th>项　目</th><th>简　介</th><th>图　示</th></tr>
<tr><td>真值表</td><td><table><tr><td rowspan="2">输入</td><td>A</td><td>0</td><td>0</td><td>1</td><td>1</td></tr><tr><td>B</td><td>0</td><td>1</td><td>0</td><td>1</td></tr><tr><td>输出</td><td>Y</td><td>0</td><td>0</td><td>0</td><td>1</td></tr></table></td><td></td></tr>
<tr><td>逻辑函数式</td><td>Y=A×B</td><td></td></tr>
<tr><td>波形图</td><td>三输入与门电路的输入信号 A、B、C 和输出信号 Y 的波形图</td><td> 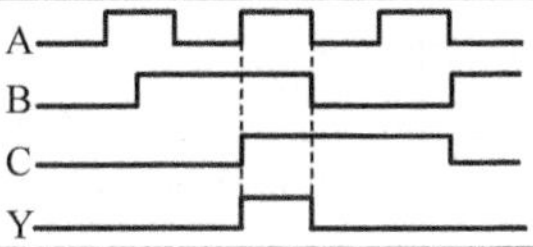A
B
C
Y</td></tr>
<tr><td>电路符号</td><td> 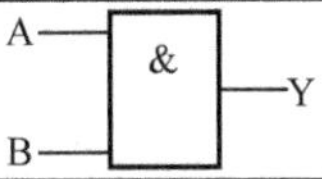A
&
Y
B</td><td></td></tr>
<tr><td>说明</td><td colspan="2">增加一个输入端和一个晶体二极管，就可变成三输入端与门电路。按此办法可构成更多输入端的与门电路</td></tr>
</table>

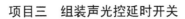

（2）或门电路

或门电路简介见表 3-9。

表 3-9　或门电路简介

<table>
<tr><th>项　目</th><th>简　介</th><th>图　示</th></tr>
<tr><td>逻辑关系</td><td>在决定某事件（灯亮）的条件（开关 A、B 闭合）中，只要任意一个条件具备，事件（灯亮）就会发生</td><td> 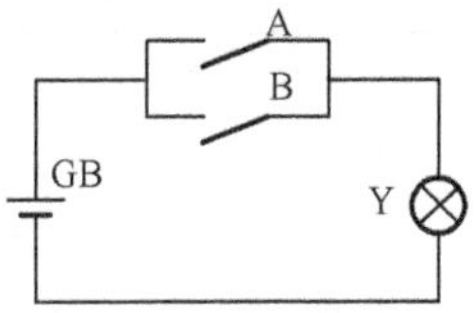A
B
GB
Y</td></tr>
<tr><td>电路举例</td><td>当 A、B 两输入端均为低电平时，晶体二极管 VD_1、VD_2 截止，Y 为低电平（0V）。
当 A、B 两输入端有一个输入端为高电平，或全为高电平时，与高电平相连接的晶体二极管导通，Y 就为高电平（3V）</td><td> 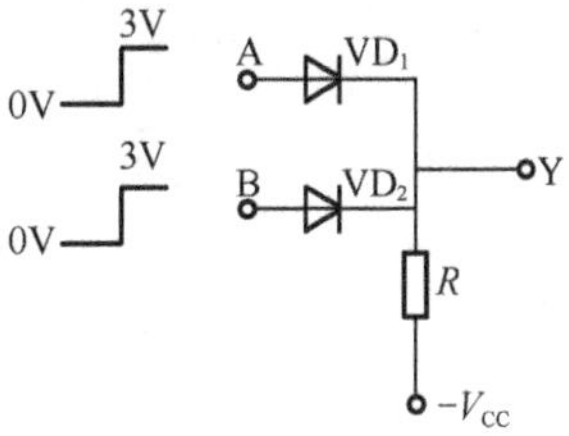3V
0V
3V
0V
A
VD_1
B
VD_2
Y
R
$-V_{CC}$</td></tr>
<tr><td>电压关系</td><td><table><tr><td rowspan="2">输入电压（V）</td><td>V_A</td><td>0</td><td>0</td><td>3</td><td>3</td></tr><tr><td>V_B</td><td>0</td><td>3</td><td>0</td><td>3</td></tr><tr><td>输出电压（V）</td><td>V_Y</td><td>0</td><td>3</td><td>3</td><td>3</td></tr></table></td><td></td></tr>
<tr><td>逻辑功能</td><td>全 0 出 0，有 1 出 1</td><td></td></tr>
<tr><td>逻辑函数式</td><td>Y=A+B</td><td></td></tr>
<tr><td>真值表</td><td><table><tr><td rowspan="2">输入</td><td>A</td><td>0</td><td>0</td><td>1</td><td>1</td></tr><tr><td>B</td><td>0</td><td>1</td><td>0</td><td>1</td></tr><tr><td>输出</td><td>Y</td><td>0</td><td>1</td><td>1</td><td>1</td></tr></table></td><td></td></tr>
</table>

续表

项　目	简　介	图　示
波形图	三输入或门电路的输入信号 A、B、C 和输出信号 Y 的波形图	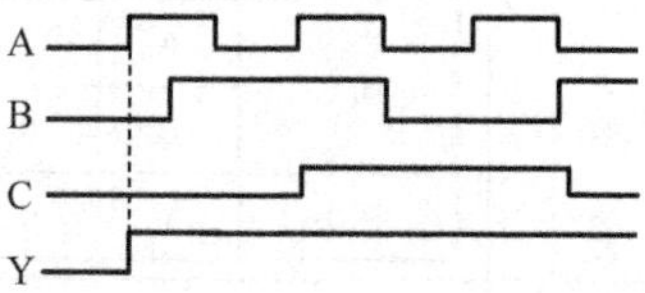 A B C Y
电路符号	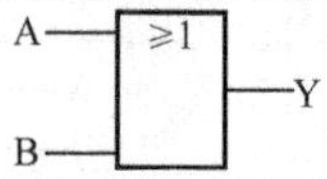 A ≥1 Y B	
说明	增加一个输入端和一个晶体二极管，就可变成三输入端或门电路。按此办法可构成更多输入端的或门电路	

（3）非门电路

非门电路简介见表 3-10。

表 3-10　非门电路简介

项　目	简　介	图　示
逻辑关系	决定某事件（灯亮）的条件（开关 A 闭合）只有一个，当条件出现时事件（灯亮）不发生，而条件不出现时，事件（灯亮）发生	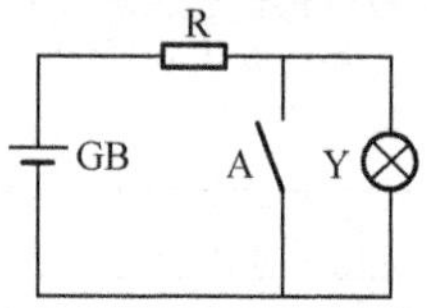 R GB A Y
电路举例	当 V_A=0V 时，晶体三极管的发射结电压小于死区电压，满足截止条件，所以晶体三极管截止，V_Y=V_{CC}。 当 V_A=6V 时，晶体三极管的发射结正偏，使其满足饱和条件，晶体三极管饱和，V_Y≈0V	$+V_{CC}$ R_c Y 6V 0V A R
电压关系	输入电压（V）: V_A 0 V_{CC} 输出电压（V）: V_Y 6 0	
逻辑功能	有 0 出 1，有 1 出 0	
逻辑函数式	$Y=\overline{A}$	
真值表	输入: A 0 1 输出: Y 1 0	
波形图	一个输入的非门电路，输入信号 A 和输出信号 Y 的波形图	A Y
电路符号	A 1 Y	

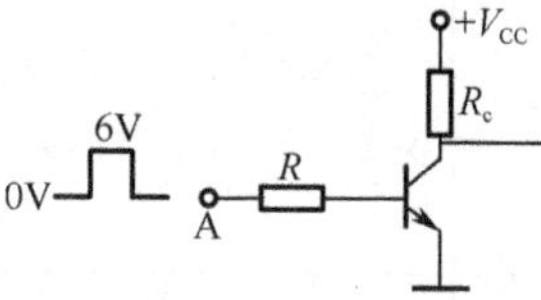

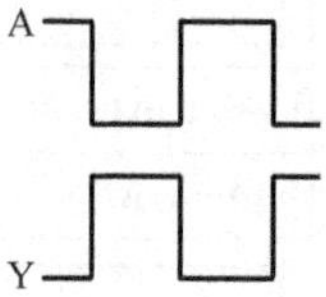

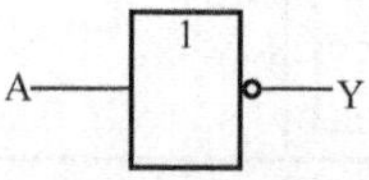

（4）与非门电路

与非门电路简介见表3-11。

表 3-11　与非门电路简介

<table>
<tr><th>项　目</th><th>内　容</th></tr>
<tr><td>逻辑关系</td><td>“与”加“非”的复合（先“与”，再“非”）</td></tr>
<tr><td>构成</td><td>将一个与门电路和一个非门电路连接起来，就构成了一个与非门电路</td></tr>
<tr><td>逻辑功能</td><td>全1出0，有0出1</td></tr>
<tr><td>逻辑函数式</td><td>$Y=\overline{A\cdot B}$</td></tr>
<tr><td>真值表</td><td><table>
<tr><td rowspan="2">输入</td><td>A</td><td>0</td><td>0</td><td>1</td><td>1</td></tr>
<tr><td>B</td><td>0</td><td>1</td><td>0</td><td>1</td></tr>
<tr><td>输出</td><td>$Y=\overline{A\cdot B}$</td><td>1</td><td>1</td><td>1</td><td>0</td></tr>
</table></td></tr>
<tr><td>电路符号</td><td>A, B → [&] → [1] ○— Y　=　A, B → [&] ○— Y</td></tr>
</table>

（5）或非门电路

或非门电路简介见表3-12。

表 3-12　或非门电路简介

<table>
<tr><th>项　目</th><th>内　容</th></tr>
<tr><td>逻辑关系</td><td>“或”加“非”的复合（先“或”，再“非”）</td></tr>
<tr><td>构成</td><td>在或门电路后面接一个非门电路，就构成了或非门电路</td></tr>
<tr><td>逻辑功能</td><td>全0出1，有1出0</td></tr>
<tr><td>逻辑函数式</td><td>$Y=\overline{A+B}$</td></tr>
<tr><td>真值表</td><td><table>
<tr><td rowspan="2">输入</td><td>A</td><td>0</td><td>0</td><td>1</td><td>1</td></tr>
<tr><td>B</td><td>0</td><td>1</td><td>0</td><td>1</td></tr>
<tr><td>输出</td><td>$Y=\overline{A+B}$</td><td>1</td><td>0</td><td>0</td><td>0</td></tr>
</table></td></tr>
<tr><td>电路符号</td><td>A, B → [≥1] → [1] ○— Y　=　A, B → [≥1] ○— Y</td></tr>
</table>

4. 声光控延时开关电路识读

中夏牌SGK-10型声光控延时开关电路识读见表3-13。

表 3-13　识读中夏牌 SGK-10 型声光控延时开关电路

<table>
<tr><th>项　目</th><th>内　容</th></tr>
<tr><td>方框图</td><td> 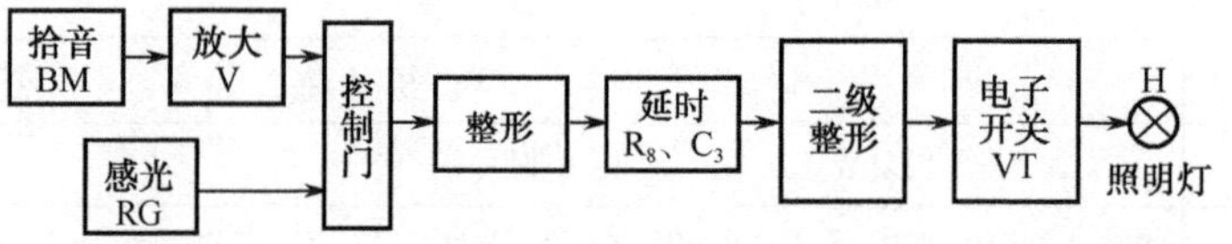拾音 BM → 放大 V → 控制门；感光 RG → 控制门；控制门 → 整形 → 延时 R_8、C_3 → 二级整形 → 电子开关 VT → H 照明灯</td></tr>
<tr><td>电路组成</td><td>
<table>
<tr><th>单元电路</th><th>核心元器件</th><th>功能作用</th></tr>
<tr><td rowspan="2">声、光、电转换</td><td>BM——传声器</td><td>将声信号转换为电信号</td></tr>
<tr><td>RG——光敏电阻器</td><td>将光信号转换为电信号</td></tr>
<tr><td rowspan="2">直流电源电路</td><td>VD_1～VD_4——二极管</td><td>将交流电整流转换为直流电</td></tr>
<tr><td>R_1——电阻器，C_2——电容器</td><td>滤波电路</td></tr>
<tr><td>电子开关电路</td><td>VT——晶闸管</td><td>控制灯泡两端交流电压</td></tr>
<tr><td>声、光控控制电路</td><td>IC——数字集成电路</td><td>输出触发信号控制晶闸管 VT 的导通</td></tr>
<tr><td>延时电路</td><td>R_8——电阻器，C_3——电容器</td><td>使灯泡被点亮的状态能持续一段时间</td></tr>
</table>
</td></tr>
<tr><td>信号流程</td><td>（1）当光线较亮或环境较安静时，
集成电路 IC 的 1、2 脚中至少有一个为低电平→IC 的 3、5、6 脚均为高电平→IC 的 4 脚为低电平→二极管 VD_5 截止→电阻器 R_8 两端电压很低→IC 的 8、9 脚均为低电平→IC 的 10、12、13 脚均为高电平→IC 的 11 脚低电平→晶闸管 VT 的控制极 G 无触发信号，晶闸管 VT 截止→灯泡不亮。
（2）当光线较暗且传声器 BM 收到声音信号时，
集成电路 IC 的 1、2 脚均为高电平→IC 的 3、5、6 脚均为低电平→IC 的 4 脚为高电平→二极管 VD_5 导通→IC 的 4 脚高电平给电容器 C_3 充电（充电极性为上正下负）→C_3 两端电压迅速升高→IC 的 8、9 脚均为高电平→IC 的 10、12、13 脚均保持低电平→IC 的 11 脚持续为高电平，通过电阻器 R_3 给晶闸管 VT 控制极 G 加触发信号→晶闸管 VT 导通，灯泡获得 220V 交流电压→灯泡发光。
（3）当传声器 BM 收到的声音信号刚消失时，
集成电路 IC 的 2 脚为低电平→IC 的 3、5、6 脚均为高电平→IC 的 4 脚低电平→二极管 VD_5 截止，但由于电容器 C_3 上储存的电荷不会立刻消失，只能通过电阻器 R_8 缓慢放电（放电时间长短由 R_8 与 C_3 时间常数决定）→IC 的 8、9 脚继续维持高电平并缓慢下降→灯泡持续发光。当电容器 C_3 上的端电压低于某个值时，IC 的 8、9 脚电平下降为低电平→晶闸管 VT 控制极 G 失去触发信号→晶闸管 VT 不导通→灯泡两端电压瞬间下降→灯泡熄灭</td></tr>
</table>

任务 3　电路制作

1. 导线的加工

焊接导线是从导线端头的处理开始的，普通导线端头的处理方法是：剪裁→剥线头→清洁→捻线头（多股线）→浸锡（上锡）。

（1）处理屏蔽导线端头

处理屏蔽导线端头的方法见表 3-14。

表 3-14　屏蔽导线端头的处理

端头方式	步骤	示例图	方法说明
不接地端头	1	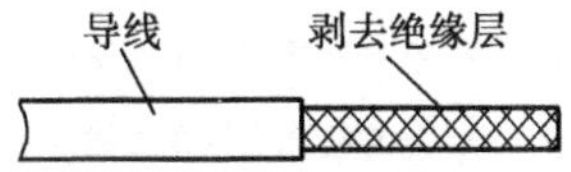	用热截法或刀截法剥去一段屏蔽导线的外绝缘层
	2	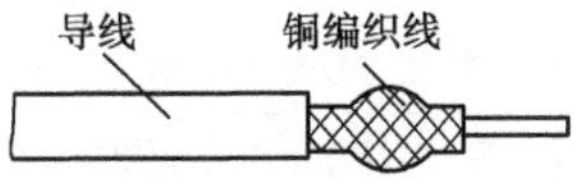	松散屏蔽层的铜编织线，左手拿住屏蔽导线的外绝缘层，右手推屏蔽铜编织线，使之成为球形状，再用剪刀剪断屏蔽铜编织线
	3	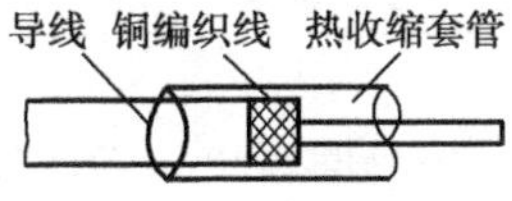	将屏蔽铜编织线翻过来，套上热收缩套管并加热，使套管套牢
	4	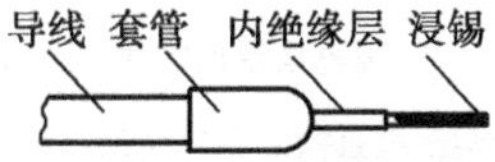	截去芯线外绝缘层，再给芯线浸锡
接地端头	1	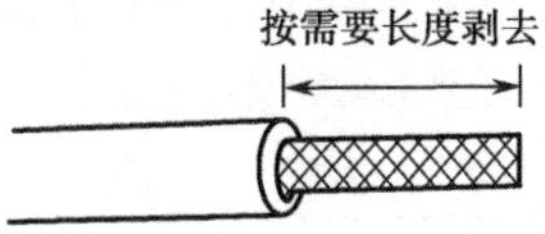	用热截法或刀截法剥去一段屏蔽导线的外绝缘层
	2	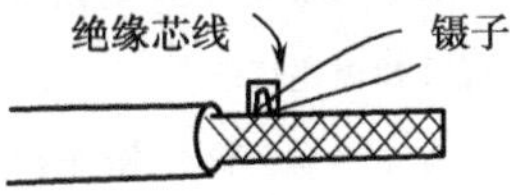	用镊子在屏蔽铜编织线上拨开一个小孔，弯曲屏蔽层，从小孔中取出芯线
	3	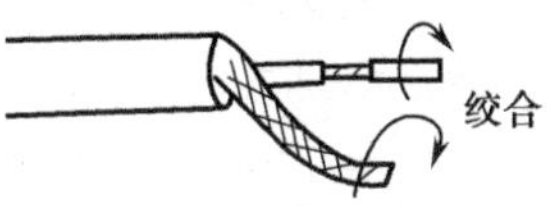	将屏蔽铜编织线绞合拧紧（或剪短去掉一部分），以做接地线使用；截去芯线外绝缘层
	4	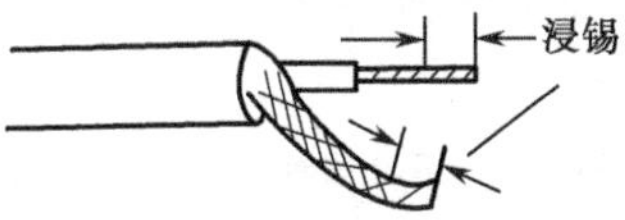	将屏蔽铜编织线及芯线上锡
	5	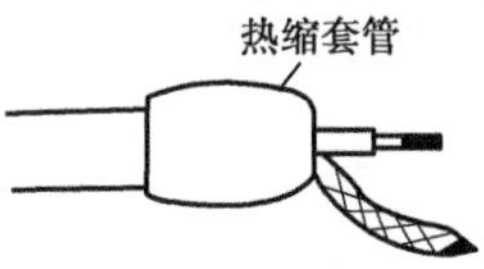	套上热收缩套管并加热，使套管套牢

（2）焊接导线与焊件

焊接导线与焊件的方法见表 3-15。

表 3-15　焊接导线与焊件的方法

焊接	示例图	方法说明
绕焊	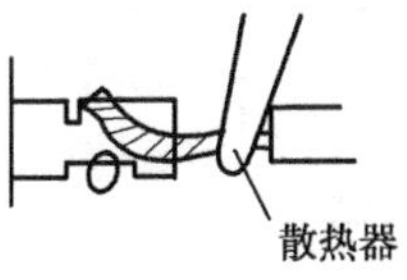	① 将经过上锡的导线端头紧贴接线端子表面卷绕在端子上，绝缘层与端子间留 1～3mm 的间距。 ② 用钳子把线头拉紧缠牢。 ③ 按焊接操作法完成焊接

续表

焊　接	示 例 图	方 法 说 明
钩焊		① 将经过上锡的导线端头弯成钩形。 ② 给焊片镀锡（不要堵死焊孔）。 ③ 将导线端头钩在接线端子上并用钳子夹紧。 ④ 按焊接操作法完成焊接。 ⑤ 用套管套上焊点，保护焊点不跟其他部件短路及多股线不散开
搭焊		① 将经过上锡的导线端头搭在接线端子上。 ② 按焊接操作法完成焊接
插焊	导线 夹持散热	① 向接线端子孔内滴上助焊剂或用脱脂棉蘸上助焊剂在孔内均匀擦一层。 ② 用电烙铁加热并将锡熔化，靠浸润作用流满内孔，同时将导线端头垂直插入孔的底部。 ③ 移开电烙铁，保持导线端头不动直到焊锡凝固。 ④ 完全凝固后，套上套管
焊到金属板上	洁净并擦划出刻痕的机壳表面 焊料 烙铁头的运动轨迹	① 根据板厚和面积选用 50～300W 的电烙铁， 0.3mm 以下板厚也可用 20W 电烙铁。 ② 将金属板表面清洁并擦划出刻痕。 ③ 在刻痕上加上焊料，用电烙铁头带上焊料在刻痕上不断地运动，使其形成焊点锡口。 ④ 将经过上锡的导线端头焊在焊点锡口上
焊接注意	① 绕焊适用于实心接线端子，是可靠性最好的连接方式。 ② 钩焊强度低于绕焊，但操作简便。 ③ 搭焊连接最方便，但强度可靠性最差，仅用于临时连接或不能使用绕焊和钩焊的场合。 ④ 插焊的导线端头剥线长度比接线端子孔的深度要长约 1mm	

（3）焊接导线与导线

导线之间的焊接以绕焊为主，见表 3-16。

表 3-16　导线与导线的焊接

步　骤	粗 细 相 同	粗 细 不 等	方 法 说 明
绞合焊接			① 去掉一定长度绝缘皮。 ② 端子上锡，穿上合适套管。 ③ 绞合，施焊。 ④ 趁热套上套管，冷却后套管固定在接头处
整形			
热缩套管			

2. 拆焊技术

在装配、调试、维修过程中常常需要将已焊接的连线或元器件拆除，这个过程就是拆焊。拆焊比焊接更困难，更要有恰当的方法和工具。

拆焊方法举例见表 3-17。

表 3-17　拆焊方法

类　型	示 例 图	方 法 说 明
直接拆焊	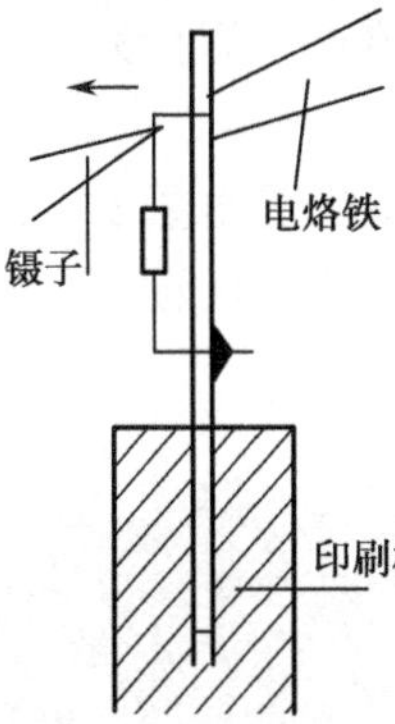	① 适用于引脚不多，且每个引线可相对活动的元器件。 ② 将印制电路板竖起来夹住。 ③ 一边用烙铁加热待拆元件的焊点，一边用镊子或尖嘴钳夹住元器件引线轻轻向外拉
空心针头拆焊		① 选择合适的空心针头。 ② 一边用电烙铁熔化焊点，—边把针头套在被焊元器件的引脚上。 ③ 在焊点熔化时，将针头边旋转边迅速插入板的孔内，使元器件的引脚与印制电路板的焊盘脱开。 ④ 待焊锡凝固后拔出针头
吸锡材料拆焊		① 选择与拆焊点宽度相宜的吸锡网线加上松香助焊剂，放在要拆焊的焊点上，并与焊锡接触良好。 ② 将电烙铁放在吸锡网线上，通过吸锡网线加热焊点。 ③ 焊点上的焊锡熔化，被吸锡网线吸附。 ④ 拿开电烙铁和吸锡网线，将吸满焊料的吸锡网线剪掉。 ⑤ 重复几次，吸走焊点上的全部焊锡
吸锡器拆焊		① 将被拆的焊点加热，使焊料熔化。 ② 把排气后的吸锡器的吸嘴对准熔化的焊料。 ③ 放松吸锡器，将焊料吸进吸锡器内。 ④ 重复几次，吸走焊点上的全部焊锡，完成拆焊
注意事项	① 加热被拆焊点时，焊料开始熔化，就及时按垂直印制板的方向拨出元器件的引脚，不管元器件的安装位置如何，都不要过分强拉、摇、扭元器件，以避免损伤元器件和焊盘。 ② 拆焊比焊接的加热时间要长、温度要高，为避免烫坏元器件或引起印制电路板焊盘翘起、铜箔脱落、铜箔断裂，宜采取间断加热的方法。 ③ 拆下来的元器件、导线、原焊接部位的结构件必须安然无恙，印制电路板必须完好无损。 ④ 在拆焊过程中，要尽量避免拆除其他元器件或变动其他元器件的位置。若确实需要，则要做好复原工作	

3. 声光控延时开关的装配

（1）准备

工具：电烙铁、烙铁架、钳子、镊子、螺钉旋具、美工刀、毛刷、吸锡器、实训操作台等。

耗材：焊锡丝、助焊剂、砂纸、吸锡网线、绝缘胶带等。

仪表：万用表。

器材: 中夏牌 SGK-10 型声光控延时开关电路套件（表 3-1)、220V/25W 灯泡、灯头、插头、连接导线、绝缘胶带等。

工艺规范描述：读图→选择（检测）元器件→安装元器件（焊接）→调试→成品。

（2）读图

中夏牌 SGK-10 型声光控延时开关电路印制电路图、装配图如图 3-8 所示，根据电路原理图、印制电路图和装配图的对应关系找出各个元器件所在位置完成读图任务。

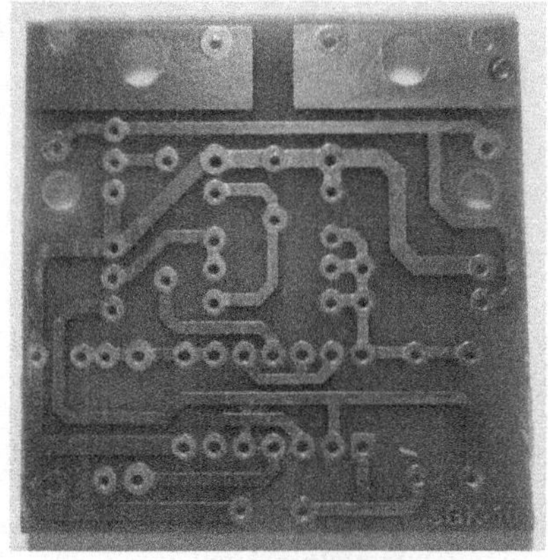

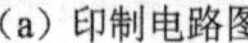
（a）印制电路图

（b）装配图

图 3-8　中夏牌 SGK-10 型声光控延时开关电路

（3）选择（检测）元器件

准备好全套元器件后，用万用表仔细（出厂前已检测过）检测各元器件的质量，做出安装前的判断，将不合格的元器件筛选出来，见表 3-18。

表 3-18　选择（检测）元器件

序　号	元　器　件	测量与判断
1	电阻器	对照表 3-1 中的要求，用万用表电阻挡测量。 （a）正确　　（b）错误
2	光敏电阻器	有光照射时电阻值为 20kΩ以下，无光时电阻值大于 100MΩ，则为好的
3	电容器	对照表 3-1 中的要求，用万用表电阻挡测量
4	二极管	万用表置 R×100Ω或×1kΩ挡，当所测的电阻值较小时，黑表笔接的为正极，红表笔接的为负极

续表

<table>
<tr><th>序　号</th><th>元　器　件</th><th>测量与判断</th></tr>
<tr><td>5</td><td>三极管</td><td>用万用表电阻挡测量，并注意区分外型封装一样的晶闸管 MRC100-6</td></tr>
<tr><td>6</td><td>晶闸管</td><td>MRC100-6 型（1A/400V），如负载电流大可选用 3A、6A、10A 等规格，用万用表电阻挡测量</td></tr>
<tr><td>7</td><td>驻极体</td><td>选用一般收录机用的驻极体，用万用表电阻挡测量，与外壳连接的一极是 S 极，另一极是 D 极</td></tr>
<tr><td>8</td><td>数字集成电路</td><td>CD4011 产品参数
<table>
<tr><td>封装类型</td><td>DIP</td><td>工作电压</td><td>18V</td></tr>
<tr><td>表面安装器件</td><td>通孔安装</td><td>电源电压最大</td><td>18V</td></tr>
<tr><td>器件标号</td><td>4011</td><td>电源电压最小</td><td>3V</td></tr>
<tr><td>器件标记</td><td>CD4011BE</td><td>输出电流最大</td><td>6.8mA</td></tr>
<tr><td>引脚数</td><td>14</td><td>功耗</td><td>700mW</td></tr>
<tr><td>门电路数</td><td>4</td><td>功能</td><td>四 2 输入与非门</td></tr>
<tr><td>输入数</td><td>2</td><td>逻辑芯片系列</td><td>4000CMOS</td></tr>
<tr><td>电源正（负）极</td><td>V_{DD}（V_{SS}）</td><td>工作温度范围</td><td>-55～+125℃</td></tr>
</table></td></tr>
</table>

总之，元器件的选择（检测）可灵活掌握，参数可在一定范围内选用。

（4）镀锡处理

对所有元器件的引线进行镀锡处理。

（5）安装元器件

元器件的安装质量及顺序直接影响整机的质量与成功率，合理的安装需要思考和经验。印制电路板的正面上的各个孔位都标明了应安装元件的图形符号和文字符号，安装时对照电路原理图和印制板图解读各元器件的规格、在印制板上的位置。按电路装配图依次安装元器件，先装体积小的电阻器、瓷片电容器、二极管、三极管和晶闸管，再装体积较大的电解电容器和集成电路插座，安排好各元器件的位置。按焊接方法正确地使用电烙铁，根据先小后大、先低后高、先轻后重、从左到右、从上到下、先铆后装、先里后外、易碎部件后装、前道工序不影响后道工序的总装原则，将元器件引脚用焊锡连接好，并避免虚焊和焊锡过多。电路焊接成形，将所有焊点清理干净，见表 3-19。

表 3-19　元器件的安装顺序及要点

步骤	装接件	示例图	工艺要求	注意事项
1	红面板		将红面板装入前盖之中	牢固、可靠
2	电路板	砂纸 印制电路板	用砂纸除去印制板上的毛刺、氧化层	有无与图纸不同之处，有无短路或断路

续表

步骤	装接件	示例图	工艺要求	注意事项
3	镀锡		将所用导线、元器件引脚等，用美工刀刮干净，并镀上锡	美工刀不要损伤手和元器件
4	电阻器		确定好阻值，根据两孔的距离弯曲引脚，卧式安装。先插装，检查无误后再焊接，并剪去引脚的多余部分，不可留得太长，也不可剪得太短（下同） <2mm	① 色环中红、棕、橙色容易混淆，不能确定时，就用万用表检测一下。 ② 色环方向保持一致。 ③ 紧贴字符面板，剪引脚方法要正确（下同）
5	二极管		卧式安装	弄清正、负极，有白色圈的一边为负极，另一边为正极；或用万用表电阻挡测量
6	瓷片电容器		立式安装	紧贴字符面板
7	电解电容器		卧式安装，脚稍留长一点以便弯曲。 认清极性标识，找准正、负极，不要装反了	电解电容器长脚为正极，短脚为负极，其外壳圆周上标出的“-”号说明靠近的引脚是负极

续表

步骤	装接件	示例图	工艺要求	注意事项
8	三极管		立式安装	按要求将发射极 e、基极 b、集电极 c 引脚插入相应孔位，可以提前将引脚标在印制板上，不能接错
9	单向晶闸管		立式安装	按要求将阳极 A、阴极 K、控制极 G 引脚插入相应孔位，可以提前将引脚标在印制板上，不能接错
10	驻极体		先焊接引脚（预留长度要长一点），再对准孔位，立式安装（电烙铁外壳妥善接地，或电烙铁烧热后拔下电源插头趁热焊接）	驻极体有 D、S 极之分，若接反了，声音几乎传不进去。 相同引脚数的驻极体可以替代（只有性能之差），两根和三根引脚的驻极体之间不能直接替代
11	CD4011 集成电路		先焊接集成电路插座（也可以不装插座），座子缺口的方向朝向图中标记 1 脚和 14 脚的方向，最后插装集成电路	通电前插上集成电路，插入时其缺口、引脚与电路板字符面切口、引脚相对应，7 脚接地、14 脚接电源，不要装反了；且不能有一条引脚插弯曲
12	光敏电阻器		立式安装	安装高度不确定时，可先装到前盖内，对准孔位、测好高度，再焊接

续表

步骤	装接件	示例图	工艺要求	注意事项
13	输出导线		根据灯泡的额定功率确定输出端连接导线的规格，且在焊接时应送递较多的焊锡	两根输出导线的另一端可接上绝缘的鳄鱼夹以便今后使用
14	焊点		按清理焊点的方法将所有焊点清理干净	注意人身安全

4. 调试电路

(1）调试的方法

完成了电路的装配，即可对电路进行调试。调试的方向见表 3-20，判断的方法见表 3-21。

表 3-20　电路调试的方向

状　态	方　法	内　容
静态	直流电压	测量电路中关键点的电压，调整偏置电阻或三极管等相关元件，使其符合设计要求
	直流电流	测量电路中关键通路的电流，调整偏置电阻或三极管等相关元件，使其符合设计要求
动态	波形	静态调试正常后，以测试波形为基础，调整反馈深度或耦合电容量、旁路电容量等来修正波形失真，也可微调电路的静态来修正
	频率特性	在规定的频率范围内，以测试频率特性为基础，对各频率先粗调，后反复细调，使信号的高频段与低频段都符合设计要求

表 3-21　电路故障判断的方法

方　法	内　容
电阻法	① 万用表置电阻挡。 ② 直接测量元器件引脚对地电阻值，或将元器件从电路板上取下测量电阻值（一般作正、反测量），与正常值比较，从中发现故障
替代法	① 电路表现为疑似元器件性能变值等所引起的软故障。 ② 用同类型备份件替换可疑的元器件、部件、插件、插板乃至半台机器来查找故障
开路法	① 电路表现为整机电流过大等短路性故障。 ② 将被怀疑的电路或元器件与整机电路脱开，测试故障是否存在，从而找出故障
短路法	① 有噪声、交流声、杂音以及有阻断故障的电路，用一只相对电路的主要频率近于短路的电容器（如收音机检波电路选用 0.1μF，低放电路选用 100μF），短接电路中的某一部分或某一元器件，测试故障现象是否改善来查找故障。 ② 检查振荡电路、自动控制电路等，用一根短路线直接短路某段电路，测试电路功能是否变化来查找故障

续表

方　法	内　容
变动可调元件法	① 记录好可调元件的位置。 ② 适当调整可调元件并观察其对故障现象的影响。 ③ 当发现故障并非由此所引起时，就立即恢复到原来的位置
对比法	将电路参数和工作状态与相同的正常电路进行参数（电流、电压、波形等）的一一比对，从中找出故障
信号注入法	① 将幅度、频率一定的信号逐级输入被测电路，或注入可能存在故障的相关电路。 ② 由电路终端指示器（仪表、扬声器、显示器、示波器）的反应来判断电路故障，如用示波器检测音频功率放大器 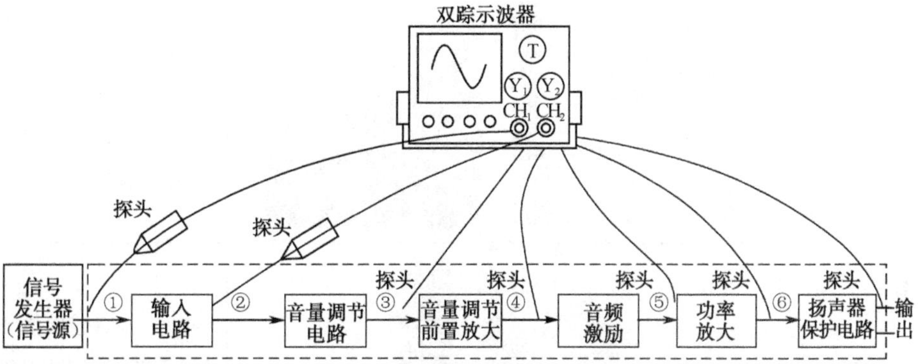 双踪示波器；T；Y_1；Y_2；CH_1；CH_2；探头；探头；信号发生器（信号源）；①；输入电路；②；音量调节电路；③；探头；音量调节前置放大；④；探头；音频激励；探头；⑤；功率放大；探头；⑥；扬声器保护电路；探头；输出 注：将信号从电路的输入端输入，然后逐级进行检测为顺向注入；将信号从后级逐级往前输入，而检测仪表接在终端不动为逆向注入

（2）声光控延时开关电路的调试

中夏牌 SGK-10 型声光控延时开关电路的调试过程见表 3-22。

表 3-22　调试过程

步　骤	示 例 图	调　试
1		全部元器件焊接完毕，对照印制电路图，认真核对一遍元器件及电路连线是否接错、错焊、漏焊、短路、元件相碰等
2	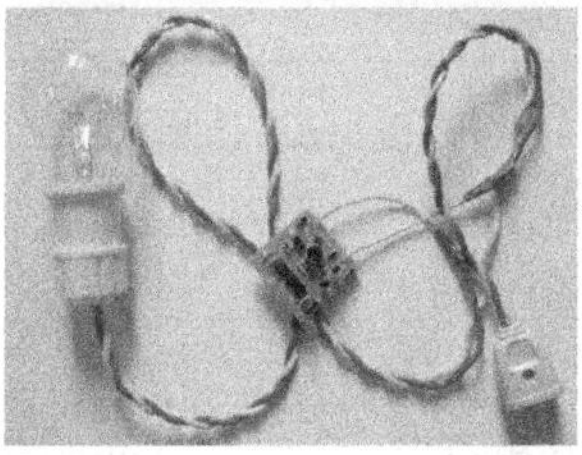	用导线连接好灯头、插头、声光控延时开关，装上灯泡

续表

步　骤	示 例 图	调　试
3		将插头插入 220V 交流电插座上给声光控延时开关通电
4		用深色物品遮住光敏电阻器不让其受到光的照射，接通电源，不发声，灯泡不亮；在驻极体附近轻拍双手发出响声，灯泡亮，经一段时间延时，在无其他声响发出的情况下，灯自动熄灭
5		让光照射到光敏电阻器上，接通电源，灯泡不亮；再在驻极体附近重拍双手发出响声，灯泡也不亮
注意事项	通电后，防止触电，特别注意安全。人体不允许接触电路板的任何部位，用万用表检测时只能将万用表两表笔接触电路板相应处测量	

至此电路调试完毕，若上述一切正常，说明制作成功。

（3）声光控延时开关故障检查

中夏牌 SGK-10 型声光控延时开关电路的常见故障分析见表 3-23。

表 3-23　常见故障分析

故 障 现 象	故障元器件	特　点
灯不亮	负载或控制电路	① 电源、负载连接不正确。 ② 工作光照与环境光照不相符。 ③ 负载或控制电路损坏
很大声音灯泡才亮	三极管 V	性能变差或损坏
	电阻器 R_2、R_4	开路
	电容器 C_1	变质
灯常亮不灭	三极管 V	开路
	二极管 VD_1～VD_4	短路
	晶闸管 VT	击穿
	集成电路	损坏

续表

故 障 现 象	故障元器件	特　　点
灯常亮不灭，但亮度减小	二极管 VD_1～VD_4	有一只击穿
灯亮时间太短	电容器 C_3	漏电或电容量变小
	二极管 VD_5	存在反向电阻值
白天有人走过时，灯亮	光敏电阻器 RG	开路

5. 成品的声光控延时开关

将装配、调试成功的中夏牌 SGK-10 型声光控延时开关的印制电路板装入盒盖中，拧紧螺钉，其松紧度应恰到好处，安装完成，如图 3-9 所示。

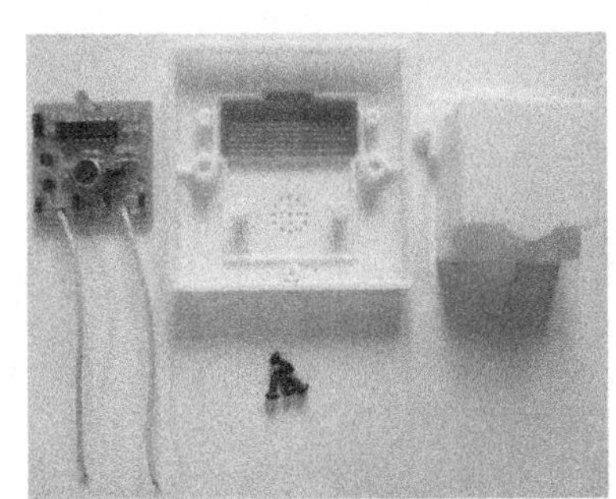

（a）装盒前

（b）装盒后

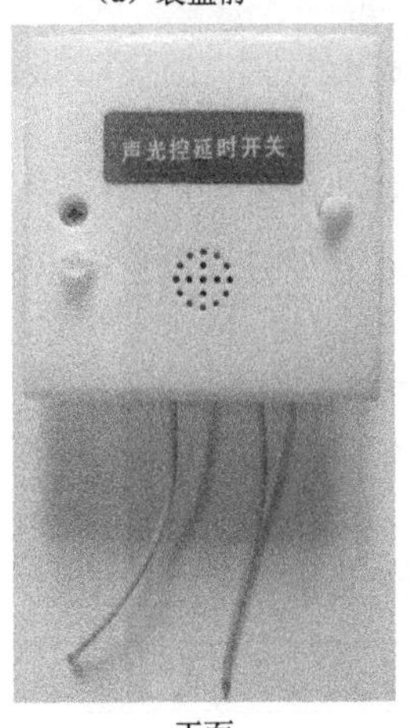

正面

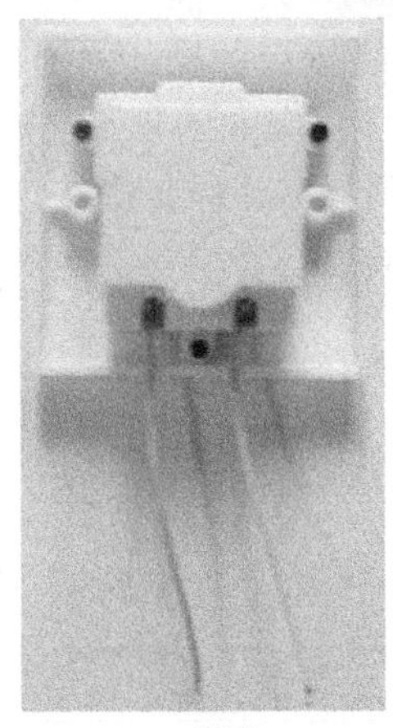

背面

（c）成品图

图 3-9　成品中夏牌 SGK-10 型声光控延时开关

（1）产品功能特点

① 发声启控：在开关附近 5～10m 的范围内发出响声（拍手、咳嗽等），就能使开关立即开启，延时 60s 后自动切断。

② 自动测光：开关在白天或光线强时受光控自锁，不会因声响而开启（即光线强时不能激发），但可调节。

③ 延时自关：开关受控开启后，可在 60s 后自动断开，节约电能。

④ 无触点开关技术：无触点电子开关接通负载瞬间无冲击电压，延长负载使用寿命，开、

关时没有任何声音。

⑤ 替换方式：直接替换普通墙壁开关，安装简单方便。

⑥ 用途广泛：适用于各类楼道、走廊、卫生间、阳台、地下通道等需要短暂照明或小负载功率的工作场所，尤其适合常忘记关灯、关排气扇的场所。

（2）主要性能

① 产品品牌：中夏牌。

② 产品型号：SGK-10 型。

③ 工作电压：交流 180～250V（50/60Hz）。

④ 输出方式：晶闸管控制。

⑤ 负载特性：白炽灯、节能灯、排气扇等阻性负载。

⑥ 负载功率：25～200W。

⑦ 使用寿命：≥10 万次。

⑧ 静态功耗：≤0.2W。

⑨ 延时时间：55s。

⑩ 环境温度：-20～50℃。

⑪ 外观尺寸：86mm×86mm×25mm。

（3）使用指南

① 声光控延时开关可替换普通面板、拉线开关等，适合安装在防湿的室内环境，避免安装在噪声过大、日晒雨淋的户外环境。

② 为确保安全，接线按说明操作，不得带电作业，待线路连接好后再通电使用（交流 220V），严禁负载短路。

③ 表面不准遮盖任何物品，以免影响灯正常使用。

④ 两只开关同时安装要保持足够的距离，以避免灯光照射干扰，导致工作不正常。

项目测试

1．测量光敏电阻器的特性并将结果填入表 3-24 中。

表 3-24　光敏电阻器特性

型　　号	状　　态		
625A 型光敏电阻器	置于光暗处	置于光亮出	置于阳光或灯光照射下
测得的电阻值（用 R×100Ω挡）			
结论			

2．普通晶闸管内部有________PN 结，外部有三个电极，分别是________极、________极和________极。

3．晶闸管在其阳极与阴极之间加上________电压的同时，控制极上加上________电压，晶闸管就导通。

4．晶闸管的工作状态有正向________状态、正向________状态和反向________状态。

5．某半导体器件的型号为 KP50-7，其中 KP 表示该器件的名称为________，50 表示________，7 表示________。

6. 普通晶闸管内部有两个 PN 结。(　　)

7. 普通晶闸管外部有三个电极，分别是基极、发射极和集电极。(　　)

8. 型号为 KP50-7 的半导体器件，是一额定电流为 50A 的普通晶闸管。(　　)

9. 只要让加在晶闸管两端的电压减小为零，晶闸管就会关断。(　　)

10. 只要给门极加上触发电压，晶闸管就导通。(　　)

11. 晶闸管加上阳极电压后，不给控制极加触发电压，晶闸管也会导通。(　　)

12. 以下说法中正确的是（　　）。

A. 电容式传声器与压电式传声器原理一样

B. 电容式传声器与动圈式传声器的工作原理一样

C. 电容式传声器是利用电容容量变化而转成相应的磁能的传声器

D. 压电压式传声器是利用声波作用在压电晶体表面，从而产生电位差，达到转能的目的

13. 助焊剂在焊接过程中所起的作用是（　　）。

A. 清除被焊金属表面的氧化物和污垢

B. 参与焊接，与焊料和焊盘金属形成合金

C. 清除锡料的氧化物

D. 有助于提高焊接温度

14. 组合逻辑电路设计的关键是（　　）

A. 写逻辑表达式　　B. 表达式化简　　C. 列真值表　　D. 画逻辑图

15. 组合逻辑电路的结构特点表现为（　　）。

A. 有记忆功能　　B. 有反馈回路　　C. 不含记忆元件　　D. 无反馈回路

16. CMOS 数字集成电路与 TTL 数字集成电路相比突出的优点是（　　）。

A. 微功耗　　B. 高速度　　C. 高抗干扰能力　　D. 电源范围宽

17. 与 CT4000 系列相对应的国际通用标准型号为（　　）。

A. CT74S 肖特基系列　　B. CT74LS 低功耗肖特基系列

C. CT74L 低功耗系列　　D. CT74H 高速系列

18. 识读定时灯光提醒器电路，完成表 3-25 中内容的填写。

表 3-25　定时灯光提醒器电路

项　目	内　容
原理图	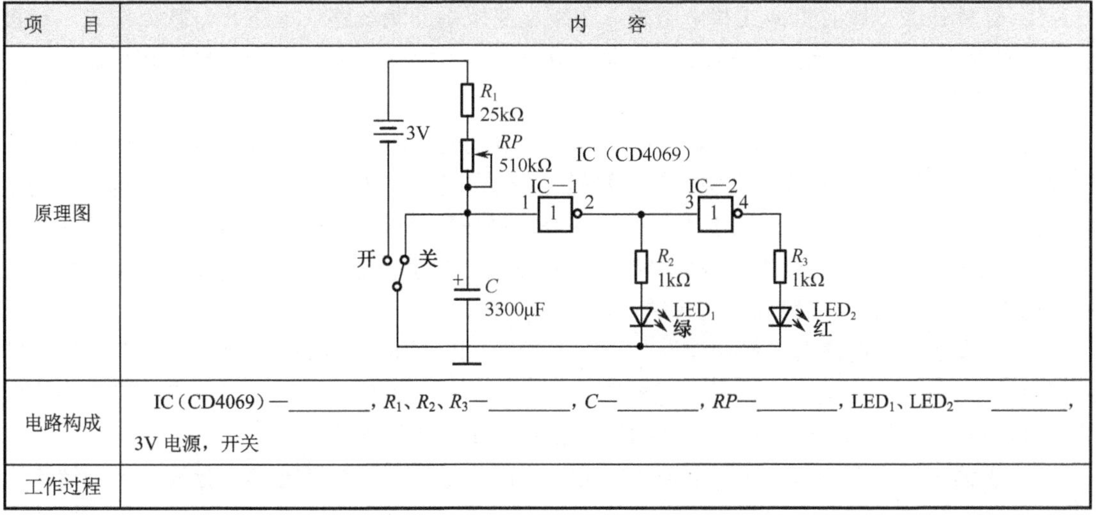
电路构成	IC（CD4069）—________，R_1、R_2、R_3—________，C—________，RP—________，LED_1、LED_2——________，3V 电源，开关
工作过程	

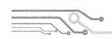

19．根据图 3-10 所示的有线电视用户视频同轴电缆插头结构示意图，进行连接制作练习。

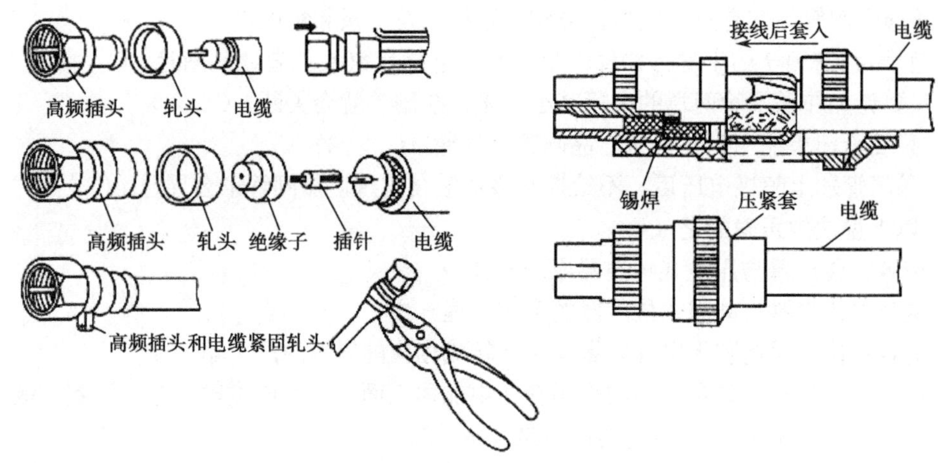

图 3-10　有线电视插头结构示意图

20．利用废旧电路板进行拆焊练习，并将结果填入表 3-26 中。

表 3-26　拆焊练习

元　器　件	焊接元器件的材料	拆 焊 工 具	焊　点　数	是否损伤铜箔或元器件	质 量 检 查

21．将中夏牌 SGK-10 型声光控延时开关电路做适当的改动，使它能在天黑时自动点亮灯泡。画出改动后的电路图，并组装实现。

项目总结

1．归纳梳理

① 灯具开关一般有机械式和电子式，印制电路板由印制线路（电路）与基板构成。基板上有元器件之间电气连接的导电图形，元器件集中的一面为元器件面，印制导线和焊盘集中的一面为焊接面。

② 光敏电阻器是用半导体材料制成，能将光照的变化转换成电信号的电子元件，广泛用于国防、科学研究和工农业生产中；晶闸管是一种以小电流（电压）控制大电流（电压）的半导体器件，分单向和双向，适用于无触点开关需求的场所；传声器是一种将声信号转换为电信号的换能器件；数字逻辑集成电路是用数字信号完成对数字量进行算术和逻辑运算的电路，适用于通信、计算机、自动控制和航天领域。

③ 基本逻辑门电路有逻辑功能为全 1 出 1，有 0 出 0 的与门电路；全 0 出 0，有 1 出 1 的或门电路；有 0 出 1，有 1 出 0 的非门电路。还有由与门、或门、非门经过简单的组合而构成的组合逻辑门电路，如与非门电路、或非门电路、与或非门电路等。

④ 识读电路原理图可以从理清整体功能；找出信号处理流程和方向；分清主、辅通道电

路及其接口；瞄准核心元器件，简化成单元电路；分析直流供电电路；分析交流等效电路等几个方面进行。识读印制电路可以通过对照原理图与方框图，按电信号的主体路径来分析。

声、光控延时开关电路的功能是，在通电后如果环境光线较暗时，只要靠近它拍一下手掌，灯泡将自动点亮并持续一段时间，再自动熄灭。

⑤ 锡焊导线与导线、导线与焊件可采用绕焊、钩焊、搭焊和插焊等方法进行，手工拆焊可采用直接拆焊、空心针头拆焊、吸锡材料拆焊和吸锡器拆焊等方法进行。

⑥ 电路的装配一般按准备、读图、选择（检测）元器件、对所有元器件的引线进行镀锡处理、安装元器件等步骤进行。

⑦ 调试电路有静态和动态两个方面，采取的措施有电阻法、替代法、开路法、短路法、变动可调元件法、对比法和信号注入法等。

2. 项目评估

评估指标	评估内容	配分	自我评价	小组评价	教师评价
学习态度	① 出全勤。 ② 认真遵守学习纪律。 ③ 搞好团结协作	15			
安全文明生产	① 严格遵守安全操作规程。 ② 工作台面整洁，工具、仪表齐备，摆放整齐	10			
理论测试	语言上能正确清楚地表达观点	5			
	能正确完成项目测试	10			
操作技能	能正确选择、配置和使用调试用仪器仪表及工具	10			
	能正确识读电路图，合理选用和处理好元器件	20			
	能选用合理的拆焊方法完好拆除元器件	10			
	能成功组装声、光控延时开关	20			
总评分					
教师签名					

3. 学习体会

收　获	
缺　憾	
改　进	

项目四

组装直流稳压电源

项目目标

技能目标	① 正确识读直流稳压电源电路图 ② 熟悉直流稳压电路元器件的检测方法 ③ 了解直流稳压电源的制作步骤和注意事项 ④ 熟悉直流稳压电源的检测和故障处理方法 ⑤ 掌握用 Protel 2004 软件设计电路原理图、PCB 图的基本技能与方法
知识目标	① 了解直流稳压电源的作用、分类 ② 理解直流稳压电源的基本组成和工作原理

项目描述

日常生活中人们极大地享受着电子产品带来的便利，所有的电子产品都必须在电源的支持下才能正常工作，如电视机内部电路供电、手机电路供电等。通常电子设备要求电源电路能够提供持续稳定、满足负载要求的直流电能，这就是直流稳压电源。它犹如人体中的心脏，一旦发生故障，整个设备都不能正常工作，甚至会酿成严重后果。

直流稳压电源按电路类型有简单稳压电源和反馈型稳压电源，按稳压电路与负载的连接方式分有串联稳压电源和并联稳压电源，按调整管的工作状态分有线性稳压电源和开关稳压电源等，常用直流稳压电源外形如图 4-1 所示。

（a）收音机用

（b）便携式计算机用

（c）台式计算机用

（d）高中学生用

图 4-1　直流稳压电源

本项目通过对恒兴牌 HX—2018 型直流稳压可调电源的组装，来学习小型变压器、三端集成稳压器、发光二极管、磁性材料产品等元器件与材料的性能、应用、质量检测，以及识读、装接、调试、维修该电路的基本方法。

项目实施

任务 1　元器件认知

恒兴牌 HX—2018 型直流稳压可调电源的元器件规格与数量见表 4-1。

表 4-1　元器件列表

序　号	1	2	3
实物图			
名称	电阻器	电阻器	电解电容器
位号	R_1、R_2、R_3、R_4、R_5、R_6、R_7	R_8	C_1
规格	680Ω	470Ω	1000μF/25V
数量	7 只	1 只	1 只
序号	4	5	6
实物图			
名称	瓷片电容器	二极管	发光二极管
位号	C_2	VD_1～VD_4	LED
规格	104（10^5pF）	1N4007	Φ3mm（白）
数量	1 只	4 只	1 只
序号	7	8	9
实物图			
名称	变压器	三端稳压器	拨段开关
位号	T_1	IC_1	SW_2、SW_1
规格	220V/14V	LM317	
数量	1 只	1 块	1 个

续表

序号	10	11	12
实物图	VOLT CHANGE SW. POLARILY SW.		
名称	开关标签	前盖	后盖
数量	1 张	1 个	1 个
序号	13	14	
实物图		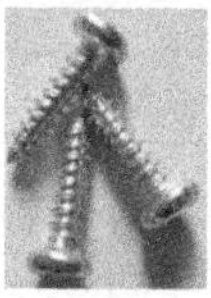	
名称	多用插线	自攻螺钉	
数量	1 根（0.5m）	3 颗	

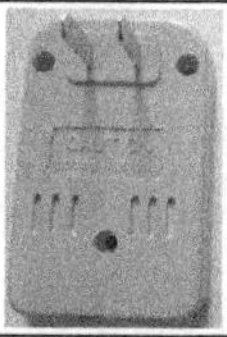

1. 小型变压器

变压器是一种软磁电磁元件，将电磁感应原理用于电压变换、电流变换、阻抗变换、隔离、稳压（磁饱和变压器）等，主要构件有一次侧绕组、二次侧绕组和铁芯（磁芯），接输入信号的绕组为一次侧绕组，与负载相连的绕组为二次侧绕组，简介见表 4-2。

表 4-2 小型变压器简介

项目	举例及说明	项目	举例及说明
外形	 （a）电源变压器 　（b）环形电源变压器  （c）自耦调压器 　（d）音频变压器  （e）中频变压器 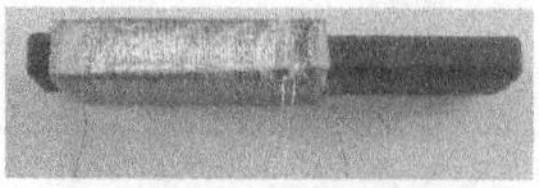　（f）天线变压器	结构	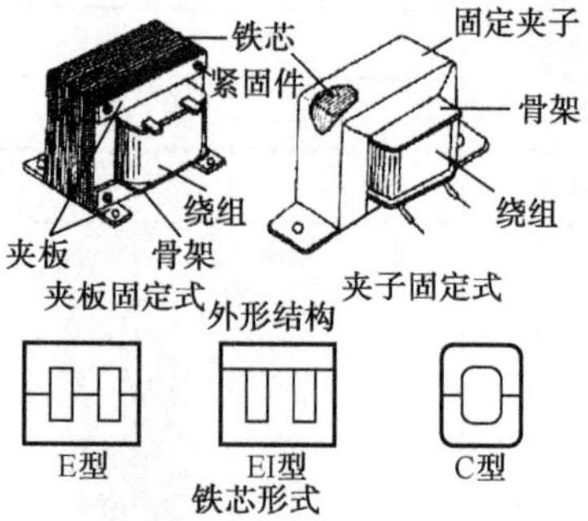 铁芯 紧固件 固定夹子 骨架 绕组 夹板 骨架 绕组 夹板固定式　外形结构　夹子固定式 E型　EI型　C型 铁芯形式 （a）低频变压器 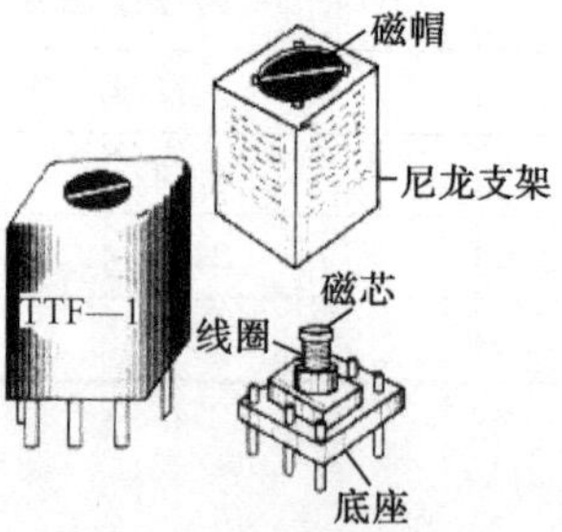 磁帽 尼龙支架 TTF—1 磁芯 线圈 底座 （b）中频变压器

续表

项目	举例及说明	项目	举例及说明
分类	① 按电源相数：单相、三相、多相。 ② 按工作频率：低频、中频、高频、脉冲。 ③ 按耦合方式：空心、磁芯、铁芯。 ④ 按绕组构成：双绕组、三绕组、多绕组、自耦。 ⑤ 按铁芯结构：叠片式铁芯、卷制式铁芯、非晶合金铁芯。 ⑥ 按用途：电源、调压、输入、输出、脉冲	图形符号	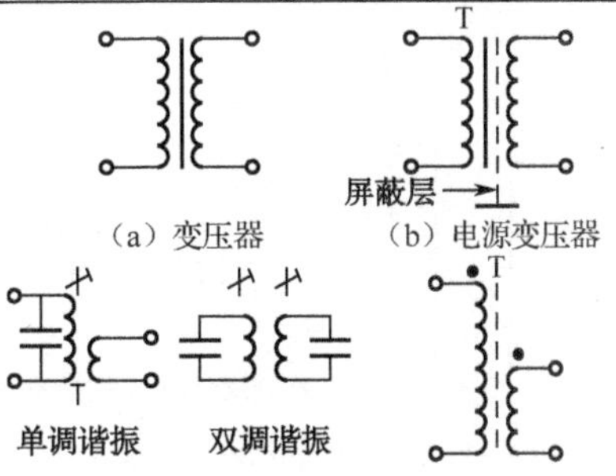 T 屏蔽层 （a）变压器　（b）电源变压器 T　T 单调谐振　双调谐振 （c）中频变压器　（d）天线变压器 在电路中用字母“T”表示
型号意义	变压器根据用途来命名型号。 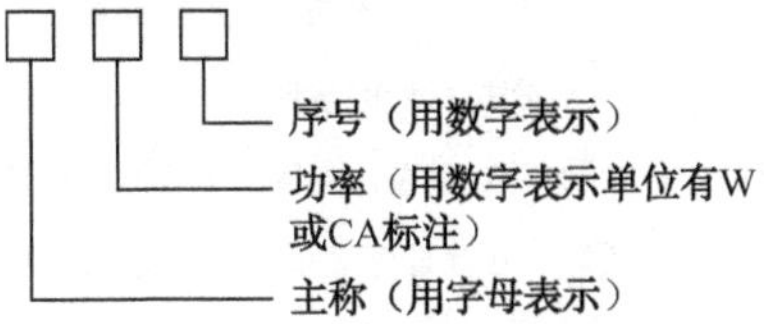 序号（用数字表示） 功率（用数字表示单位有W或CA标注） 主称（用字母表示） （a）低频变压器型号命名法 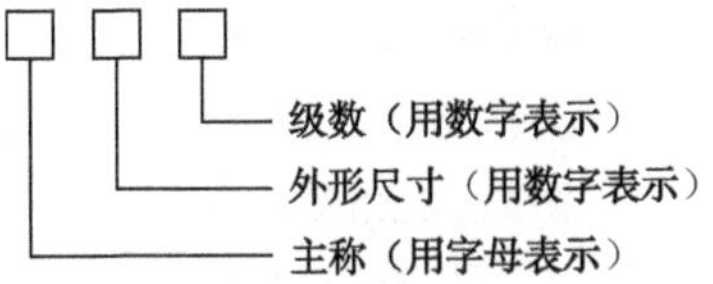 级数（用数字表示） 外形尺寸（用数字表示） 主称（用字母表示） （b）中频变压器型号命名法 如 TTF-2-2，调幅式收音机用磁性磁芯式中频变压器，外形尺寸为 10mm×10mm×14mm，第二级中频放大器用	主要参数	（1）额定频率 变压器设计所依据的运行频率，单位为赫兹（Hz），我国规定为 50Hz。 （2）额定功率 在规定的频率和电压下，变压器能长期工作，而不超过规定温升的输出功率。 （3）额定电压 变压器的绕组上所允许施加的电压，工作时不得大于规定值。 （4）电压比 变压器一次侧绕组电压和二次侧绕组电压的比值，有空载电压比和负载电压比的区别。 （5）空载电流 变压器二次侧绕组开路时，一次侧绕组仍有一定的电流，这部分电流称为空载电流。 （6）空载损耗 变压器二次侧绕组开路时，在一次侧绕组测得的功率。 （7）效率 二次侧绕组功率与一次侧绕组功率比值的百分比。 （8）绝缘电阻 变压器各绕组之间、各绕组与铁芯之间的绝缘性能。
电参量关系	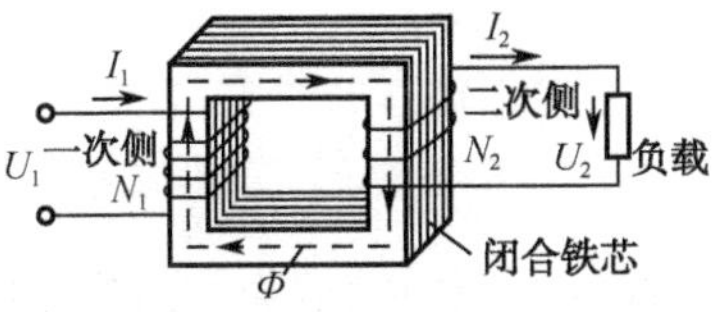 I_1　I_2 U_1 一次侧 N_1　二次侧 N_2　U_2　负载 Φ　闭合铁芯 （1）$U_1/U_2=N_1/N_2$ （2）$I_1/I_2=N_2/N_1$ （3）$U_1I_1=U_2I_2$	标志识读	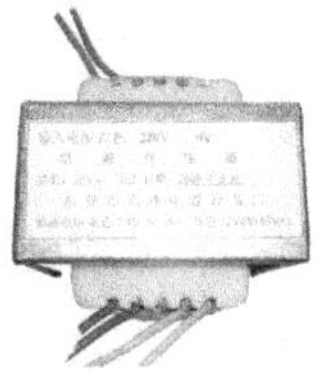 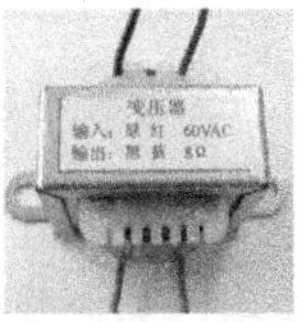 （a）电源变压器　（b）音频变压器

续表

项目	举例及说明	项目	举例及说明
检测	（1）测定同名端 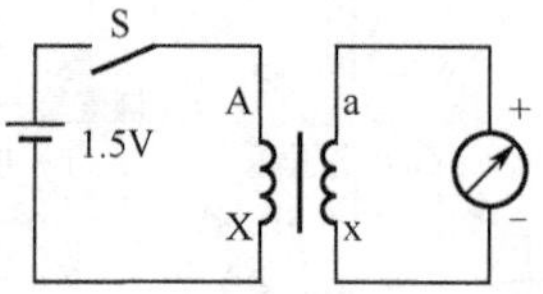 步骤 1：一次侧绕组的 A 端接电池正极，X 端接电池负极，二次侧绕组 a、x 端接检流计。 步骤 2：接通开关 S，在通电瞬间，观察检流计指针的偏转方向，若检流计的指针正方向偏转，则接电池正极的端头和接检流计正极的端头为同名端；若检流计的指针负方向偏转，则接电池正极的端头和接检流计负极的端头为同名端。 （2）测量绝缘电阻 步骤 1：用万用表欧姆挡测量出一次侧、二次侧绕组相对应的端头。 步骤 2：选择万用表欧姆挡合适的量程，测量一次侧、二次侧绕组的直流电阻值，并记下读数。 将所测的直流电阻数值与变压器的相关参数比较，若所测数值偏小很多，说明存在匝间短路。 （3）测量变压比 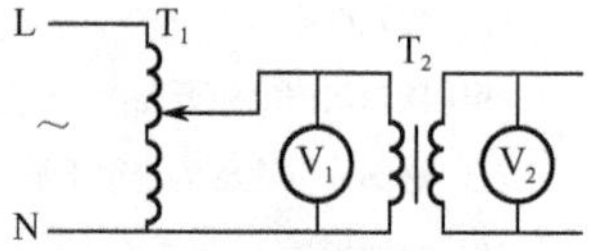 步骤 1：按照电路图接好测量线路。 步骤 2：交流调压器输出电压调为零。 步骤 3：检查连接电路，确认无误。 步骤 4：调节交流调压器 T_1，向待测变压器 T_2 输入端输入 220V 交流电压，同时读出电压表 V_2 的数值。 步骤 5：利用 $U_1/U_2=K$，算出变压器 T_2 的变压比	注意事项	工作中的变压器： ① 防止变压器过载运行。如果长期过载运行，会引起绕组发热，使绝缘逐渐老化，造成匝间短路或对地短路。 ② 防止变压器铁芯绝缘老化损坏。铁芯绝缘老化或夹紧螺栓损坏，会使铁芯产生涡流，引起铁芯长期发热造成绝缘老化。 ③ 保证导线接触良好。线圈内部接头接触不良，会产生局部过热，破坏绝缘，发生短路或断路。 ④ 有安装可靠的短路保护装置。 ⑤ 保持良好的接地。 ⑥ 防止超温。变压器运行时，一定要保持良好的通风，必要时可采取强制通风，以降低变压器温升。 ⑦ 自耦变压器具备变压、变流和变换阻抗的作用，但不能作为隔离变压器使用，更不能作为安全变压器使用。公共端一定是单相交流电的中性线。 测量变压器绝缘电阻时： ① 测量时，注意操作的正确性，以防触电的发生。 ② 操作时，不能带电接线和拆线，人体不得随意接触一次侧、二次侧绕组以及二次电路的裸露部分。 ③ 正确使用万用表，选择好量程，读数要准确。 ④ 测量结束，及时关闭相应的电源

2. 三端集成稳压器

三端集成稳压器有三个引出端，其内部含有串联稳压电源中的放大、调整等电路，便于安装和使用，简介见表 4-3。

表 4-3　集成稳压器简介

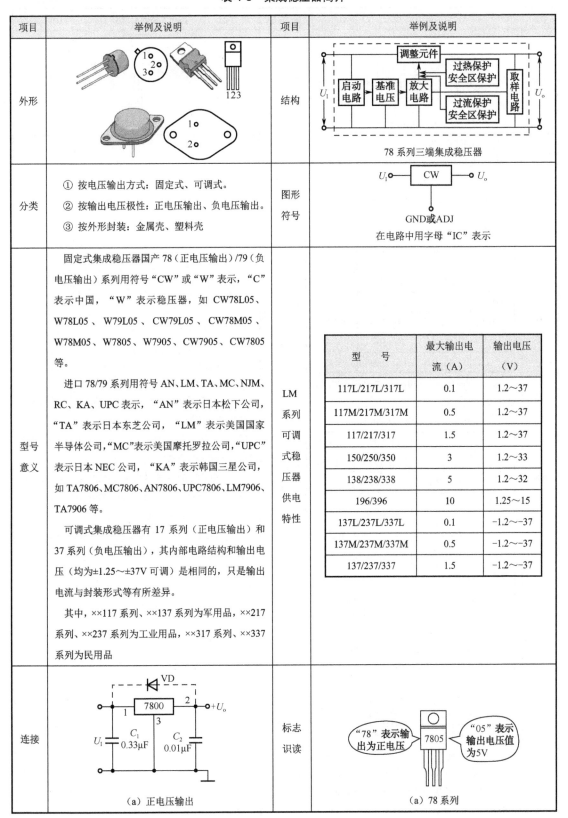

<table>
<tr><th>项目</th><th>举例及说明</th><th>项目</th><th>举例及说明</th></tr>
<tr><td>外形</td><td> 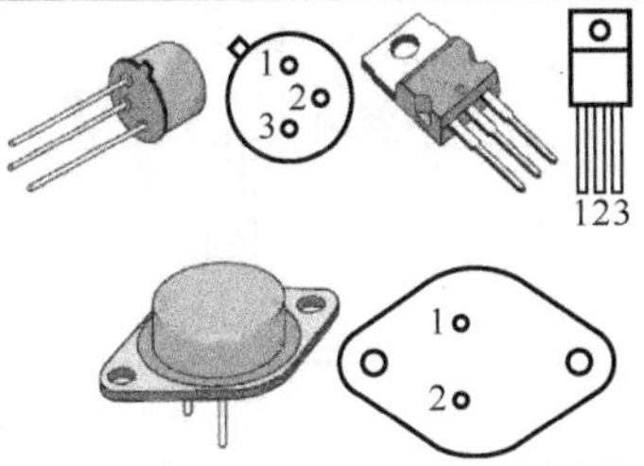1 2 3
123
1 2</td><td>结构</td><td> 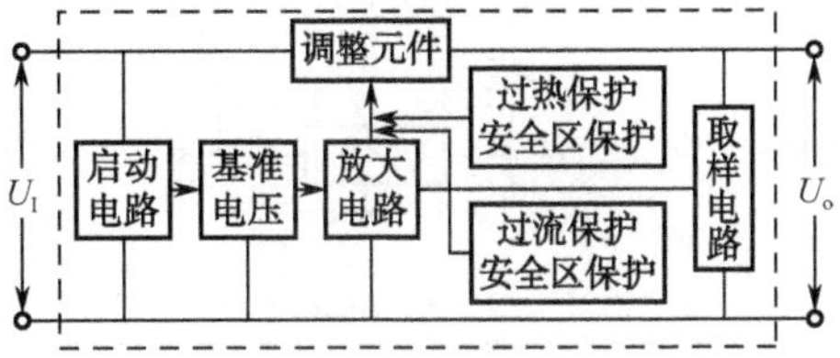调整元件
过热保护 安全区保护
启动电路　基准电压　放大电路　取样电路
过流保护 安全区保护
U_I　U_o
78 系列三端集成稳压器</td></tr>
<tr><td>分类</td><td>① 按电压输出方式：固定式、可调式。
② 按输出电压极性：正电压输出、负电压输出。
③ 按外形封装：金属壳、塑料壳</td><td>图形符号</td><td> 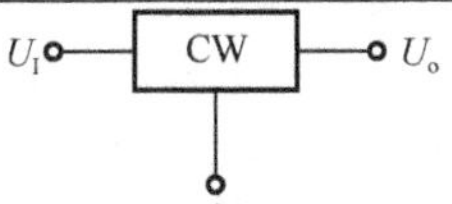U_I　CW　U_o
GND或ADJ
在电路中用字母“IC”表示</td></tr>
<tr><td>型号意义</td><td>固定式集成稳压器国产 78（正电压输出）/79（负电压输出）系列用符号“CW”或“W”表示，“C”表示中国，“W”表示稳压器，如 CW78L05、W78L05、W79L05、CW79L05、CW78M05、W78M05、W7805、W7905、CW7905、CW7805 等。
进口 78/79 系列用符号 AN、LM、TA、MC、NJM、RC、KA、UPC 表示，“AN”表示日本松下公司，“TA”表示日本东芝公司，“LM”表示美国国家半导体公司，“MC”表示美国摩托罗拉公司，“UPC”表示日本 NEC 公司，“KA”表示韩国三星公司，如 TA7806、MC7806、AN7806、UPC7806、LM7906、TA7906 等。
可调式集成稳压器有 17 系列（正电压输出）和 37 系列（负电压输出），其内部电路结构和输出电压（均为±1.25～±37V 可调）是相同的，只是输出电流与封装形式等有所差异。
其中，××117 系列、××137 系列为军用品，××217 系列、××237 系列为工业用品，××317 系列、××337 系列为民用品</td><td>LM 系列可调式稳压器供电特性</td><td>
<table>
<tr><th>型　号</th><th>最大输出电流（A）</th><th>输出电压（V）</th></tr>
<tr><td>117L/217L/317L</td><td>0.1</td><td>1.2～37</td></tr>
<tr><td>117M/217M/317M</td><td>0.5</td><td>1.2～37</td></tr>
<tr><td>117/217/317</td><td>1.5</td><td>1.2～37</td></tr>
<tr><td>150/250/350</td><td>3</td><td>1.2～33</td></tr>
<tr><td>138/238/338</td><td>5</td><td>1.2～32</td></tr>
<tr><td>196/396</td><td>10</td><td>1.25～15</td></tr>
<tr><td>137L/237L/337L</td><td>0.1</td><td>-1.2～-37</td></tr>
<tr><td>137M/237M/337M</td><td>0.5</td><td>-1.2～-37</td></tr>
<tr><td>137/237/337</td><td>1.5</td><td>-1.2～-37</td></tr>
</table>
</td></tr>
<tr><td>连接</td><td> 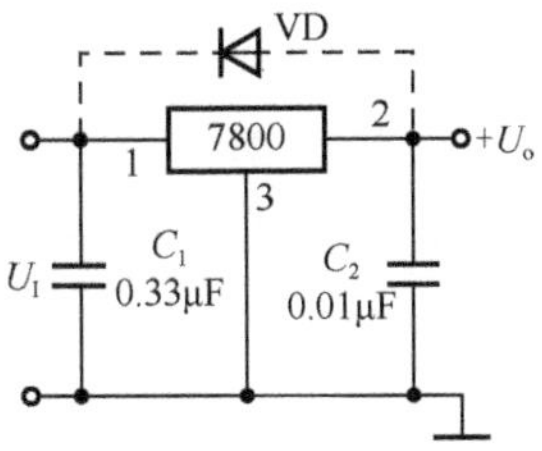VD
7800　1　2　3　$+U_o$
U_I　C_1 0.33μF　C_2 0.01μF
（a）正电压输出</td><td>标志识读</td><td> 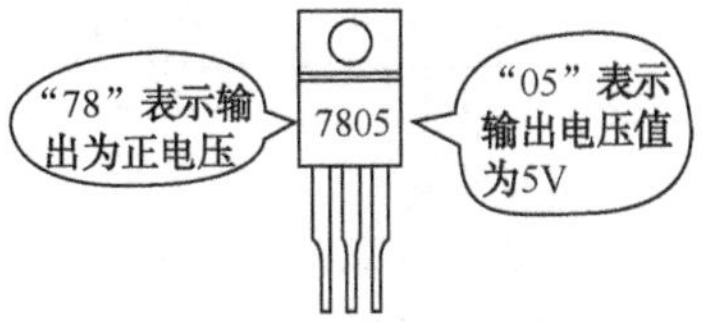“78”表示输出为正电压
7805
“05”表示输出电压值为5V
（a）78 系列</td></tr>
</table>

续表

<table>
<tr><th>项目</th><th>举例及说明</th><th>项目</th><th>举例及说明</th></tr>
<tr><td>连接</td><td>U_I C_1 0.33μF 1 C_1 0.01μF 7900 3 2 $-U_o$ VD
（b）负电压输出</td><td></td><td>“79”表示输出为负值 7912 “12”表示输出电压值为12V
（b）79 系列</td></tr>
<tr><td>检测</td><td>
以 78/79 系列为例，
78/79 系列不同产品，用万用表检测，所测电阻值可能有所不同，但基本规律不变。
78 系列产品各引脚之间的电阻值
<table>
<tr><th>黑表笔</th><th>红表笔</th><th>电阻值（kΩ）</th><th>不正常值</th></tr>
<tr><td>U_I</td><td>GND</td><td>15～45</td><td></td></tr>
<tr><td>U_O</td><td>GND</td><td>4～12</td><td rowspan="5">0 或∞</td></tr>
<tr><td>GND</td><td>U_I</td><td>4～6</td></tr>
<tr><td>GND</td><td>U_O</td><td>4～7</td></tr>
<tr><td>U_I</td><td>U_O</td><td>30～50</td></tr>
<tr><td>U_O</td><td>U_I</td><td>4.5～5.0</td></tr>
</table>
注：U_I 表示电压输入端，U_O 表示电压输出端，GND 表示接地端。
79 系列产品各脚之间的电阻值
<table>
<tr><th>黑表笔</th><th>红表笔</th><th>电阻值（kΩ）</th><th>不正常电阻值</th></tr>
<tr><td>$-U_I$</td><td>GND</td><td>4.5</td><td rowspan="6">0 或∞</td></tr>
<tr><td>$-U_O$</td><td>GND</td><td>3</td></tr>
<tr><td>GND</td><td>$-U_I$</td><td>15.5</td></tr>
<tr><td>GND</td><td>$-U_O$</td><td>3</td></tr>
<tr><td>$-U_I$</td><td>$-U_O$</td><td>4.5</td></tr>
<tr><td>$-U_O$</td><td>$-U_I$</td><td>20</td></tr>
</table>
以 7806 为例，万用表置 R×1kΩ挡，红表笔接 7806 的散热板（带小圆孔的金属片），黑表笔分别接三个引脚，测得电阻值分别为 20kΩ（1 脚为输入端）、0Ω（2 脚为公共端）、8kΩ（3 脚为输出端）。
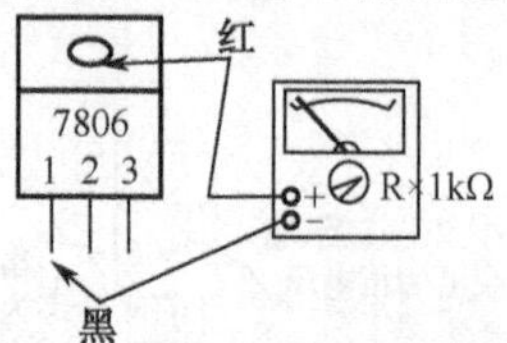

或将引脚朝下，把标记“7806”面对自己，从左向右依次排列一般规律是输入端、公共端（接机壳）和输出端
</td><td>注意事项</td><td>
① 不接错引脚线。若输入和输出接反，当两端电压超过 7V 时，就有可能损坏。
② 输入电压不能过低或过高。过低性能会降低，纹波增大；过高则容易造成损坏。
③ 必须采取适当的散热措施。可从产品手册中查出有关参数指标和外形尺寸，配上配套的散热器。散热能力越强，所承受的功率就越大。
④ 要加接瞬时过电压、输入端短路、负载短路的保护电路，大电流的要注意缩短连接线
</td></tr>
</table>

3. 发光二极管

发光二极管简称 LED，是一种固态的半导体器件，它可以直接把电能转化为光能，多用于指示灯、显示板或照明等，具有体积小、工作电压低、工作电流小、发光均匀稳定、响应速度快及寿命长等优点，广泛应用于家用电器、电子仪器与电子设备中，简介见表 4-4。

表 4-4　发光二极管简介

项目	举例及说明	项目	举例及说明
外形	（a）白发白　（b）红发红　（c）白发蓝 （a）ϕ10mm　（b）ϕ8mm　（c）ϕ5mm　（d）ϕ3mm （a）组合发光管　（b）双色二极管　（c）单闪发光二极管	结构	黄金导线接合部分 LED芯片 图形环氧树脂透镜 反射帽 负极引脚 正极引脚 单色发光二极管
功能	主要功能为指示、光发射和稳压，广泛应用于显示、指示、遥控和通信等领域	分类	① 按发光颜色：红外、红色、橙色、绿色（黄绿、标准绿和纯绿）、蓝色、单色、变色、七彩色。 ② 按塑封形式：有色透明、无色透明、有色散射和无色散射。 ③ 按出光面：圆形、方形、矩形、面发光管、侧向管、微型管。 ④ 按半值角：5°～20°或更小，高指向型；20°～45°，标准型；45°～90°或更大，散射型。 ⑤ 按结构：全环氧包封、金属底座环氧封装、陶瓷底座环氧封装及玻璃封装。 ⑥ 按发光强度：普通亮度（小于 10mcd）、高亮度（10～100mcd）、超高亮度（大于 100mcd）。 ⑦ 按工作电流：一般（电流在十几至几十 mA）、低电流（2mA 以下）

续表

项目	举例及说明	项目	举例及说明
图形符号	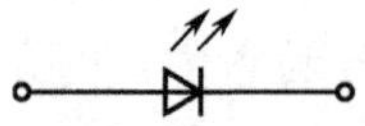 在电路中用字母“VD”表示	型号意义	国产发光二极管型号表示 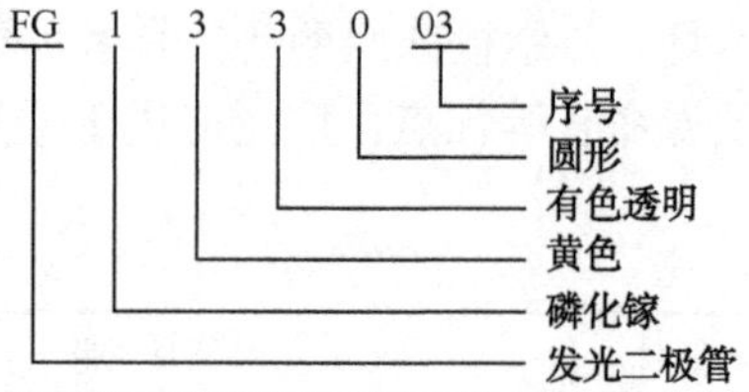 FG 1 3 3 0 03 序号（03） 圆形（0） 有色透明（3） 黄色（3） 磷化镓（1） 发光二极管（FG）
主要参数	（1）最大工作电流 发光二极管长期工作时，所允许通过的最大电流。 （2）正向电压降 通过规定的正向电流时，发光二极管两端产生的正向电压。 （3）正常工作电流 发光二极管两端加上规定的正向电压时，发光二极管内的正向电流。 （4）反向电流 发光二极管两端加上规定的反向电压时，发光二极管内的反向电流，又称反向漏电流。 （5）发光强度 通过规定的电流时，发光二极管管心垂直方向上单位面积所通过的光通量，单位为mcd。 （6）发光波长 发光二极管在一定工作条件下，所发出光的峰值对应的波长，又称峰值波长。由发光波长就可知发光颜色。 （7）发光分散角 发光二极管聚光效果的优劣用发光分散角来衡量，角越小，聚光越好，发光方向性越强。但角过小不利于侧面观察，一般在30°～60°之间	连接	（1）指示电路 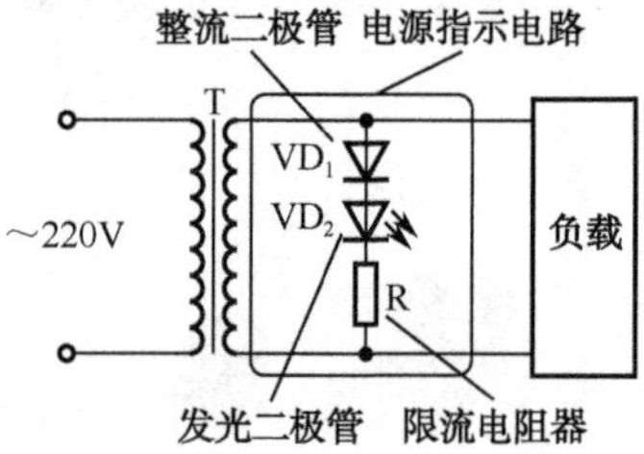 （2）光发射电路 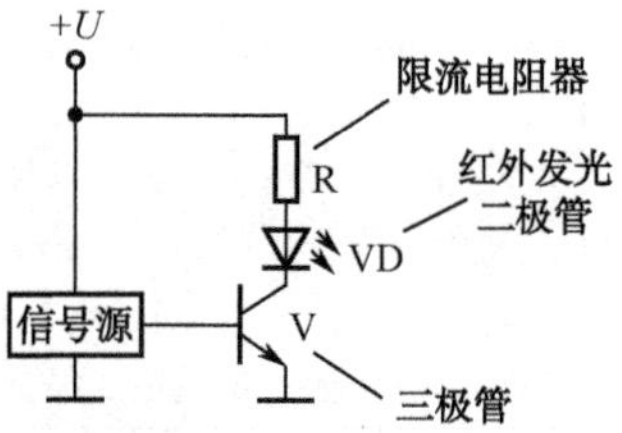 （3）稳压电路 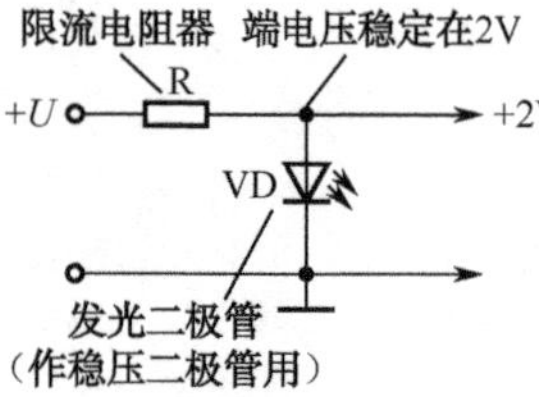
参量关系	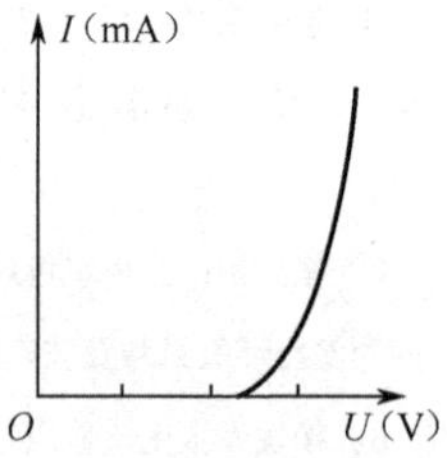 伏安特性曲线图 由伏安特性曲线可知，在正向电压小于某一值（叫阈值）时，电流极小，发光二极管不发光；当电压超过某一值后，正向电流随电压迅速增加，发光二极管发光 发光二极管的正向工作电压一般在1.5～2.0V，工作	标志识读	（1）单色管 通常较长的引脚为正极，较短的引脚为负极。 （2）变色管 三根引脚，若呈三角形排列，将引脚对准自己，从管壳凸出块开始，顺时针方向依次是红色管芯的正极引脚、绿（黄）色管芯的正极引脚，公共负极引脚；引脚呈一字排列，左右两边的引脚分别是红、绿（黄）管芯的正极引脚，且引脚稍长的是红色管芯的正极引脚，稍短的是绿（黄）色管芯的正极引脚，中间的引脚为公共负极引脚。 两根引脚的，稍长的引脚是红色管芯的正极引脚，

续表

项目	举例及说明	项目	举例及说明
参量关系	电流约为 10～20mA；当外界温度升高时，将有所下降；反向漏电流一般在 10μA 以下		稍短的是绿（黄）色管芯的正极引脚。 （3）七彩色管 管内有两个基本对称的电极，一个电极的上面有一个小黑块（CMOS 集成电路），它是正极，另一个是负极
检测	方法一：万用表置 R×10kΩ挡，测量发光二极管的正、反向电阻值，正常时正向电阻值为几十至 200kΩ，反向电阻值为∞；否则为损坏。但这种检测不能看到发光二极管的发光情况。 方法二：把两块同型号的万用表均置 R×10Ω挡，将甲表的黑表笔插入乙表的“+”接线柱中，两块万用表就构成一块欧姆表。余下的黑表笔接发光二极管的正极，红表笔接负极，一般能看到正常发光。若亮度很暗，甚至不发光，可将两块万用表均置 R×1Ω挡，若仍很暗，甚至不发光，则为发光二极管性能不良或损坏。 有发光亮点　电阻小　无发光亮点　电阻大 + − R×10kΩ　+ − R×10kΩ （a）测量正向　（b）测量反向	注意事项	① LED 发光二极管的特性接近稳压二极管，工作电压变化 0.1V，工作电流可能变化 20mA 左右。为了安全，一定要自动限流，否则将会损坏 LED ② 一般 LED 的峰值电流为 50～100mA，反向电压在 6V 左右，不可超过这个极限，否则会损坏 LED。 ③ LED 温度特性不好，温度上升 5℃，光通量下降 3%，夏季使用更要注意。 ④ 工作电压离散性大，同一型号，同一批次的 LED 工作电压都有一定差别，不宜并联使用。 ⑤ 静电对超高亮白光 LED 影响很大，在安装时要有防静电设施，受静电伤害的超高亮白光 LED 灯，当时可能凭眼睛看不出来，但是使用寿命将会变短

4. 磁性材料产品

磁性材料是一种重要的电磁材料，一般有软磁性材料和硬磁性材料（永磁材料），常用磁性材料产品简介见表 4-5。

表 4-5　磁性材料产品简介

类型		意义	示例图	应用
硬磁性材料	铝镍钴合金	在所加外磁场去掉后仍能在较长时间内保持强而稳定的磁性。有金属永磁性材料和永磁铁氧体材料		适用于微电机、扬声器耳机、录音机、继电器等储藏和供给磁能器件
	永磁铁氧体			适用于扬声器、传声器、彩电用会聚磁组件等
软磁性材料	铁氧体	在较弱的外磁场下能产生较强的磁性，并随外磁场的增强很快达到饱和；当外磁场去除时，磁性即基本消失		适用于滤波线圈、中频变压器的磁芯，短波天线磁棒等磁性元件

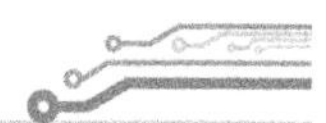

续表

类　型		意　义	示 例 图	应　用
软磁性材料	硅钢片	在较弱的外磁场下能产生较强的磁性，并随外磁场的增强很快达到饱和；当外磁场去除时，磁性即基本消失		适用于电机、变电器、继电器、互感器、开关等产品的铁芯
	铁镍合金			适用于中、小功率的脉冲变压器和记忆元件
	恒导磁合金			适用于恒电感和脉冲变压器的铁芯等换能器元件

任务 2　电路识读

恒兴牌 HX—2018 型直流稳压可调电源电路原理图如图 4-2 所示。

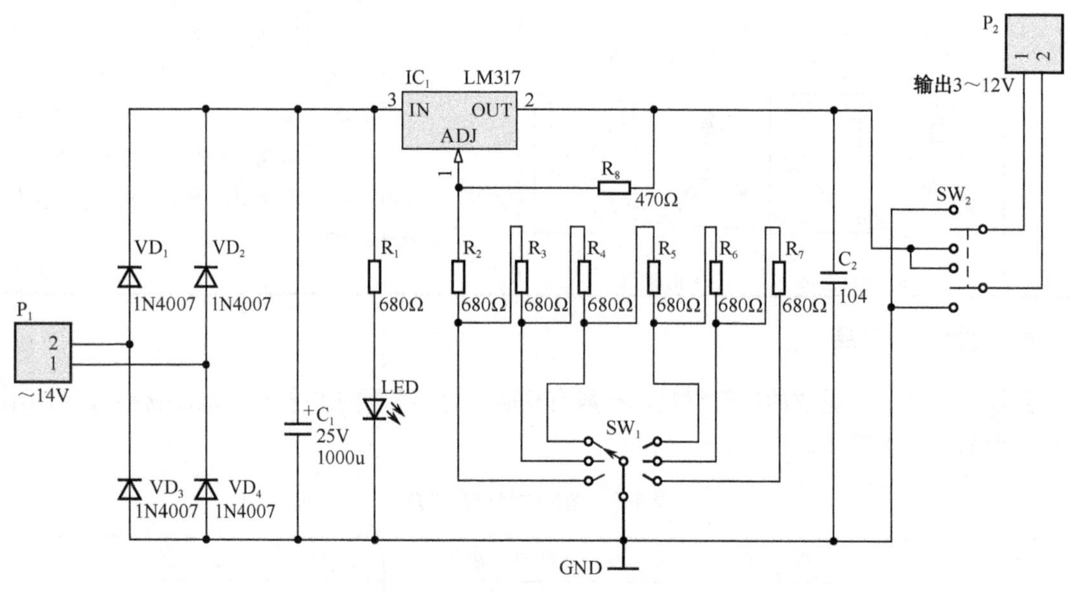

图 4-2　恒兴牌 HX—2018 型直流稳压可调电源电路原理图

直流稳压电源电路一般由电源变压器、整流电路、滤波电路、稳压电路四部分构成，原理方框图如图 4-3 所示，各部分的作用见表 4-6。

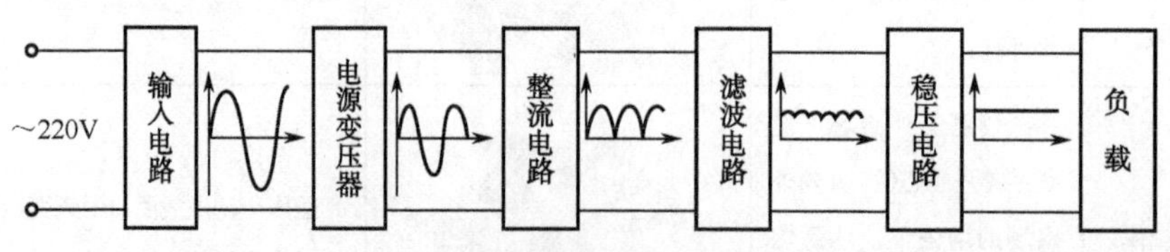

图 4-3　直流稳压电源电路原理方框图

表 4-6　直流稳压电源电路原理方框图简介

序　号	电路名称	内容说明
1	输入回路	含电源开关、熔丝等
2	电源变压器	把交流电网电压 220V 降低到电子电路常用的直流稳压电源所需的电压值（一般为几伏或几十伏）
3	整流电路	利用整流二极管的单向导电性，将交流电变成脉动直流电。但其直流电压含有较多交流成分脉动电压，不能满足一般电子电路的要求
4	滤波电路	滤除脉动直流电中的交流成分，减小整流后电压的波动程度，使电压波形变得平滑
5	稳压电路	维持输出直流电压的稳定，减小电源输出电压因交流电网电压波动和负载变化造成的影响

1. 整流电路

最常用的单相整流电路有半波整流、全波整流、桥式整流三种。

（1）半波整流电路

半波整流电路简介见表 4-7。

表 4-7　半波整流电路简介

序　号	项　目	内　容
1	电路组成	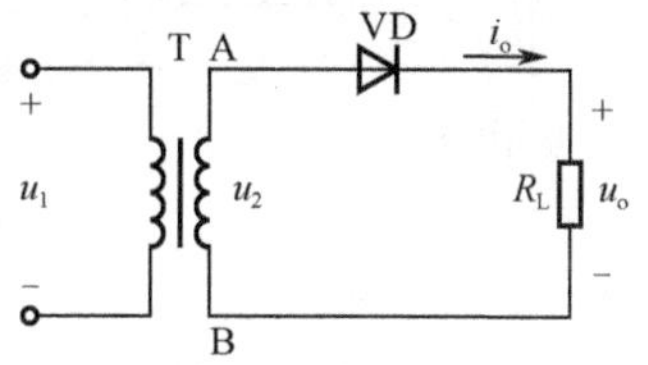 T——电源变压器，VD——整流二极管，R_L——等效负载电阻
2	工作原理	① 设单相交流电压 u_1 经变压器降压后输出为 $u_2=\sqrt{2}U_2\sin\omega t$。 ② 当 u_2 是正半周时，变压器二次侧绕组 A 端电压极性为正，B 端电压极性为负。二极管承受正向电压导通，电路中有电流，输出电流 i_O 流经 A→VD→R_L→B。 ③ 当 u_2 是负半周时，变压器二次侧绕组 A 端电压极性为负，B 端电压极性为正。二极管承受反向电压而截止，电路中几乎无电流，输出电压为零。 交流电压利用二极管整流变换为单向的脉动电压，因其在每个周期内只有半个波形被整流，所以称为半波整流
3	波形图	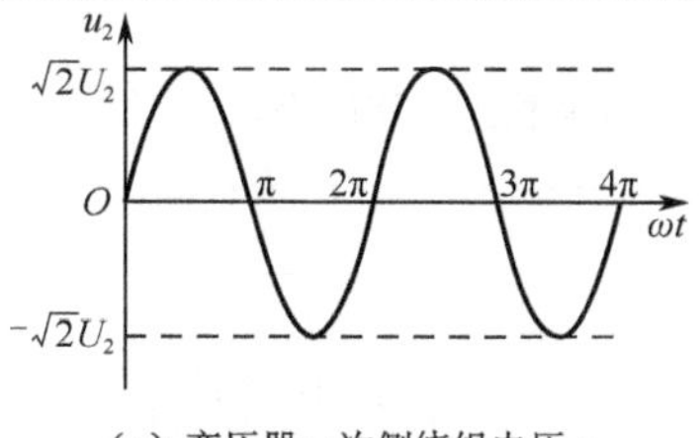 （a）变压器一次侧绕组电压 u_2 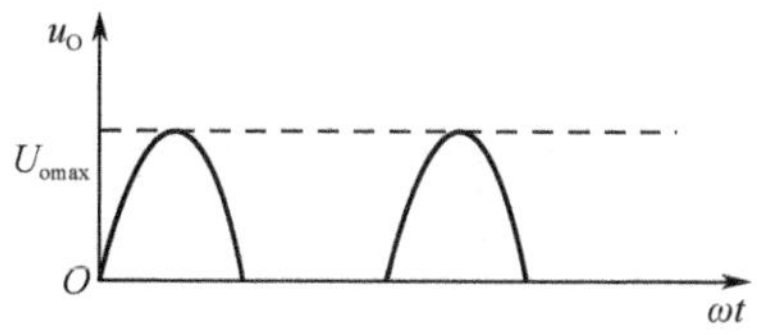　（b）输出电压

续表

序　　号	项　　目	内　　容
3	波形图	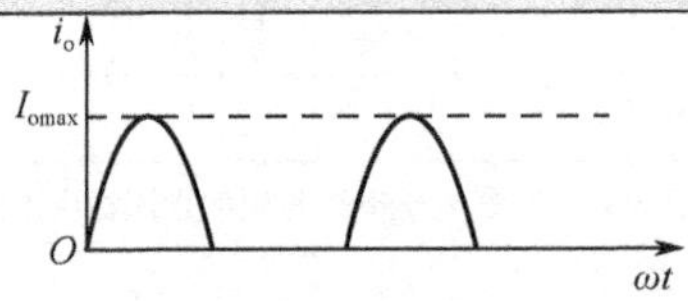 （c）输出电流 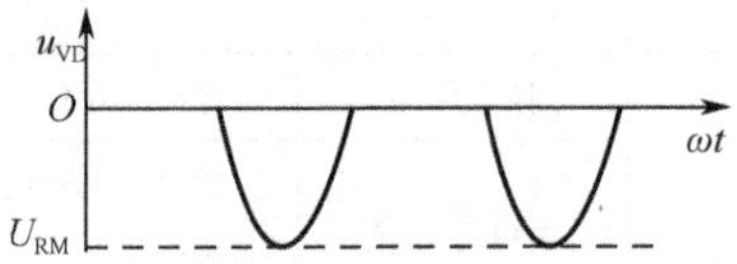　　（d）二极管承受的反向电压 ① u_2 与 u_i 是变压关系，波形为正弦波。 ② 正向导通时，u_O 与 u_2 几乎相等，即 u_O 随 u_2 同步变化。 ③ 负载上的电流与电压波形类似，因为是阻性负载。 ④ 反向截止时，u_2 的电压加于二极管，二极管反向电压与 u_2 负半周相同
4	基本参数计算	（1）整流输出电压 U_O（以平均值表示，下同） 由数学分析可知，U_O 的估算公式为 $U_O\approx0.45U_2$，其中，U_2 为变压器二次侧绕组电压 u_2 有效值，即直流电压表的测量值。 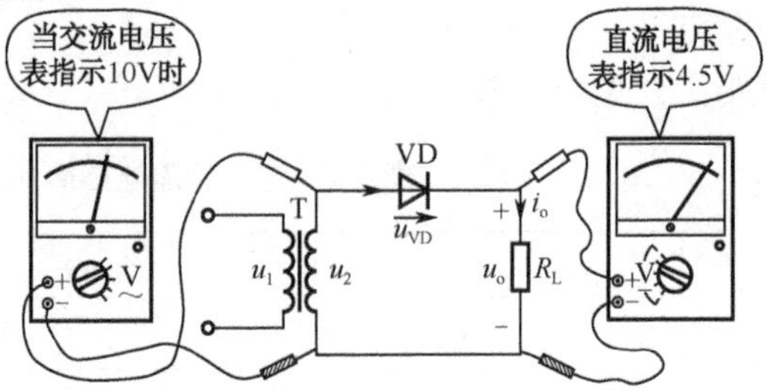 当交流电压表指示10V时　直流电压表指示4.5V （2）输出电流 $I_O=U_O/R_L=0.45U_2/R_L$ （3）二极管的正向电流 因二极管与负载属同一个串联回路，所以二极管的正向电流就是负载电流，即 $I_{VD}=I_O=0.45U_2/R_L$。 （4）二极管承受的最大反向电压 U_{Rm} 在交流电的负半周，二极管 VD 截止，它承受了电源负半周电压，所以二极管实际承受的最大反向电压就是 u_2 的最大值，即 $U_{Rm}=\sqrt{2}U_2$。 （5）选择二极管 为了保证二极管安全可靠地工作，在实际选用时应满足额定电压大于反向峰值电压和二极管额定整流电流大于实际流过电流的条件，再查阅有关半导体器件手册，选择适当的管型

（2）全波整流电路

全波整流电路简介见表 4-8。

表 4-8　全波整流电路简介

序　　号	项　　目	内　　容
1	电路组成	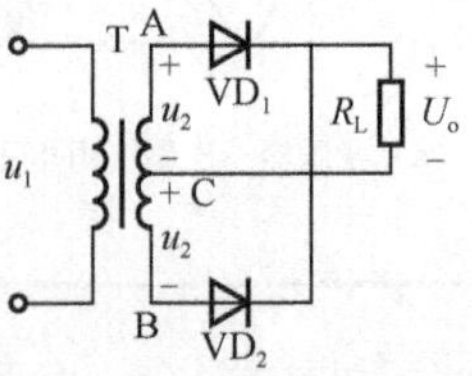

续表

序　号	项　目	内　容
2	工作原理	① 设单相交流电压 u_1 经变压器降压后输出为 $u_2=\sqrt{2}U_2\sin\omega t$。 ② 当 u_2 是正半周时，变压器二次侧绕组 A 端电压极性为正，B 端电压极性为负。VD_1 导通，VD_2 截止，输出电流经 A→VD_1→R_L→C 形成回路。 ③ 当 u_2 是负半周时，变压器二次侧绕组 A 端电压极性为负，B 端电压极性为正。VD_1 截止，VD_2 导通，输出电流经 B→VD_2→R_L→C 形成回路。 因其一周期内的两个波形全部被整流，所以称为全波整流
3	波形图	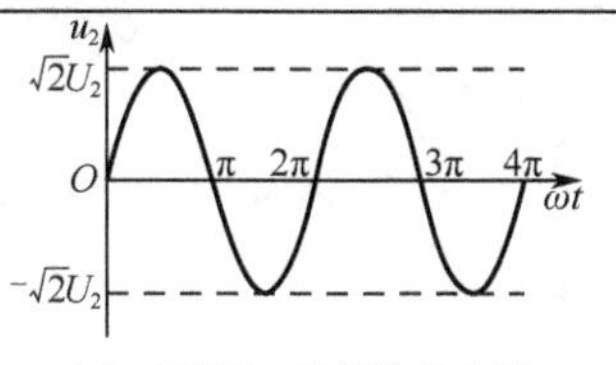 （a）变压器二次侧绕组电压 u_2 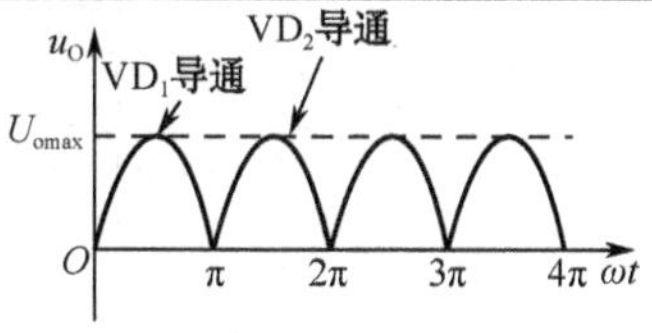　（b）输出电压 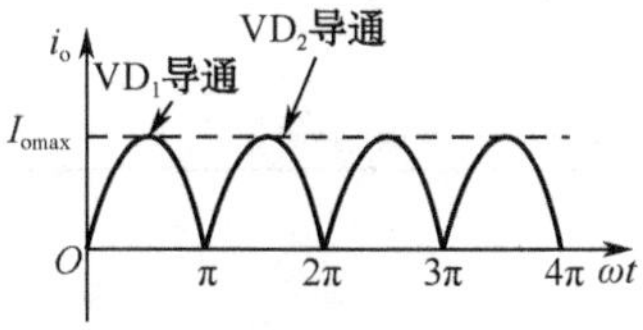　（c）输出电流 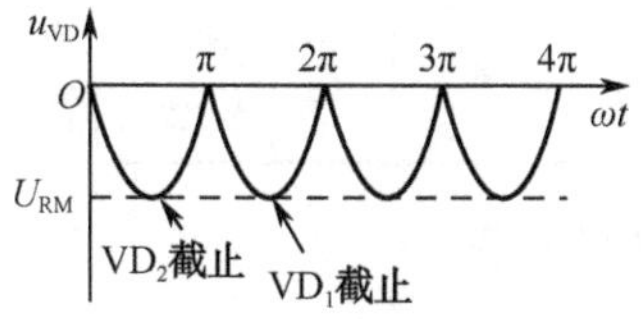　（d）二极管承受的反向电压
4	基本参数计算	① 整流输出电压：$U_O=2\times0.45U_2=0.9U_2$。 ② 整流输出电流：$I_O=0.9U_2/R_L$。 ③ 每只二极管通过的平均电流：$I_{VD}=I_O/2=0.45U_2/R_L$。 ④ 二极管承受的最大反向电压：$U_{Rm}=\sqrt{2}U_2$

（3）桥式整流电路

桥式整流电路简介见表 4-9。

表 4-9　桥式整流电路简介

序　号	项　目	内　容
1	电路组成	桥式整流电路由四个二极管连接成电桥形式组成，通常有三种画法，其中（c）图的菱形框中二极管的导通方向表示整流电流方向。 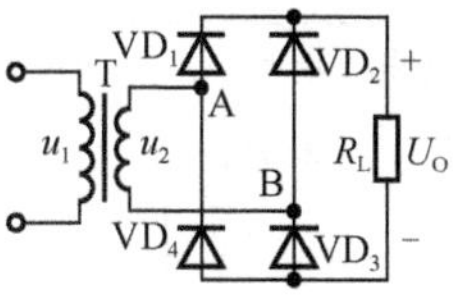 （a） 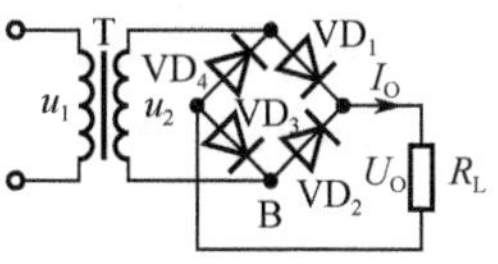　（b） 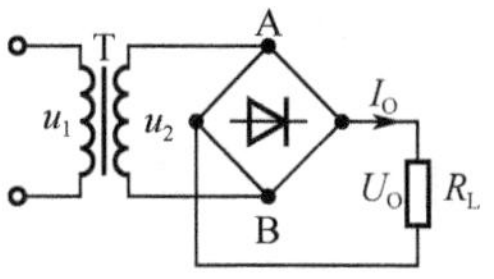　（c）
2	工作原理	① 设单相交流电压 u_1 经变压器降压后输出为 $u_2=\sqrt{2}U_2\sin\omega t$。 ② 当 u_2 是正半周时，变压器二次侧绕组 A 端电压极性为正，B 端电压极性为负。VD_1 和 VD_3 正向导通，VD_2 和 VD_4 承受反向电压截止，输出电流经 A→VD_1→R_L→VD_3→B 形成回路。 ③ 当 u_2 是负半周时，变压器二次侧绕组 A 端电压极性为负，B 端电压极性为正。VD_1 和 VD_3 截止，VD_2 与 VD_4 导通，输出电流经 B→VD_2→R_L→VD_4→A 形成回路

续表

序号	项目	内容
3	波形图	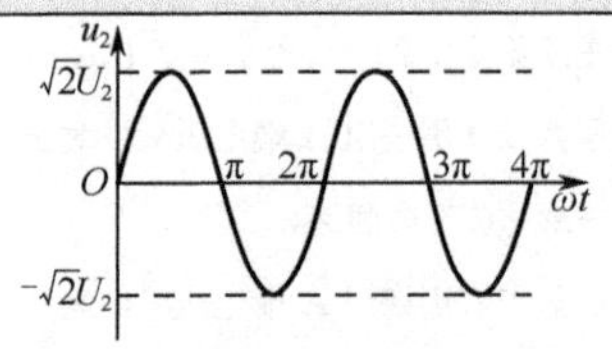 (a)变压器二次侧绕组电压 u_2 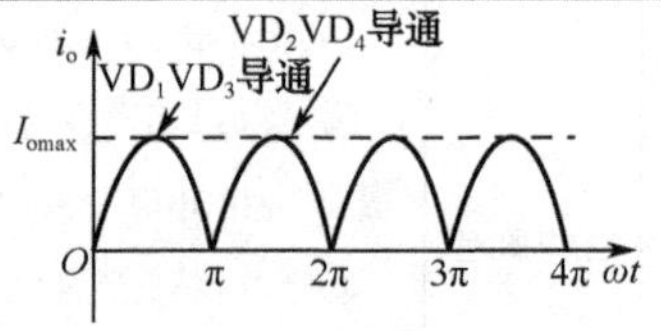 (b)输出电压 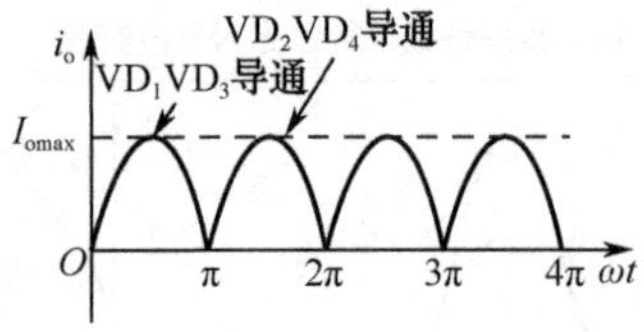 (c)输出电流 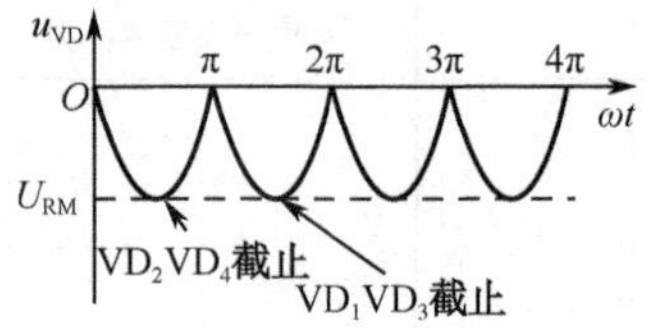 (d)二极管承受的反向电压
4	基本参数计算	① 整流输出电压：$U_O=0.9U_2$。 ② 整流输出电流：$I_O=0.9U_2/R_L$。 ③ 二极管承受的最大反向电压：$U_{Rm}=\sqrt{2}U_2$

2. 滤波电路

滤波电路一般由电容器、电感器（扼流圈）或其组合构成，利用它们对直流、低频电流、高频电流具有不同的特性，来将整流输出的脉动直流电中的交流成分滤掉，使之成为波形较平直的直流电。

电容滤波器、电感滤波器简介见表 4-10。

表 4-10　滤波器简介

序号	项目	电容滤波器	电感滤波器
1	电路组成	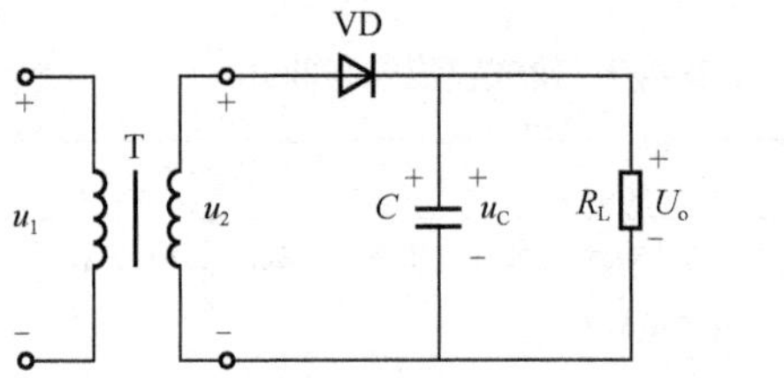	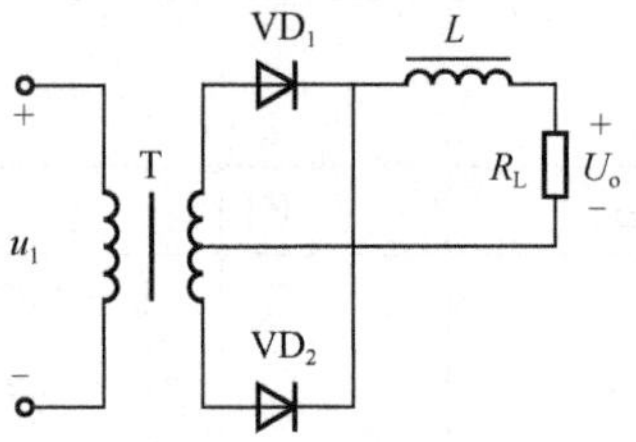
2	工作原理	① 0～t_1，u_2上正下负，VD 导通，对 C 充电，u_C上升，因为$\tau=RC$很小，所以 u_C上升很快，u_C随 u_2几乎同时达到相等，在 t_1时，$u_C=U_{2m}$。 ② t_1后，u_2下降，$u_C>u_2$；VD 截止，C 通过 R_L放电，R_L中有电流。 ③ t_1～t_2，VD 截止，C 放电（$\tau=R_LC$），u_C下降，到 t_2时 $U_{2m}=u_C$，C 停止放电。 ④ t_2后，$u_2>u_C$，C 再次充电，到 t_3时 $u_C=U_{2m}$。 ⑤ t_3后，重复前述过程	① 当电流上升时，电感线圈中将产生与电流相反的感应电动势，阻止电流增加。 ② 当电流下降时，将阻止电流减小

续表

序号	项目	电容滤波器	电感滤波器
3	波形图	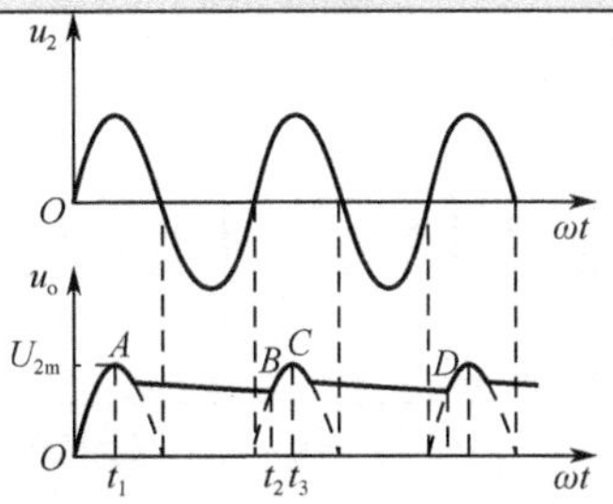 电容滤波后输出电压 u_O 的脉动程度减弱，波形平滑	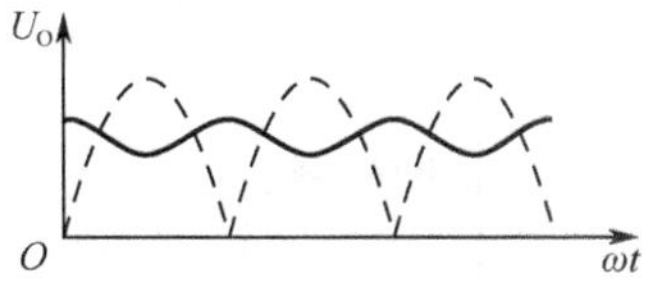 电感直流电阻小，交流阻抗大，在电流脉动时，将产生感应电动势，使电路中的电流脉动程度变小
4	基本参数计算	电容器的选择： 半波整流电路：$C \geqslant (3 \sim 5)\dfrac{T}{R_L}$； 桥式整流电路：$C \geqslant (3 \sim 5)\dfrac{T}{2R_L}$。 因在接通电源瞬间，滤波电容器起始电压为零，充电电流很大，有可能烧坏二极管，所以在选择时 C 也不能取值过大	
5	优点	① 输出电压较高。 ② 小电流时滤波效果较好	① 几乎没有直流电压损失。 ② 滤波效果很好。 ③ 整流电路不受浪涌电流的冲击。 ④ 负载能力好
6	缺点	① 负载能力差。 ② 电源接通瞬间充电电流很大，整流电路承受很大的浪涌冲击电流	① 输出电流很大时扼流圈的体积和重量会很大。 ② 输出电压较电容滤波器低。 ③ 负载电流突变时易产生高电压击穿二极管
7	适用场合	负载电流较小、负载电阻大的场合	负载电流大且不经常波动的场合

3. 稳压电路

(1) 原理简介

在电源负载和电网电压波动时，滤波电路输出的电压也会随之变动，为了保持稳定常常在滤波电路之后加入稳压环节，见表 4-11。

表 4-11　稳压电路基本原理

序号	项目	并联型	串联型
1	方框图	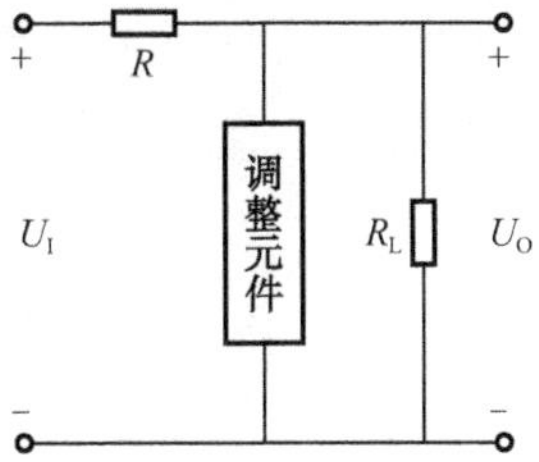	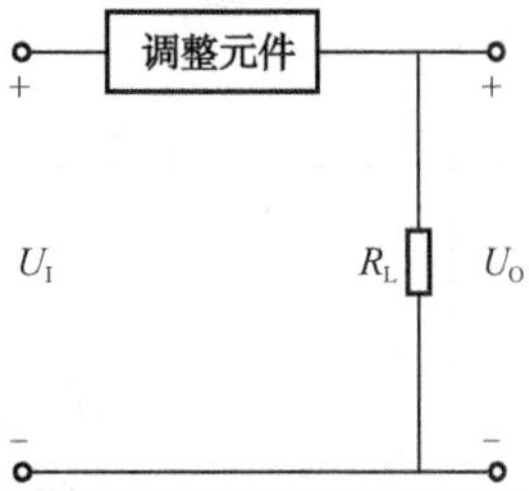

续表

序号	项目	并联型	串联型
2	电路组成	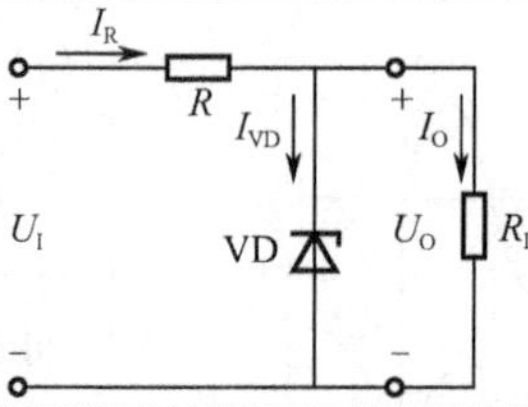	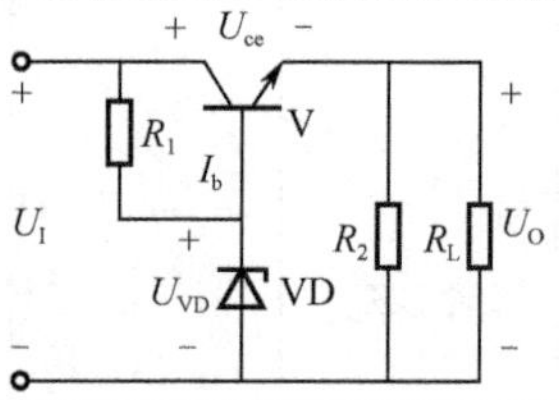
3	稳压过程	$U_I\uparrow\rightarrow U_O\uparrow\rightarrow I_{VD}\uparrow\rightarrow I_R\uparrow\rightarrow U_R\downarrow\rightarrow U_O\downarrow$	$U_{ce}=U_I-U_o$ $U_{be}=U_{VD}-U_o$ $U_o\uparrow\rightarrow U_{be}\downarrow\rightarrow I_b\downarrow\rightarrow U_{ce}\uparrow\rightarrow U_o\downarrow$ 三极管 V（又称调整管）就是一个有源可变电阻器，自动地调整输出电压的大小
4	特点	电路简单，输出电流较小（几十毫安），带负载能力低，适用于要求不高的小型电子设备	电路性能稳定可靠，适用于很多电子设备

（2）稳压电路举例

串联型稳压电源电路见表 4-12。

表 4-12　串联型稳压电源电路

序　号	项　目	内　容
1	方框图	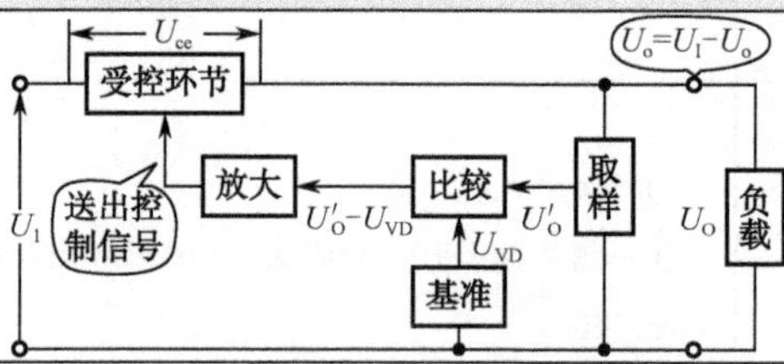
2	原理图	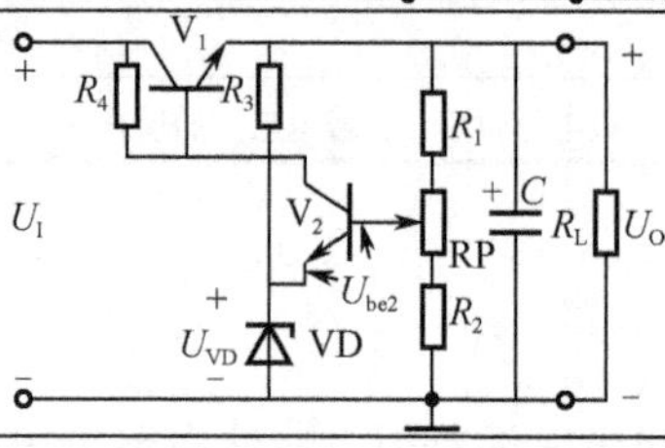
3	电路构成	① 受控环节：三极管 V_1、电阻器 R_4 与负载串联，按照控制信号去控制输出电压的升降，即 $U_{ce1}\rightarrow U_O$。 ② 取样电路：电阻器 R_1、R_2、电位器 RP，从输出电压中取出一部分，用以检测输出电压的变化。 ③ 基准电路：二极管 VD、电阻器 R_3，供给三极管 V_2 发射极稳定电压（基准电压）。 ④ 比较放大：三极管 V_2、电阻器 R_4，将基准电压与取样电压做比较并加以放大后作为控制信号，直接控制三极管 V_1 的基极电位
4	关系式	$U_{be2}=U_{b2}-U_{VD}$ $U_{b2}=U_{be2}+U_{VD}\approx\dfrac{R_P''+R_2}{R_1+R_P+R_2}U_O$ $U_O=U_I-U_{ce1}$ $U_I=I_4\cdot R_4+U_{b1}$

续表

序号	项目	内容
5	稳压过程	$U_I\downarrow\to U_O\downarrow\to U_{b2}\downarrow\to U_{be2}\downarrow\to I_{b2}\downarrow\to I_{c2}\downarrow\to U_{c2}$（$U_{b1}$）$\uparrow\to I_{B1}\uparrow\to U_{CE1}\uparrow\to U_O\uparrow$
6	调节范围	（1）RP 调到最上端 U_O 减小 $U_{Omin}=\frac{R_1+R_{RP}+R_2}{R_{RP}+R_2}U_{b2}$ （2）RP 调到最下端 U_O 增大 $U_{Omax}=\frac{R_1+R_{RP}+R_2}{R_2}U_{b2}$

4. 电源电路识读

恒兴牌 HX—2018 型直流稳压可调电源电路识读见表 4-13。

表 4-13 识读恒兴牌 HX—2018 型直流稳压可调电源电路

<table>
<tr><th>项目</th><th>内容</th></tr>
<tr><td>方框图</td><td>交流电 u_1 → 电源变压器 → 整流滤波 → 稳压电路 → 直流电 U_0；稳压电路 → 电源指示电路；稳压电路 ⇄ 采样电路</td></tr>
<tr><td>电路组成</td><td>

单元电路	核心元器件	功能作用
变压电路	变压器 T	将交流电 220V 降压为交流 14V
整流电路	二极管 VD_1～VD_4	将交流 14V 变换为脉动直流电
滤波电路	电容器 C_1、C_2	将脉动直流电变换为平滑直流电
稳压电路	三端稳压器 IC_1、电阻器 R_8	输出稳定的直流电压
采样电路	电阻器 R_2～R_7、拨段开关 SW_1	改变位置可调节输出电压的大小
电源指示电路	电阻器 R_2、发光二极管 LED	指示电源的通断

</td></tr>
<tr><td>信号流程</td><td>220V 交流电 u_1 经变压器 T 降压，从二次侧绕组 u_2 输出 14V 交流电压，经桥式整流电路 VD_1～VD_4 和滤波电容器 C_1 滤波变成 20V 左右的直流电压。再从三端稳压器 LM3173 脚输入，由 2 脚输出稳定的直流电压，改变拨段开关 SW_1 的位置，可改变输出电压的大小；改变拨段开关 SW_2 的位置，可改变输出电压的极性</td></tr>
</table>

任务 3 电路制作

Protel 2004 自动化电子设计软件是电子线路设计与印刷电路板设计方面最流行的软件之一，学习电子电路的制作势必需要熟悉这一软件的应用。

1. PCB 图的绘制

（1）创建工程及相关文件

在 E 盘的根目录下新建一个名为“直流稳压可调电源”的文件夹，往后所有与该项目设计有关的文件都存放在该文件夹中。

① 创建工程项目。

步骤 1：选择【开始】→【程序】→【Allium】→【DXP2004】命令启动 Protel 2004，进入工作主窗口界面。

步骤 2：执行【文件】→【创建】→【项目】→【PCB 项目】命令，如图 4-4 所示；在弹出的图 4-5 所示对话框中，单击【确认】。

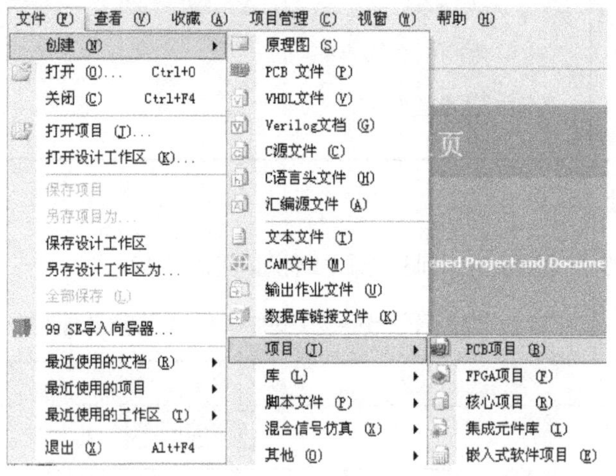

图 4-4　创建工程项目

步骤 3：执行【文件】→【保存项目】命令，在保存路径对话框内选择路径为“E\直流稳压可调电源”，在文件名栏内输入“直流稳压可调电源.PrjPCB”，单击【保存】；在 Projects 工程面板中可以看到“直流稳压可调电源.PrjPCB”的工程项目名，如图 4-6 所示。

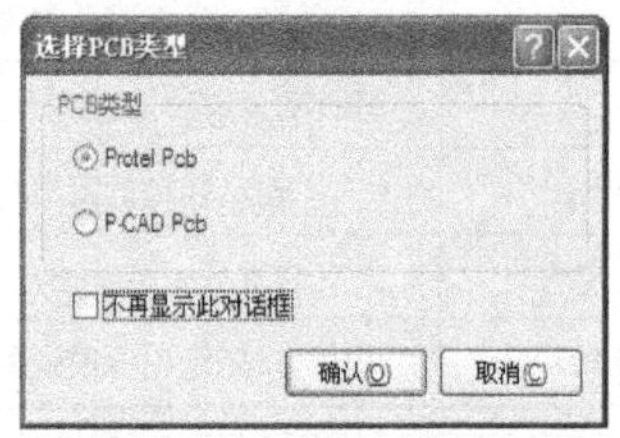

图 4-5　【选择 PCB 类型】对话框

图 4-6　Projects 面板

② 新建原理图文件。

步骤 1：执行【文件】→【创建】→【原理图】命令，Protel 2004 软件就在当前打开的工程项目中自动添加一个空的默认名为 Sheet1.SchDoc 的原理图文件，并启动原理图编辑器，在工作区窗口中打开。

步骤 2：执行【文件】→【保存】命令，保存原理图文件，并重命名为“直流稳压可调电源.SchDoc”。

③ 新建 PCB 文件。

步骤 1：执行【文件】→【创建】→【PCB 文件】命令，Protel 2004 软件就在当前工程项目中自动添加一个空的默认名为 PCB1.PcbDoc 的 PCB 文件，并在工作区窗口中打开。

步骤 2：执行【文件】→【保存】命令，保存 PCB 文件，并重命名为“直流稳压可调电源.PcbDoc”。

创建工程及相关文件完成后的结果如图 4-7 所示。

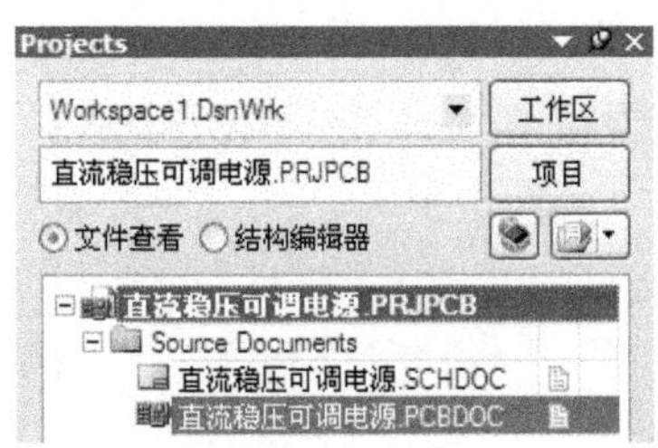

图 4-7　工程创建后的 Projects 面板

（2）设计电路原理图

恒兴牌 HX—2018 型直流稳压可调电源电路原理图所涉及的元器件见表 4-14，绘制过程见表 4-15。

表 4-14　元器件列表

序　　号	元 件 标 号	元 件 名 称	说　　明	所属元件库
1	SW_1	SW-6WAY	拨段开关	Miscellaneous Connectors.IntLib
2	SW_2	SW-DPDT	拨段开关	
3	T	Trans	变压器	Miscellaneous Devices.IntLib
4	VD_1～VD_4	Diode 1N4007	整流二极管	
5	R_1～R_8	Res2	电阻器	
6	C_1	Cap Pol1	极性电容器	
7	C_2	Cap	无极性电容器	
8	IC_1	LM317AT	集成电路	
9	LED_1	LED1	发光二极管	

表 4-15　原理图绘制过程

步　　骤	示 例 图	绘 制 说 明
① 启动原理图编辑器	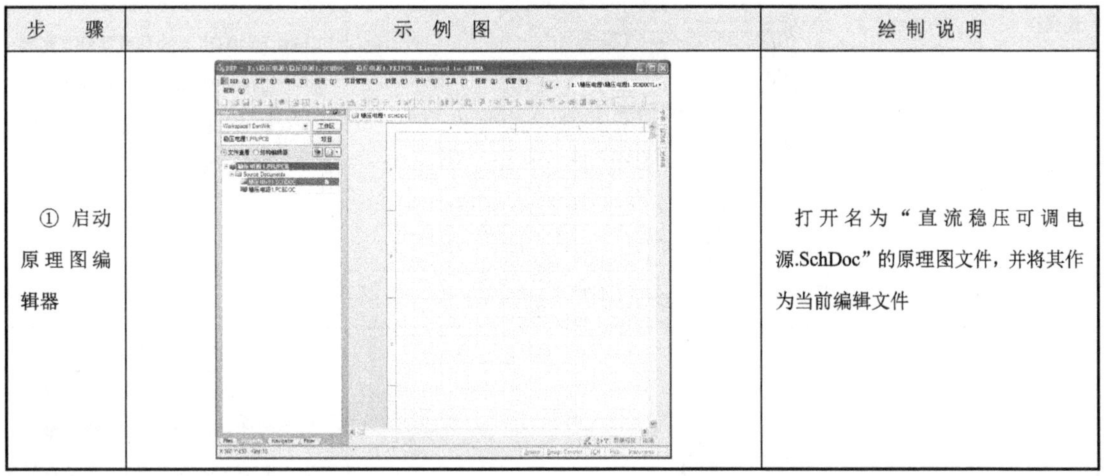	打开名为“直流稳压可调电源.SchDoc”的原理图文件，并将其作为当前编辑文件

续表

步　骤	示 例 图	绘 制 说 明
② 设置环境参数		图纸的大小、方向、标题栏、颜色、字体及格点都为默认状态
③ 放置元件及设置属性		单击窗口工作区面板的【元件库】
	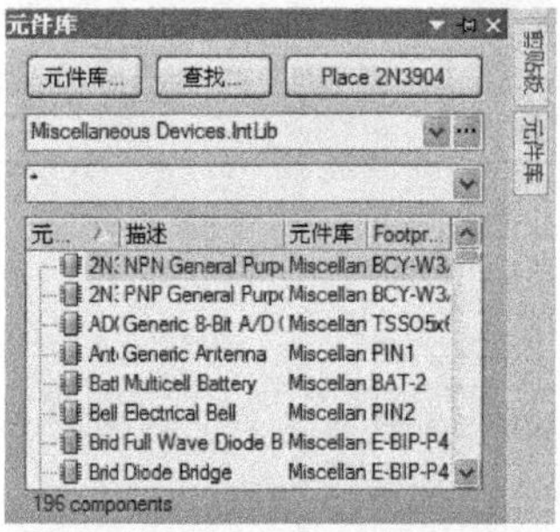	选择所需元器件 在弹出的对话框中，单击激活元件显示区，查找元器件 电气元件一般在Miscellaneous Devices.IntLib（电气元件杂项库）中，常用接插件一般在Miscellaneous Connectors.IntLib（接插件杂项库）中
		在键盘上用下移键↓或用键盘输入“Diode 1N4007”，找到所需要放置的元件“Diode 1N4007”二极管，双击该元件或单击【PlaceDiode 1N4007】，即可放置二极管
	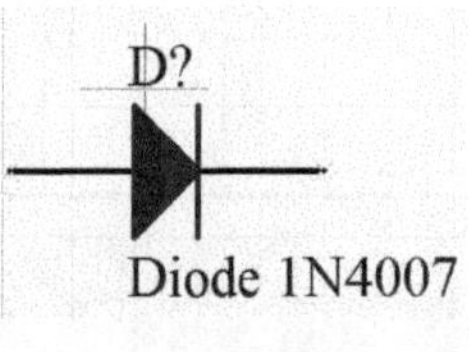	在原理图工作区，光标变成十字状。所放置的元件接口符号悬浮在光标上 在元件处于悬浮状态时，按X键可实现元件沿X轴左右翻转，按Y键元件沿Y轴上下翻转，连续按空格键元件旋转

续表

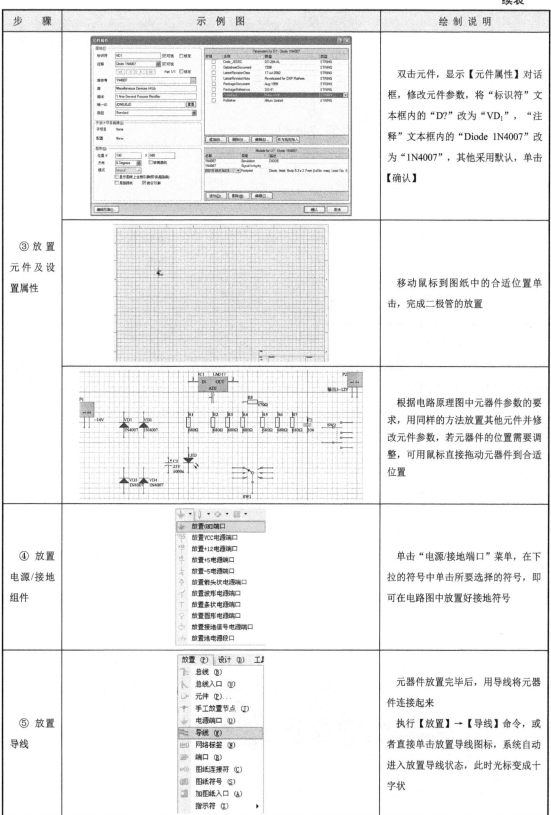

步　骤	示 例 图	绘 制 说 明
③放置元件及设置属性	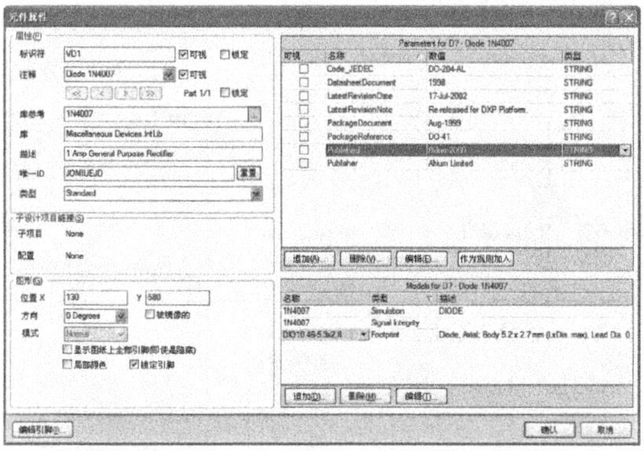	双击元件，显示【元件属性】对话框，修改元件参数，将“标识符”文本框内的“D?”改为“VD_1”，“注释”文本框内的“Diode 1N4007”改为“1N4007”，其他采用默认，单击【确认】
	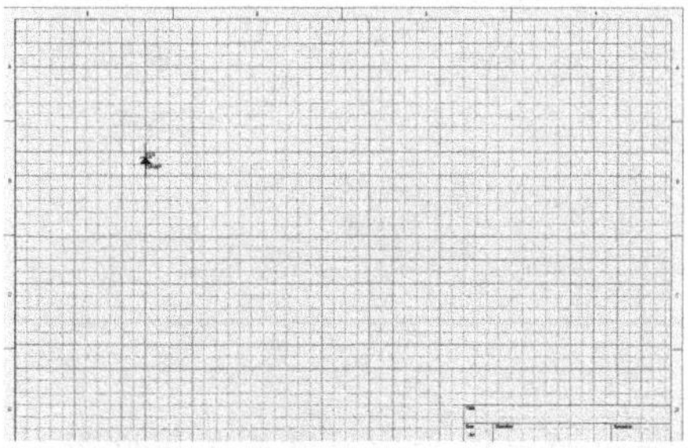	移动鼠标到图纸中的合适位置单击，完成二极管的放置
	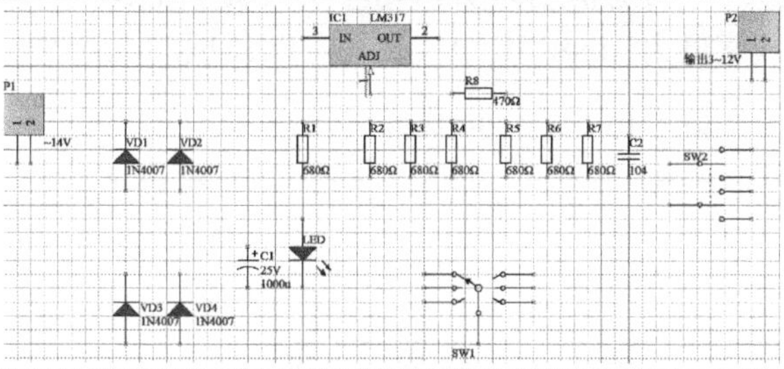	根据电路原理图中元器件参数的要求，用同样的方法放置其他元件并修改元件参数，若元器件的位置需要调整，可用鼠标直接拖动元器件到合适位置
④ 放置电源/接地组件	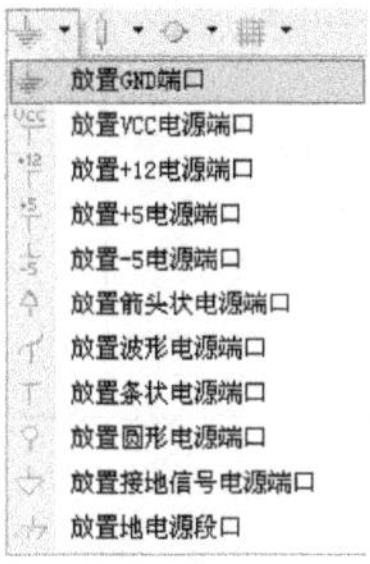	单击“电源/接地端口”菜单，在下拉的符号中单击所要选择的符号，即可在电路图中放置好接地符号
⑤ 放置导线	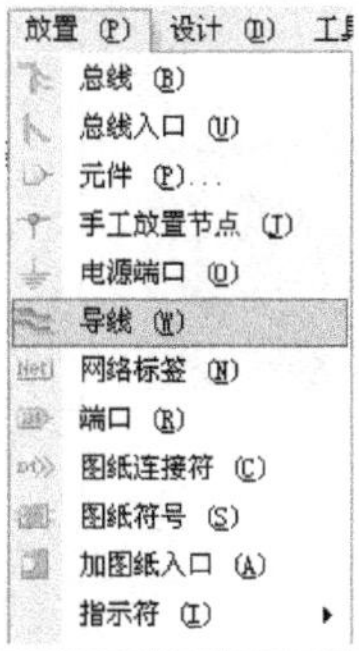	元器件放置完毕后，用导线将元器件连接起来 执行【放置】→【导线】命令，或者直接单击放置导线图标，系统自动进入放置导线状态，此时光标变成十字状

续表

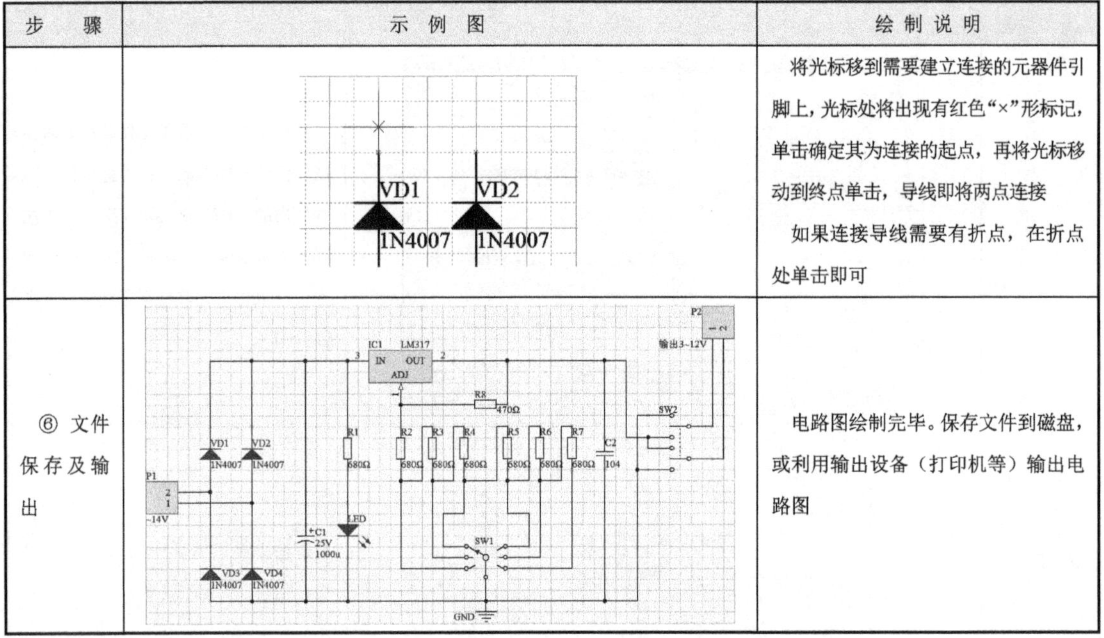

步　骤	示 例 图	绘 制 说 明
	VD1 1N4007 VD2 1N4007	将光标移到需要建立连接的元器件引脚上，光标处将出现有红色“×”形标记，单击确定其为连接的起点，再将光标移动到终点单击，导线即将两点连接 如果连接导线需要有折点，在折点处单击即可
⑥ 文件保存及输出		电路图绘制完毕。保存文件到磁盘，或利用输出设备（打印机等）输出电路图

（3）设计 PCB 图

恒兴牌 HX—2018 型直流稳压可调电源电路所列元件相关属性见表 4-16。使用大小为 40mm×30mm 的单面电路板，导线宽度为 1mm，1 个安装孔，PCB 板的设计过程见表 4-17。

表 4-16　元件相关属性

标 识 符	注　释	封　装	所属元件库
SW_1	拨段开关	SW-7	Miscellaneous Devices.IntLib
SW_2	拨段开关	DPDT-6	
VD_1～VD_4	整流二极管	DIO10.46-5.3x2.8	
R_1～R_8	电阻器	AXIAL-0.3	
C_1	极性电容器	CAPPR2-5x6.8	
C_2	无极性电容器	AXIAL-0.3	
IC_1	集成电路	T03B	
LED_1	发光二极管	LED-1	

表 4-17　设计过程

步　骤	示 例 图	说　明
① 打开文件		打开名称为“直流稳压可调电源.PcbDoc”的 PCB 文件，使其成为当前编辑文件
② 设置物理边界	Top Layer / Bottom Layer / Mechanical 1 / Top Overlay / Keep-Out Layer / Multi-Layer	PCB 的编辑状态下，在机械工作层（Mechanical1）中绘制大小为 40mm×30mm 的物理边界

续表

步　骤	示 例 图	说　明
③ 设置电气边界	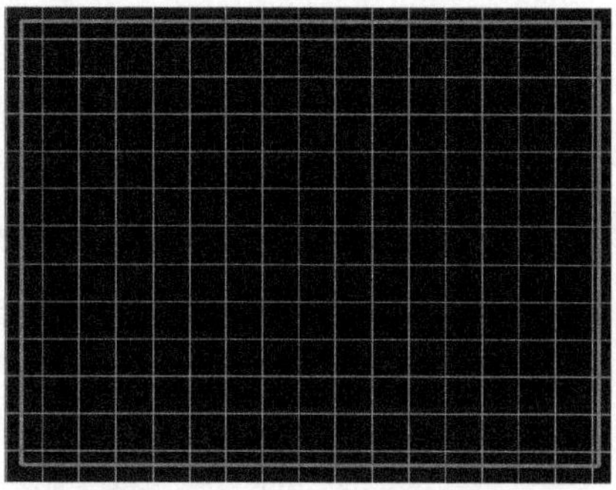	PCB 的编辑状态下，单击工作层标签中的禁止布线层（Keep Out Layer），将禁止布线层作为当前工作层；执行【放置】→【直线】命令或单击“实用工具”栏中的图标，光标变为十字形状；将光标移动到工作窗口中的合适位置，单击左键确定一个边界的起点，然后拖动光标至合适位置再单击左键确定终点，完成一条边界的绘制（一般电气边界略小于物理边界）；按同样的方法完成其他三条边界的绘制
④ 设置环境参数	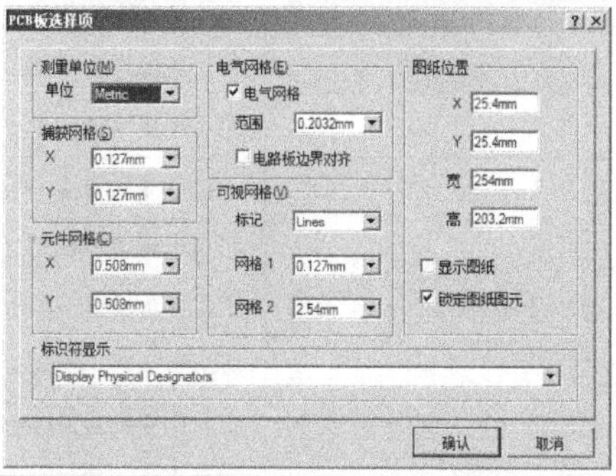	执行【设计】→【PCB 板选择项】命令，进入【PCB 板选择项】对话框，设置测量单位、捕获网格、元件网格、电气网格、可视网格和图纸位置等参数
⑤ 设置工作层面显示/颜色	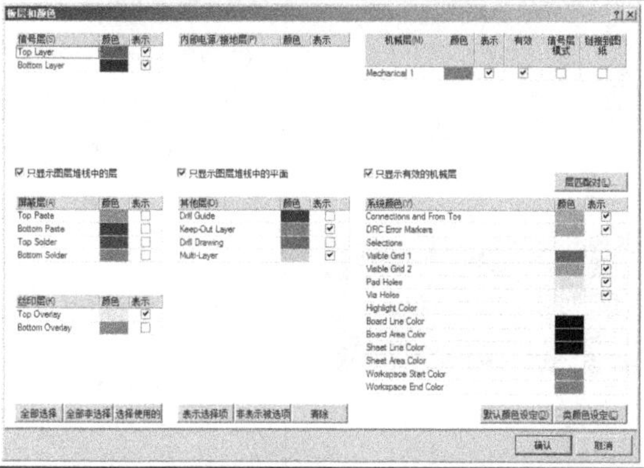	执行【设计】→【PCB 板层次颜色】命令，进入【板层和颜色】对话框，设置工作层面的显示/颜色，有 6 个区域可分别设置 PCB 编辑区要显示的层及颜色。在每个区域中有一个“表示”复选框，选中后则该层在 PCB 编辑区中将显示标签页；单击【颜色】下的颜色，弹出颜色对话框，在该对话框中对电路板层的颜色进行编辑 建议初学者最好使用默认选项
⑥ 设置布线规则	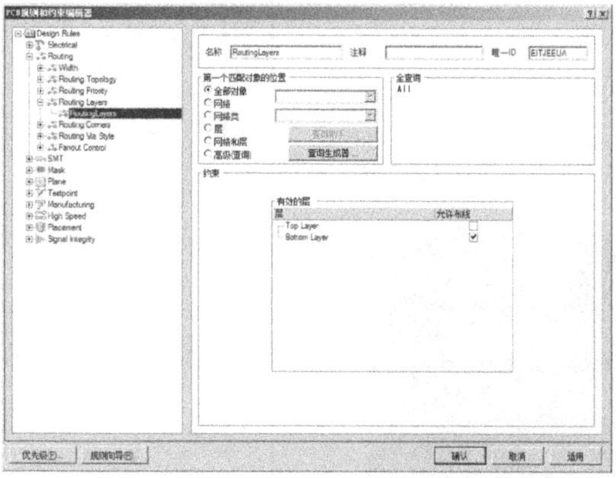	Protel 2004 软件系统中，设计规则有电气、布线、制造、放置、信号完整性分析等十个类别，大部分采用系统默认，真正需要设置的并不多 例如，执行【设计】→【规则】命令，弹出【PCB 规则和约束编辑器】对话框，单击左侧 Design Rules（设计规则）→Routing（布线）→Routing Layers（布线层）规则，弹出【布线层设置】对话框，右侧顶部区域显示所设置的规则使用范围，底部区域显示规则的约束特性，取消选中顶层（Top Layer），然后单击【适用】

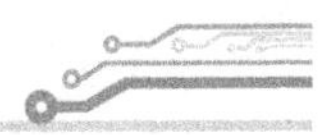

续表

步　骤	示 例 图	说　明
⑥ 设置布线规则	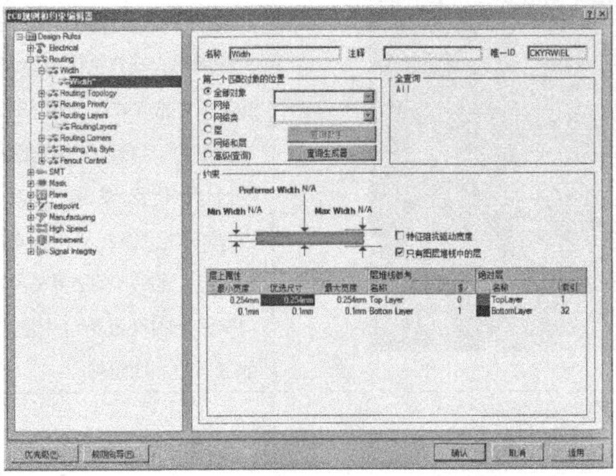	执行【设计】→【规则】命令，弹出【PCB规则和约束编辑器】对话框，单击左侧Design Rules（设计规则）→Routing（布线）→Width（布线宽度）规则，弹出【布线宽度范围设置】对话框 在单元中标出了导线的3个宽度约束，即"最小宽度"、"优选尺寸"和"最大宽度"。单击每个文本框并输入数值，即可对其进行修改。需要注意的是，在修改"最小宽度"值之前必须先设置"最大宽度"栏。根据要求，把此项目中的3个宽度都改成1mm，然后单击【适用】
⑦ 导入数据	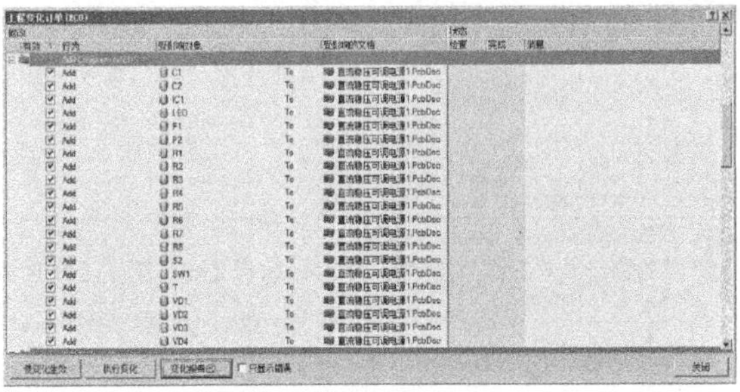	执行【设计】→【Import Changes From 稳压电源.PrjPCB】命令，弹出【工程变化订单】对话框，单击【使变化生效】，系统对所有元件信息和网络信息进行检查。若所有的改变有效，检查状态就会列出勾选；若信息中给出了原理图中的错误信息，就双击错误信息，系统自动回到原理图的位置上，做出修改后单击【执行变化】，系统开始执行所有元件信息和网络信息的传送，再无错误完成状态就为勾选，单击【关闭】
	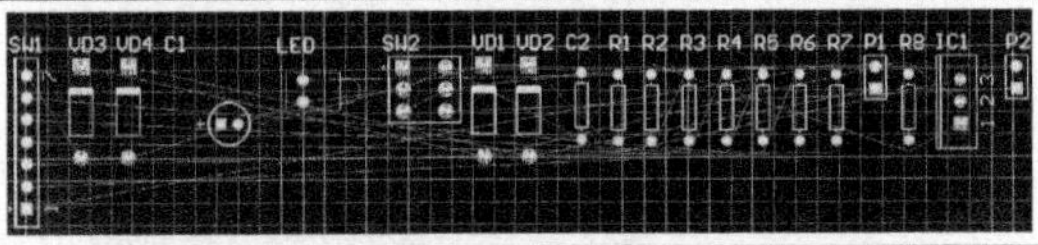	所有的元件和飞线出现在PCB文件中
⑧ 元件布局	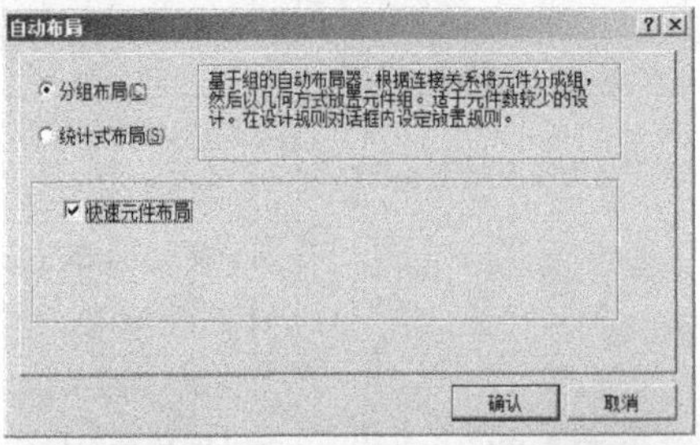	执行【工具】→【放置元件】→【自动布局】命令，打开【自动布局】对话框；选中【分组布局】和【快速元件布局】，单击【确认】，系统进入自动布局
	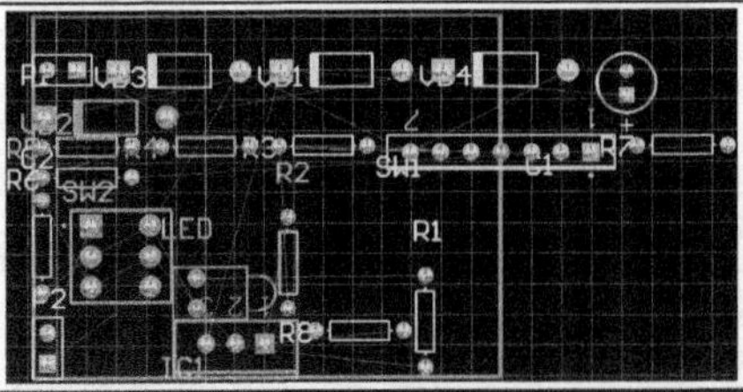	自动布局后的元件分布效果

续表

步　骤	示 例 图	说　明
⑧ 元件布局	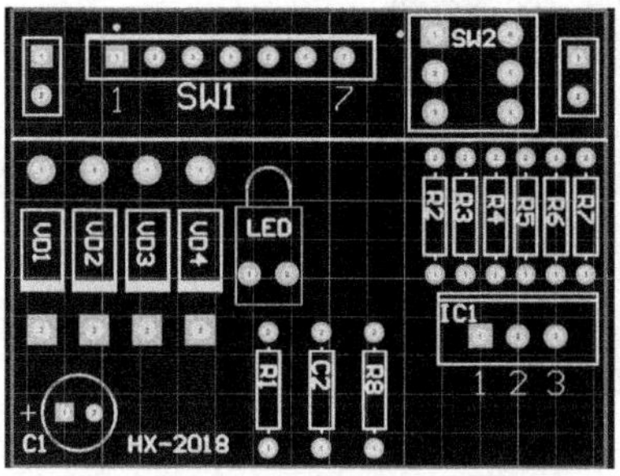	手工调整元件，直到布局满意为止 方法与原理图编辑时调整元件位置相同 光标移到需要操作的元件上，单击左键选中，可移动此元件 光标移到需要操作的元件上，单击左键选中，按空格键，每次可使该元件逆时针旋转90° 双击待编辑元件标注，弹出【标识符】对话框，设定文字标注的内容、字体的高度、字体的类型等参数
⑨ 自动布线	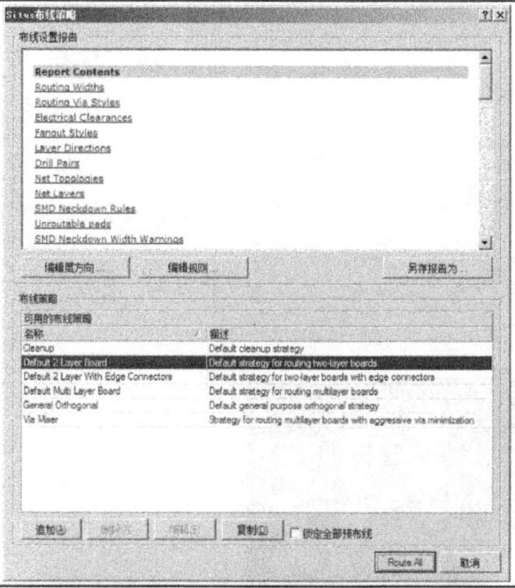	执行【自动布线】→【全部对象】命令，弹出【布线策略】对话框，确定布线的报告内容和确认所选的布线策略(一般选用系统默认值)，单击【Route All】进入自动布线状态，PCB 上开始自动布线，同时给出信息显示框。自动布线完成后，关闭信息显示框，全局自动布线结束 自动布线主要实现电气网络的连接，很少考虑特殊的电气、物理和散热等需要，所以必须通过手工调整来满足用户的设计要求
⑩ 放置定位孔	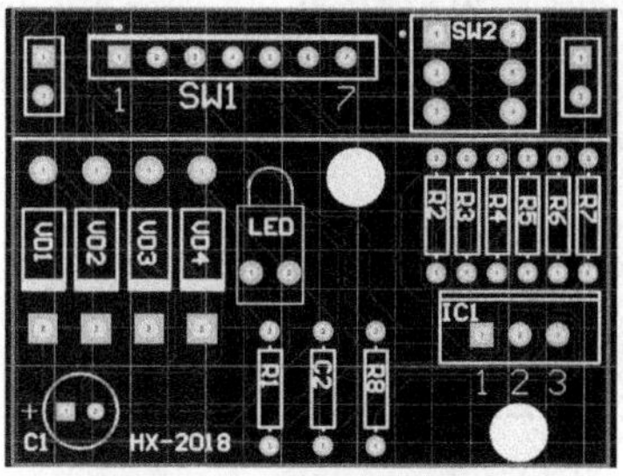	采用放置焊盘的办法来放置定位孔 单击【放置】→【焊盘】命令，光标呈焊盘放置状态，拖动光标到合适位置，单击左键，完成一个焊盘的放置。双击焊盘弹出【焊盘】对话框，将“孔径”、“X-尺寸”和“Y-尺寸”大小均设置相等，且为4mm，“形状”用 Round，其他采用系统默认设置
	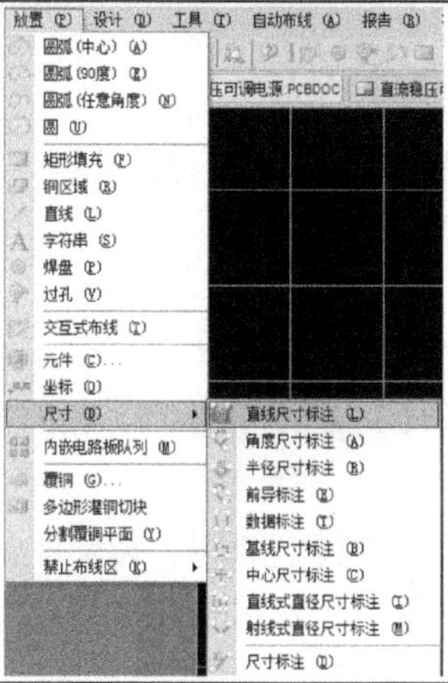	单击工作层标签中的机械层(Mechanical1)，使机械层作为当前工作层。执行菜单【放置】→【尺寸】→【直线尺寸标注】命令，光标变为十字形状，并带着一个当前所测线间尺寸数值出现在编辑窗口中，将光标移动到被测图件的起点，单击左键确认，然后移动到光标至图件的终点，再单击左键完成操作 在放置过程中，可按空格键实现垂直标注和水平标注的转换

续表

步　骤	示 例 图	说　明
⑩ 放置定位孔	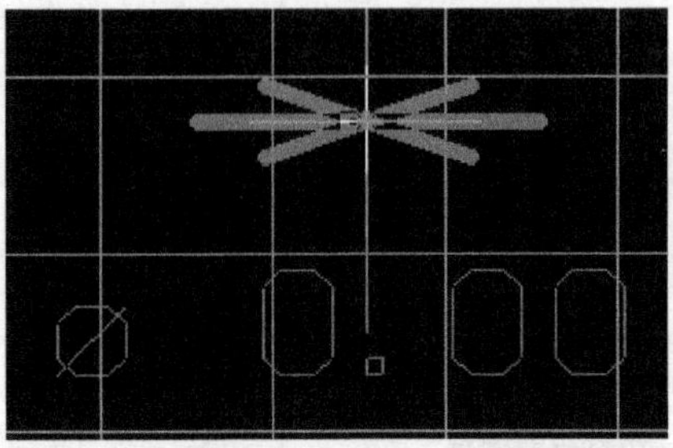	双击尺寸标注，弹出【直线尺寸】对话框，将“格式”设置为 40mm，其他选项采用系统默认
⑪ DRC 检查	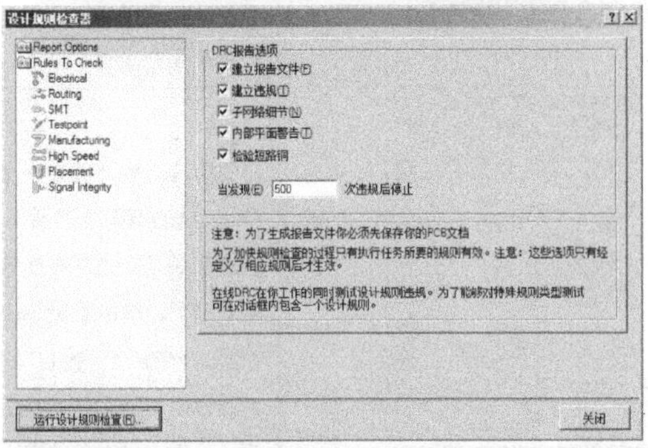	布线完成后，为了确保 PCB 板符合设计规则、所有的网络连接正确，必须对电路板进行设计规则检查（DRC）。执行菜单【工具】→【设计规则检查】命令
⑫ 文件保存及输出	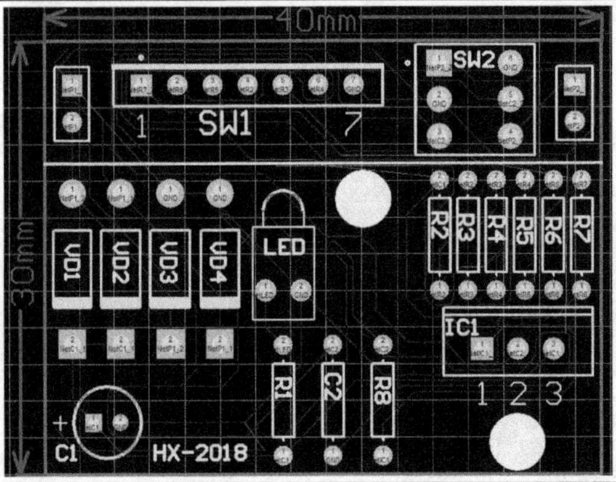	PCB 图设计完成。保存文件到磁盘，或利用输出设备（打印机等）输出 PCB 图

2. 直流稳压可调电源的装配

（1）准备

工具：电烙铁、烙铁架、钳子、镊子、螺钉旋具、美工刀、毛刷、吸锡器、实训操作台等。

耗材：焊锡、助焊剂、砂纸、吸锡网线等。

仪表：万用表。

器材：恒兴牌 HX—2018 型直流稳压可调电源电路套件（见表 4-1）。

工艺规范描述：读图→选择（检测）元器件→安装元器件（焊接）→调试→成品。

（2）读图

恒兴牌 HX—2018 型直流稳压可调电源电路印制电路图、装配图如图 4-8 所示，根据电路原理图、印制电路图和装配图的对应关系找出各个元器件所在位置，完成读图任务。

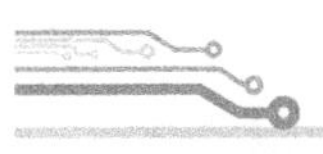

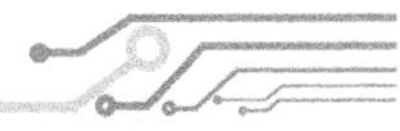

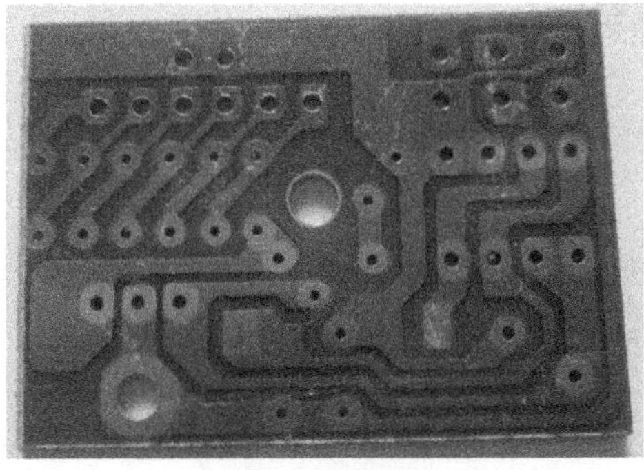

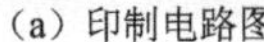
（a）印制电路图

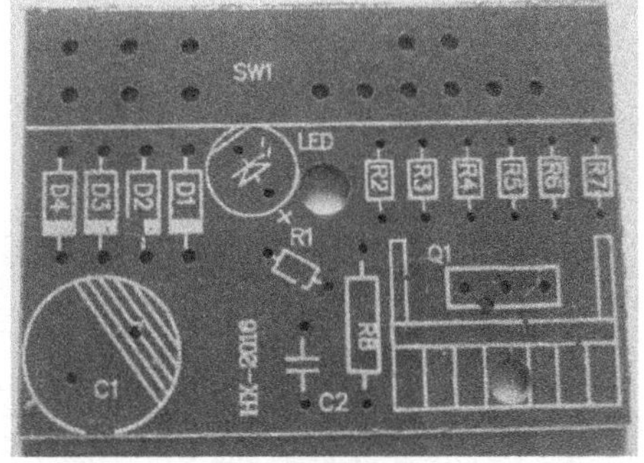

（b）装配图

图 4-8　恒兴牌 HX—2018 型直流稳压可调电源电路

（3）选择（检测）元器件

恒兴牌 HX—2018 型直流稳压可调电源电路中，电阻器、电容器、二极管、拨段开关的选择（检测）方法与前面的项目相同，变压器、三端稳压器和发光二极管等元器件的检测见表 4-18。

表 4-18　选择（检测）元器件

<table>
<tr><th>序　号</th><th>元 器 件</th><th>测量与判断</th></tr>
<tr><td>1</td><td>变压器</td><td>220V/14V 变压器为降压变压器，万用表置 R×100Ω挡，测得一次侧绕组电阻约为 1.4kΩ；万用表置 R×1Ω挡，测得二次侧绕组电阻约为 6Ω，说明变压器正常。当测得电阻值约为 0 或∞时，说明变压器已损坏</td></tr>
<tr><td>2</td><td>LM317 三端稳压器</td><td>（1）引脚判断
将 LM317 引脚朝下，把标有“LM317”的一面正对自己，从左向右依次排列一般规律是调整端、输出端和输入端。
（2）质量检测
万用表置 R×1kΩ挡，红表笔接散热片（带小圆孔），黑表笔依次接 1、2、3 脚，测得电阻值与下表相同则为正常，否则说明 LM317 不能正常使用。
<table>
<tr><th>引　脚</th><th>电 阻 值</th><th>说　明</th></tr>
<tr><td>1</td><td>24kΩ</td><td>调整端</td></tr>
<tr><td>2</td><td>0Ω</td><td>输出端</td></tr>
<tr><td>3</td><td>4kΩ</td><td>输入端</td></tr>
</table>
散热片　LM317　1 2 3　调整端 输出端 输入端
红　LM317　1 2 3　R×1kΩ　黑
（a）管脚排列图　（b）检测图</td></tr>
<tr><td>5</td><td>发光二极管</td><td>万用表置 R×10kΩ挡，测发光二极管两引脚间的电阻，万用表读数较小，发光二极管发光，说明黑表笔接的是发光二极管正极，红表笔接的是发光二极管负极，发光二极管是好的，否则该发光二极管存在质量问题</td></tr>
</table>

总之，元器件的选择（检测）可灵活掌握，参数可在一定范围内选用。

（4）镀锡

对所有元器件的引线进行镀锡处理。

（5）安装元器件

安装元器件的方法、原则与前面的项目相同，顺序及要点见表 4-19。

表 4-19　元器件的安装顺序及要点

步骤	装接件	示例图	工艺要求	注意事项
1	标签	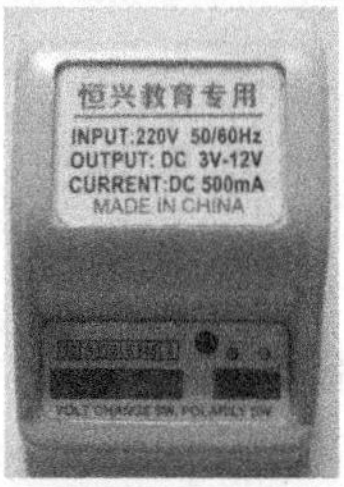	贴开关标签	
2	电路板	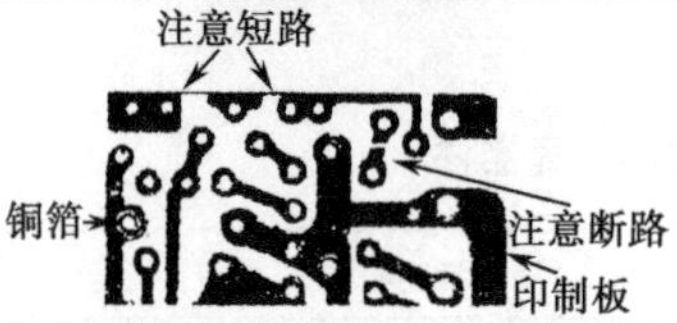 注意短路 铜箔 注意断路 印制板	与前面的项目相同	
3	镀锡	与前面的项目相同		
4	电阻器	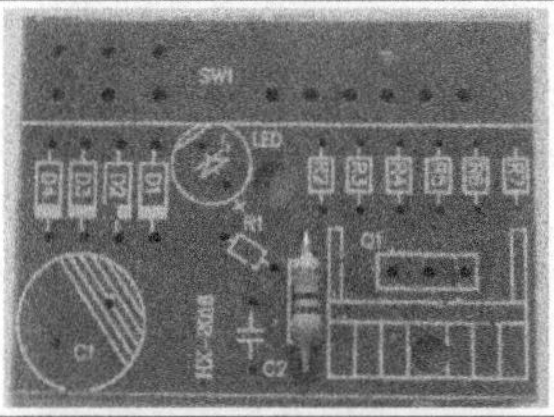	R_8，卧式安装，剪去引脚的多余部分，与前面的项目相同（下同）	紧贴字符面板，剪引脚方法要正确，与前面的项目相同（下同）
5	二极管	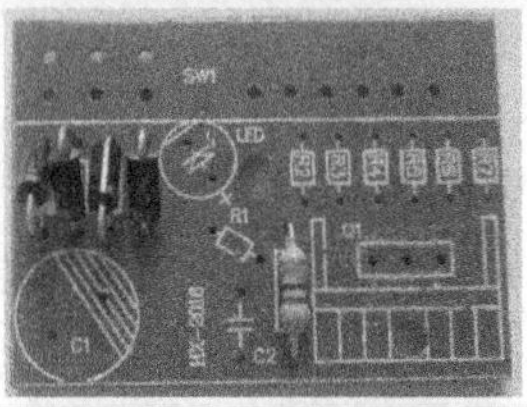	VD_1～VD_4，卧式安装	弄清正、负极，有白色圈的一边为负极，另一边为正极；或用万用表电阻挡测量
6	电阻器		R_1～R_7，立式安装	① 紧贴字符面板，色环方向保持一致，控制好安装高度，如左图所示。 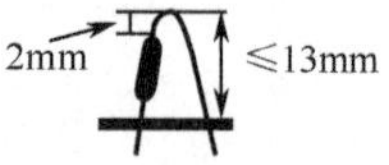 2mm　≤13mm ② 剪引脚方法要正确（下同）
7	瓷片电容器		C_2，立式安装	紧贴字符面板

续表

步骤	装接件	示例图	工艺要求	注意事项
8	电解电容器		C_1，立式安装	紧贴字符面板，认清极性标识，找准正、负极，或长脚为正极，短脚为负极
9	三端稳压器		V，立式安装	弄清三个脚的对应位置，切勿装错
10	拨段开关		S，立式安装	弄清方位
11	发光二极管		LED，先对准孔位，预留长度，再立式安装	① 长脚为正极，短脚为负极。 ② 将管体透过光线来看，电极小那根引线是正极，另一个引线是负极。 ③ 或用万用表 R×10kΩ挡测量。 ④ 不要焊反了
12	多用插线	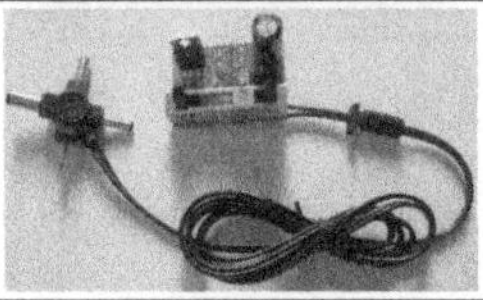	输出端上的导线在焊接时，应给予比较多的焊锡	注意电源输出的正、负极性
13	变压器		焊接在变压器一次侧绕组、二次侧绕组上的裸线应尽量短	① 变压器的一次侧绕组、二次侧绕组不能接反，否则会发生爆炸，烧毁变压器和其他元器件，甚至会造成重大事故 ② 裸线应用绝缘胶带包扎
14	焊点		与前面的项目相同	

3. 电源电路的调试

恒兴牌 HX—2018 型直流稳压可调电源电路的调试见表 4-20。

表 4-20　恒兴牌 HX—2018 型直流稳压可调电源电路的调试

步　骤	项　目	示 例 图	要　点	注 意 事 项
1	通电前		① 检查元件安装正确无误。 ② 变压器二次侧绕组负载有一定的电阻值。 ③ 用导线连接好变压器一次侧绕组、插头后通电	万用表检测到的电阻值低于二次侧绕组电阻值，则二次侧绕组负载存在短路
2	交流输出电压		① 接通电源。 ② 万用表置交流 50V 挡，测变压器二次侧绕组电压为 14V	① 单手操作法 ② 近似等于变压器标称值
3	整流滤波电压		万用表置直流电压 50V 挡，检测电解电容器 C_1 两端的电压约 17V 左右	红表笔接 C_1“+”极，黑表笔接“−”极
4	电源指示		发光二极管点亮	
5	输出电压		万用表置直流电压 10V 挡，黑表笔接地，红表笔接 LM317 的 1 脚，同时调节拨段开关，1 脚电压在 1.8～11V 之间变动	
6			万用表置直流电压 50V 挡，黑表笔接地，红表笔接电源输出端，同时调节拨段开关，输出端电压可在 3～12V 之间变动	

满足上述所有条件，则直流稳压可调电源制作成功。

若增大变压器功率的同时加大散热片，工作温度范围为 0～70℃，LM317 的输入最高电压可达 40V，输出电压可在 3～35V 范围内调节，输出电流为 1.5A。

4. 电源电路故障检查

直流稳压可调电源能否正常工作，与 220V 交流电的波动、所带负载的大小、选用电路元器件质量的好坏，以及使用者的使用方法都有密切的联系。恒兴牌 HX—2018 型直流稳压可调电源电路常见故障分析见表 4-21。

表 4-21　常见故障分析

故障现象	检　测	分　析
无电压	① 断开电源。 ② 万用表置 R×100Ω挡，黑表笔接“−”端，红表笔接“+”端，测电压输出端电阻	① 1.2～4kΩ，为正常。 ② 0Ω，输出端短路。 ③ ∞，输出端断路
	① 接通电源。 ② 万用表置直流电压 50V 挡，测 LM317 的 3 脚电压约 17V	LM317 损坏
	① 接通电源。 ② 万用表置交流电压 50V 挡，或直流电压 50V 挡，测整流电路的输入、输出电压	① 输入端交流约 14V，输出端直流约 17V 左右，正常。 ② 输入端交流约 14V，输出端直流约 0V 左右，损坏。
	① 接通电源。 ② 万用表置交流电压 250V 挡或 50V 挡，分别测变压器的一次侧绕组、二次侧绕组电压	① 一次侧绕组电压约 220V、二次侧绕组电压约 14V，正常。 ② 一次侧绕组电压约 220V、二次侧绕组电压约 0V，损坏。 ③ 一次侧绕组电压约 0V、二次侧绕组电压约 0V，可能是变压器损坏、插座接触不良、电源线断路、电源没有电
调整范围很小	① 接通电源。 ② 万用表置直流电压 50V 挡，测电路输出电压，改变拨段开关位置，电压无变化	电阻器 R_2～R_7 变质、拨段开关损坏
只有 2V，且不可调	① 接通电源。 ② 万用表置直流电压 10V 挡，测电路输出电压为 2V。 ③ 改变拨段开关位置，电压无变化	电阻器 R_8 开路
为最大值，且不可调	① 接通电源。 ② 万用表置直流电压 50V 挡，测电路输出电压为 12V。 ③ 改变拨段开关位置，电压无变化	① LM317 的 3 脚虚焊。 ② 拨段开关开路
为最小值，且不可调	① 接通电源。 ② 万用表置直流电压 10V 挡，测电路输出电压为 3V。 ③ 改变拨段开关位置，电压无变化	拨段开关被短路

5. 成品直流稳压可调电源

将装配、调试成功的恒兴牌 HX—2018 型直流稳压可调电源的变压器、印制电路板依次装入电源盒前盖中，将发光二极管、拨段开关对准电源盒后盖上的孔位，合上后盖。拧紧螺钉，其松紧度应恰到好处，安装完成，如图 4-9 所示。

（a）装盒前

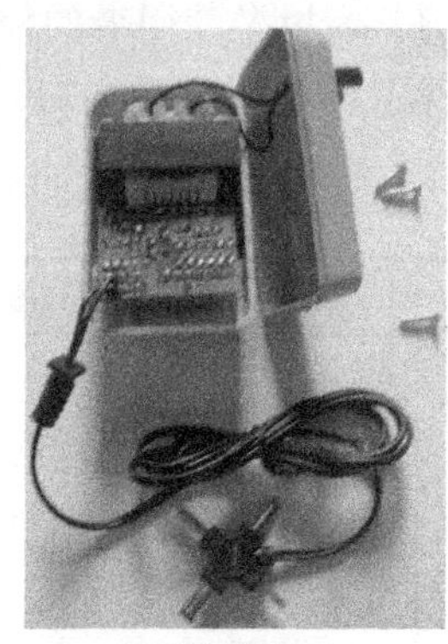

（b）装盒后

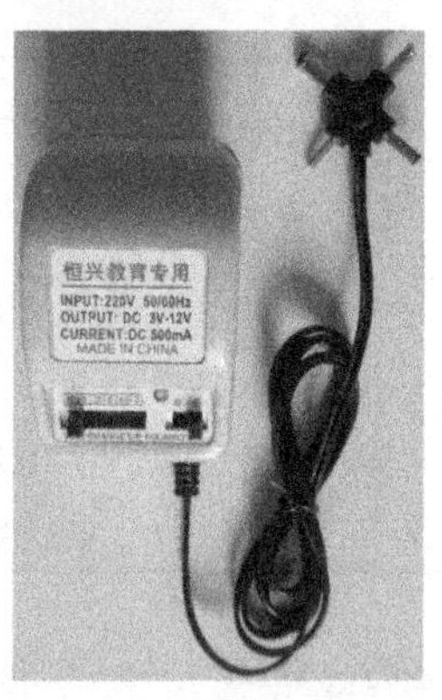

正面

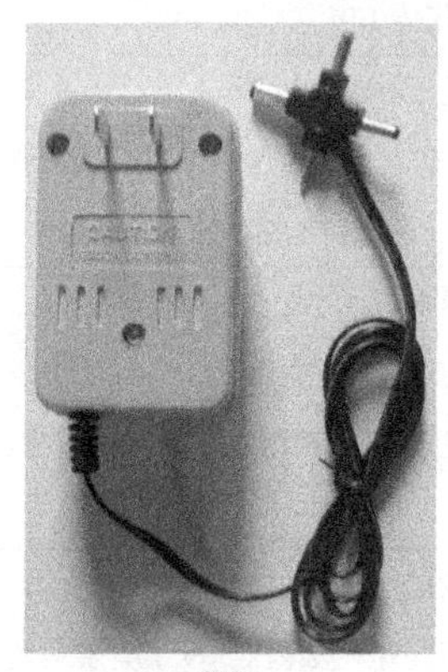

背面

（c）成品图

图 4-9　成品恒兴牌 HX-2018 型直流稳压可调电源

（1）产品功能特点

① 根据模拟电子技术基本电路设计而成，采用原装正品电子元器件，安全可靠、性价比高。

② 3～12V 直流输出电压任意设定，输出功率大，性能优良，工作稳定，噪声低。

③ 体积小，结构紧凑，外观精细，操作方便。

④ 所用物料不含（或不超出规定限制范围）禁用的镉、铬、铅、汞等有毒物质。

⑤ 可作为收音机、收录机、小型电器等的外接电源。

（2）主要性能

① 产品品牌：恒兴牌。

② 产品型号：HX—2018 型。

③ 输入电压：AC220V，50Hz。

④ 输出电压：DC 3～12V。

⑤ 最大输出电流：DC 500mA。

⑥ 输出线：0.5m。

⑦ 输出插头口径：四种类型。

⑧ 外观尺寸：81mm×53mm×41mm。

（3）使用指南

① 拨动控制输出电压大小的拨段开关，调节到所需电压值。

② 选择好输出插头口径，将其插入对应的电器用电输入插孔。

③ 将直流稳压可调电源的电源线插头接到交换电源插座上，打开电源控制开关。

④ 使用完毕，先关闭电源控制开关，再拆除输出引线。

⑤ 接入市电时，要特别注意人身安全，注意接线插头的正确接法，不超负荷使用。

⑥ 如遇故障，不要自行拆卸，及时联系专业技术人员。

项目测试

1．在电源电路中要考虑重量、散热等问题，应安装在底座上和通风处的元器件是（　　）。

A．电解电容器、变压器、整流管等

B．电源变压器、调整管、整流管等

C．熔丝、电源变压器、高功率电阻等

2．万用表置 R×1kΩ挡，依次测 LM317 三端稳压器各脚之间的电阻，将检测结果填入表 4-22 中。

表 4-22　检测三端稳压器

红表笔	黑表笔	电阻值
1	2	
	3	
2	1	
	3	
3	1	
	2	

根据检测结果判断，1、2、3 脚对应的名称是________、________、________。若 LM317 三端稳压器有故障，则故障在________之间。

3．直流稳压电源通电前检测，如图 4-10 所示。

（1）测①、②两点之间的电阻为________，它是变压器的________次侧绕组电阻。若它为无穷大，则变压器________。若为 0Ω，则变压器________（填开路或短路）。

（2）测③、④两点之间的电阻为________，它主要是变压器的________次侧绕组电阻。若它为无穷大，则变压器________（填开路或短路）。若此阻值为 0Ω，则故障元件可能是_______。

（3）测⑤、⑥两点之间的电阻为________，若它为 0Ω，则故障元件可能是________。

（4）测⑦、⑧两点之间的电阻为________，若它为 0Ω，则故障元件可能是________。

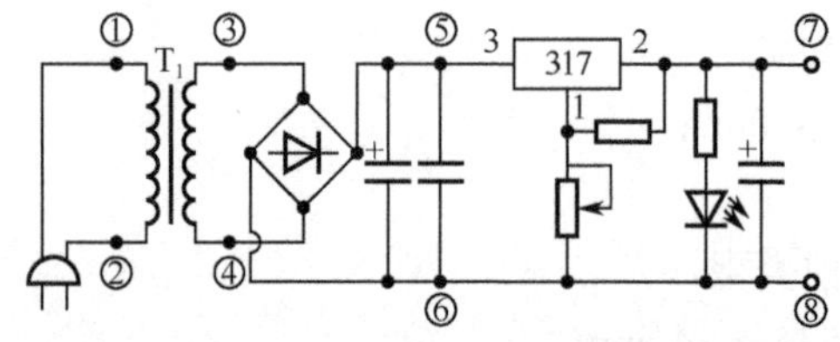

图 4-10　检测点位置图

4．直流稳压电源通电检测，如图 4-10 所示。

（1）测①、②之间电压，用万用表________挡，测得的电压值为________伏。

（2）测③、④之间电压，用万用表________挡，测得的电压值为________伏。

（3）测⑤、⑥之间电压，用万用表________挡，测得的电压值为________伏。

（4）测⑦、⑧之间电压，用万用表________档。电压值为________伏。

（5）调节 RP，测输出电压最大值为________伏，最小值为________伏。

（6）⑦、⑧脚与⑤、⑥脚间电压，________之间的电压高，说明________。

5．按表 4-23 操作，并完成表格填写。

表 4-23　整流滤波电路研究

桥式整流电容滤波电路	改变电路参数		输出直流电压 U_O
u_1 ～220V　u_2　S　u_O　R_L　C （图中元件参数由任课老师根据条件决定）	1	安装好电路，合上开关 S 测量	
	2	打开 S，其余不变	
	3	打开 S，断开一管，其余不变	
	4	合上 S，断开 R_L，其余正常	
	5	合上 S，将 C 容量减小 10 倍接入，其余正常	
	6	合上 S，将 R_L 增大 10 倍接入，其余正常	
	结论		

6．制作直流稳压电源（电池充电器）（教师自定）。

直流稳压电源电路如图 4-11 所示。它可输出 3V、6V 的直流电压，作为收音机、收录机等小型电器的外接电源；也可对 5 号、7 号可充电电池进行恒流充电（快充或普充）。其电路元器件参数见表 4-24。

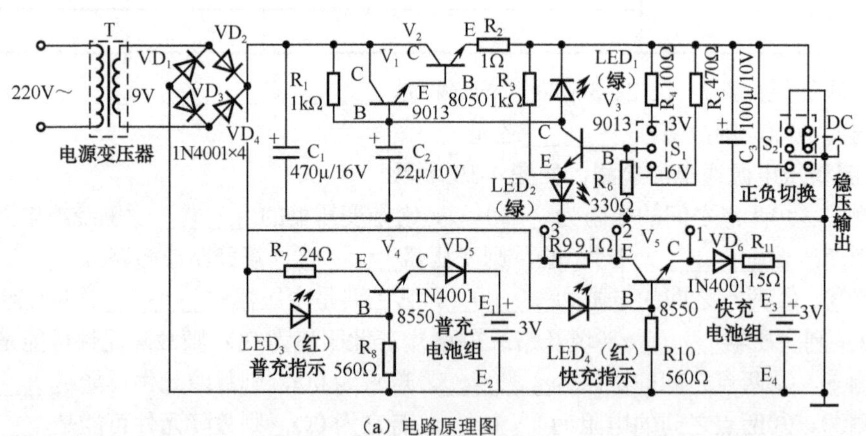

（a）电路原理图

图 4-11　直流稳压电源电路

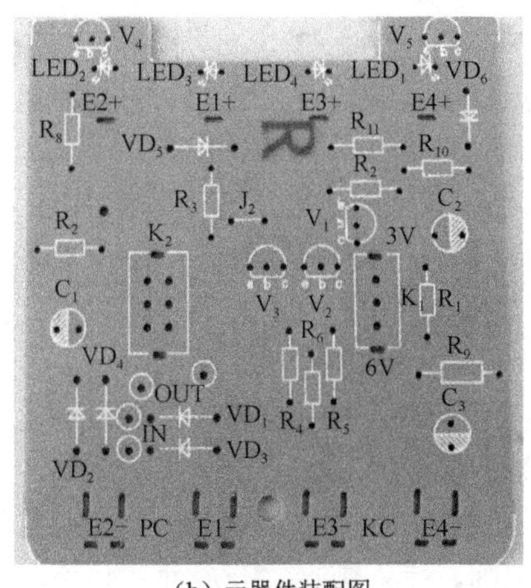

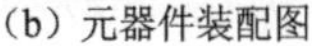
（b）元器件装配图

（c）印制电路板

图 4-11　直流稳压电源电路

（1）运用 Protel 2004 自动化电子设计软件，绘制电路原理图和 PCB 图。

（2）组装电路。

表 4-24　电路元器件参数

位号	名称	型号规格	数量	位号	名称	型号规格	数量
VD_1～VD_6	二极管	1N4001	6	R_4	电阻器	100Ω	1
V_1、V_3	三极管	9013	2	R_5	电阻器	330Ω	1
V_2	三极管	8050	1	R_6	电阻器	470Ω	1
V_4、V_5	三极管	8550	2	R_7	电阻器	15Ω	1
LED_1、LED_2	发光二极管	Φ3 绿色（超长脚）	2	R_8、R_{10}	电阻器	560Ω	2
LED_3、LED_4	发光二极管	Φ3 红色（超长脚）	2	R_9	电阻器	9.1Ω	1
C_1	电解电容器	470μF/16V（小）	1	R_{11}	电阻器	24Ω	1
C_2	电解电容器	22μF/10V	1	T	电源变压器	交流 220V/9V	1
C_3	电解电容器	100μF/10V	1	S_1、S_2	直脚开关	1×2、2×2	各 1
R_1、R_3	电阻器	1kΩ	2		正极片		4
R_2	电阻器	1Ω	1		5、7 号负极片		8

项目总结

1. 归纳梳理

① 电源是电子产品正常工作的能源供给保证。

② 小型变压器是一种利用电磁感应原理进行电压变换、电流变换、阻抗变换、隔离、稳压（磁饱和变压器）等的软磁电磁元件；三端集成稳压器是含有串联稳压电源的放大、调整电路，安装、使用方便；发光二极管是一种可以直接把电能转化为光能的半导体器件，多用于指示灯、显示板或照明等，广泛应用于家用电器、电子仪器及电子设备中；常用的磁性材料产品

一般由软磁性材料或硬磁性材料构成。

③ 最常用的单相整流电路有半波整流、全波整流、桥式整流等，它们能将交流电变换为脉动直流电；滤波电路一般由电容器、电感器（扼流圈）或其组合而成，能将脉动直流电变换成波形较平直的直流电；稳压电路在电源负载和电网电压波动时，能保持电路输出电压不变。

④ 直流稳压可调电源电路的工作过程是：交流电经变压器降压，从二次侧绕组输出低压交流电压，经桥式整流电路和滤波电路滤波变成直流电压，再由三端稳压器输出稳定的直流电压，改变拨段开关的位置，可改变输出电压的大小。

⑤ 利用 Protel 2004 软件进行设计，前提是创建工程项目及相关文件。然后设计电路原理图按启动原理图编辑器、设置环境参数、放置元件及设置属性、放置电源/接地组件、放置导线、保存文件及输出等步骤进行；设计 PCB 图按打开文件、设置物理边界、设置电气边界、设置环境参数、设置工作层面显示/颜色、设置布线规则、导入数据、布局元件、自动布线、放置定位孔、DRC 检查、保存文件及输出等步骤进行。

⑥ 直流稳压可调电源电路的装配一般按准备、读图、选择（检测）元器件、对所有元器件的引线进行镀锡处理、安装元器件、调试电路等步骤进行。

2. 项目评估

评估指标	评估内容	配分	自我评价	小组评价	教师评价
学习态度	① 出全勤。 ② 认真遵守学习纪律。 ③ 搞好团结协作	15			
安全文明生产	① 严格遵守安全操作规程。 ② 能正确使用、管理计算机	10			
理论测试	语言上能正确清楚地表达观点	5			
	能正确完成项目测试	10			
操作技能	能正确选用工具和仪器仪表	10			
	能正确识读电路图，合理选用元器件	20			
	能运用 Protel 软件绘制电路原理图和 PCB 图	10			
	能成功组装直流稳压电源	20			
总评分					
教师签名					

3. 学习体会

收　获	
缺　憾	
改　进	

项目五

组装防盗报警器

项目目标

技能目标	① 正确识读多功能防盗报警器电路图。 ② 熟悉多功能防盗报警器电路元器件的检测方法。 ③ 了解多功能防盗报警器的制作步骤、电路检测、调试及相关的注意事项。 ④ 掌握用感光板法制作印制电路板的基本技能与方法
知识目标	① 理解基本 RS 触发器。 ② 了解工艺文件及其作用

项目描述

随着人们防盗意识的增强，防盗报警产品不断出现在人们的视野中。家用防盗报警器用物理方法或电子技术，智能识别各种人为疏忽造成的侵入行为，在一定程度上有效保护人身与财产安全，使安全保障突破时空限制。

防盗报警器按传感器、工作方式、工作原理、传输信道、警戒范围、应用场合等有许多种类，如磁控开关报警器、振动报警器、超声波式报警器、有线报警器、无线报警器、吸顶式报警器等，如图 5-1 所示。

（a）磁控开关报警器

（b）超声波式报警器

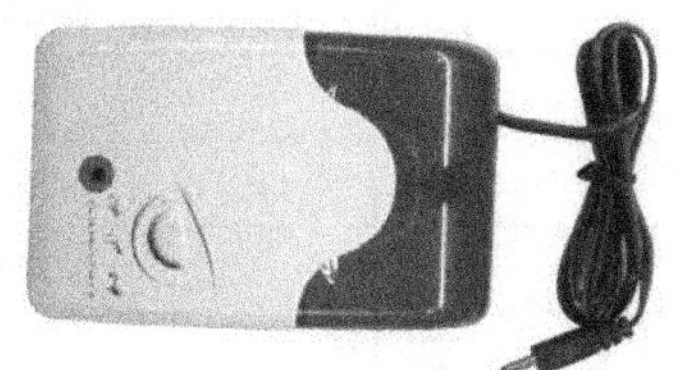

（c）有线报警器

（d）吸顶式报警器

图 5-1　防盗报警器

本项目通过对中夏牌 ZX2039 型多功能防盗报警器的组装，来学习水银开关、集成运算放大器、555 时基电路等元器件的性能、应用、质量检测，以及识读、装接、调试该电路的基本方法。

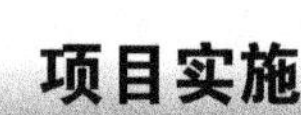

项目实施

任务 1　元器件认知

中夏牌 ZX2039 型多功能防盗报警器，元器件规格与数量见表 5-1。

表 5-1 元器件列表

序号	1	2	3
实物图			
名称	电阻器	电阻器	电阻器
位号	R_1	R_2	R_3
规格	270kΩ	150 kΩ	200 kΩ
数量	1 只	1 只	1 只
序号	4	5	6
实物图			
名称	电解电容器	瓷片电容器	电解电容器
位号	C_1	C_2	C_3
规格	47μF/25V	103（10^4pF）	10μF/25V
数量	1 只	1 只	1 只
序号	7	8	9
实物图			
名称	三极管	集成电路	音乐集成电路
位号	V	IC_1	IC_2
规格	9013	NE555P	GL9561
数量	1 只	1 块	1 块
序号	10	11	12
实物图			

续表

序号	10	11	12
名称	扬声器	电源开关	集成电路插座
位号	BL	S_1	IC_1
规格	ϕ58	7×7mm	8 脚
数量	1 个	1 个	1 个
序号	13	14	15
实物图	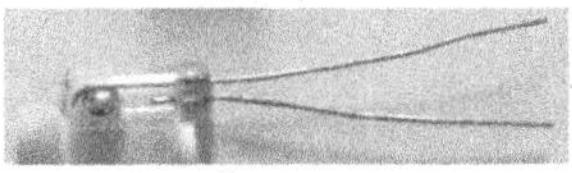		
名称	水银开关	正负极簧片	左右连体片
位号	S_2		
数量	1 个	各 1 片	各 1 片
序号	16	17	18
实物图			
名称	塑料按钮	前、后盖	电池盖
数量	1 个	各 1 个	1 个
序号	19	20	21
实物图	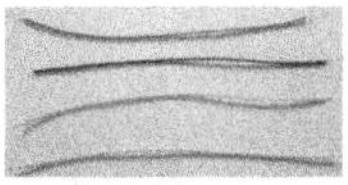		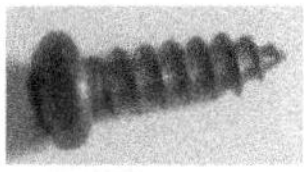
名称	导线	扬声器压板	自攻螺钉
规格			ϕ3×10mm
数量	4 根	2 个	1 颗
序号	22	23	
实物图	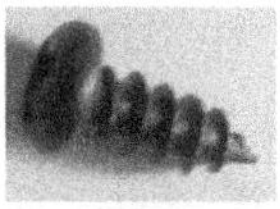	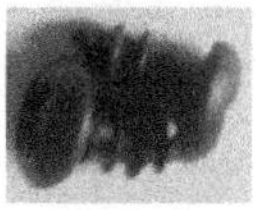	
名称	自攻螺钉	自攻螺钉	
规格	ϕ3×8mm	ϕ3×6mm	
数量	1 颗	2 颗	

1. 水银开关

水银开关又称倾侧开关，是在玻璃管或金属管内装入规定数量的水银，再引出电极密封而成的一种电路开关，简介见表 5-2。

表 5-2　水银开关简介

项目	举例及说明	项目	举例及说明
外形		结构	（a）玻璃管封装 （b）塑料管封装 （c）金属管封装
特点	① 可以在有油、蒸汽、灰尘及腐蚀性气体的环境下使用。 ② 通断所需的外力小。 ③ 电极间的接触电阻一般小于 100mΩ。 ④ 开关通断由水银重力确定，可以长期可靠地工作。 ⑤ 电极的接点是液态接触，无任何噪声。 ⑥ 体积小，结构简单，形式多样，价格低廉	分类	① 按外形结构：玻璃管封装、塑料管封装、金属管封装。 ② 按开关电极材料：铁丝电极、钨丝电极、镍丝。 ③ 按接点接触方式：水银-水银式、水银-金属式。 ④ 按电极的数量：两极式、多极式。 ⑤ 按开关工作方式：常开式、常闭式。 ⑥ 按开关工作方向：单向式、双向式、万向式

续表

<table>
<tr><th>项目</th><th>举例及说明</th><th>项目</th><th>举例及说明</th></tr>
<tr><td>性能参数</td><td>
<table>
<tr><th>参数
型号</th><th>开关长度（mm）</th><th>开关直径（mm）</th><th>工作角（°）</th><th>电压（V）</th><th>电流（mA）</th><th>备注</th></tr>
<tr><td>201A</td><td>15～16</td><td>4～4.8</td><td>5～10</td><td>20</td><td>400</td><td>单向</td></tr>
<tr><td>201B</td><td>12～13</td><td>4～4.8</td><td>5～10</td><td>20</td><td>400</td><td>单向</td></tr>
<tr><td>微特201A</td><td>7～9</td><td>3.3～3.6</td><td>5～10</td><td>20</td><td>400</td><td>单向</td></tr>
<tr><td>微特201B</td><td>5.5～6</td><td>2.9～3.2</td><td>5～10</td><td>20</td><td>400</td><td>单向</td></tr>
<tr><td>237A</td><td>15～16</td><td>4～4.8</td><td>5～10</td><td>20</td><td>300</td><td>单向</td></tr>
<tr><td>237B</td><td>12～13</td><td>4～4.8</td><td>5～10</td><td>20</td><td>400</td><td>单向</td></tr>
<tr><td>微特237A</td><td>7～9</td><td>3.2～3.6</td><td>5～10</td><td>20</td><td>300</td><td>单向</td></tr>
<tr><td>微特237B</td><td>5.5～6</td><td>2.9～3.2</td><td>5～10</td><td>20</td><td>300</td><td>单向</td></tr>
<tr><td>232</td><td>12～14</td><td>5～6</td><td>（10～15）/（30～60）</td><td>20</td><td>800</td><td>万向</td></tr>
</table>
</td><td>注意事项</td><td>水银对人体及环境均有毒害，使用时，一定要小心谨慎，以免破碎而流出；不使用时，要妥善处理</td></tr>
</table>

2. 集成运算放大器

集成运算放大器简称集成运放或运放，内部为直接耦合的高增益的多级放大电路，简介见表5-3。

表5-3　集成运算放大器简介

<table>
<tr><th>项目</th><th>举例及说明</th><th>项目</th><th>举例及说明</th></tr>
<tr><td>外形</td><td>（a）F004　（b）UA741</td><td>内部方框图和引脚排列</td><td>8　7　6　5
NC　+15V　OA2
▷ ∞
－　+　+
OA1　－15V
1　2　3　4
（a）UA741</td></tr>
</table>

续表

项目	举例及说明	项目	举例及说明
外形	 （c）LM358  （d）LM324	内部方框图和引脚排列	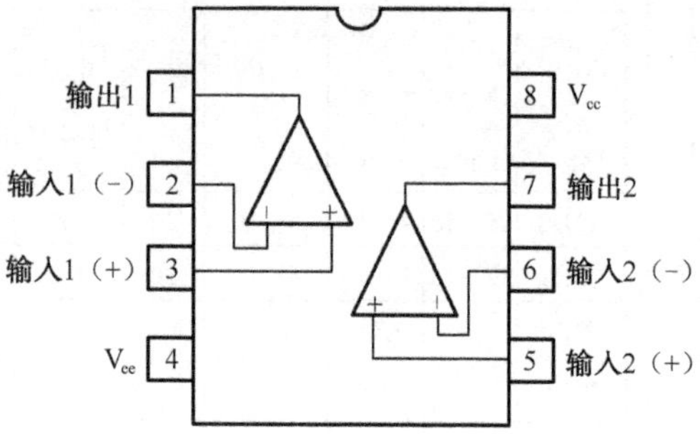 （b）LM358 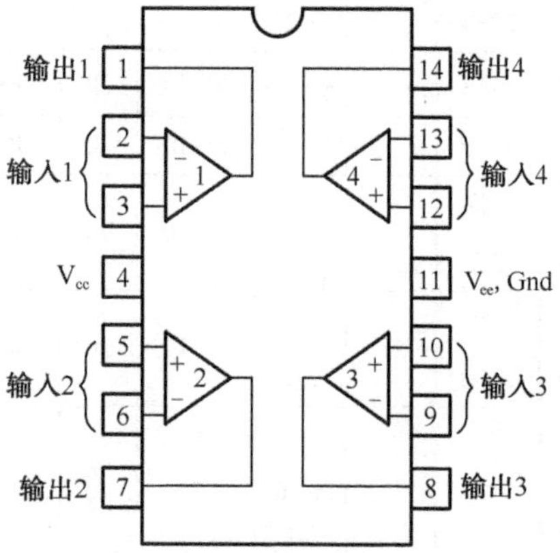 （b）LM324
组成	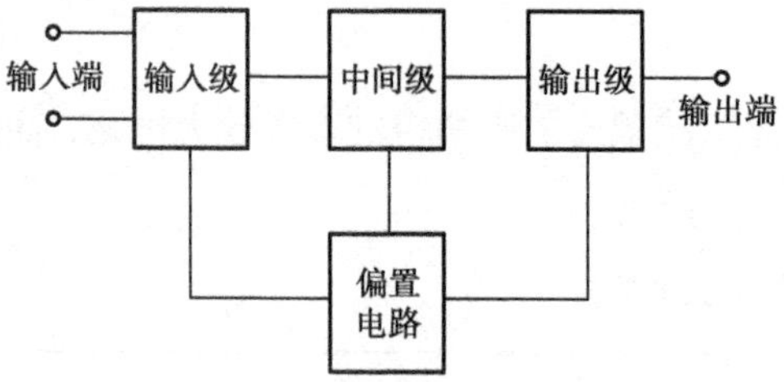 由输入级、中间级、输出级和偏置电路组成。 输入级是一个双端输入的高性能差动放大电路。 中间级多采用共发射极（或共源极）放大电路，是整个集成运算放大器的主要放大部分。 输出级多采用互补对称发射极输出电路，以进行功率放大，提高带负载的能力。 偏置电路用于设置各级放大电路的静态工作点	分类	① 按制造工艺：双极型、互补双极型、JFET+双极型、JFET+双极互补型、互补 MOS 型、BiCMOS+双极型、互补双极+CMOS 型、VIP10 工艺型（电解质绝缘互补双极型）、VIP50 工艺型（绝缘硅工艺型）、XFCB 工艺型（介质隔离超高速互补双极型）。 ② 按电路特性：通用型、高精度型、高速型、高输入阻抗型、高压型、宽带型、低温漂型、低功耗型、功率型。 ③ 按外形封装：金属圆壳、扁平式（SSOP）、单列直插式（SIP）、双列直插式（DIP）。 ④ 按内置数量：单运放、双运放、四运放、多运放。 ⑤ 按架构：二进一出型、二进二出型。 ⑥ 按可控性：选通控制型、可变增益型。 ⑦ 按供电方式：对称双电源供电、单电源供电

续表

项目	举例及说明	项目	举例及说明
图形符号	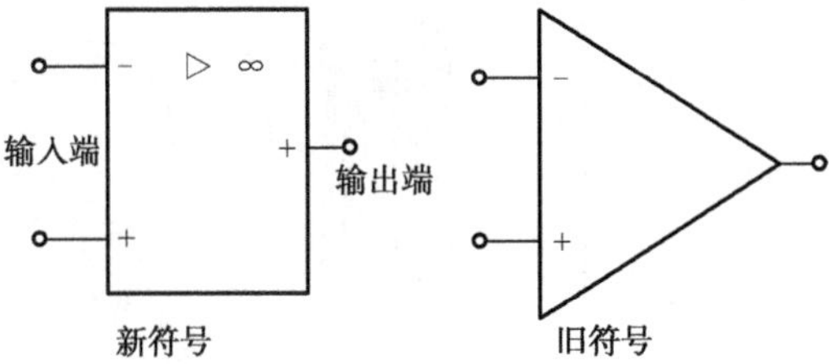 输入端　输出端 新符号　旧符号 在电路中用字母“IC”表示	型号意义	集成运算放大器按国标统一命名法规定，各个品种的型号由字母和阿拉伯数字两大部分组成。首部字母统一采用 CF 两个字母（C 表示中国，F 表示放大器），后面的数字表示其类型（一般与同类型的世界上其他厂家的产品序号相同）。 运算放大器型号　CF×××× 功率放大器型号　CD×××× 稳压器型号　CW××××
主要参数	（1）输入失调电压 输入电压为零时，为了使放大器输出电压为零，在输入端外加的补偿电压，一般为毫伏级。输入失调电压越小，运放性能越好。 （2）输入失调电流 输入电压为零时，为了使放大器输出电压为零，在输入端外加的补偿电流。其值为两个输入端静态基极电流之差。 （3）输入偏置电流 输入电压为零时，两个输入端静态基极电流的平均值，一般为微安数量级，其值越小越好。 （4）开环电压放大倍数 电路开环情况下，输出电压与输入差模电压之比。其值越大，集成运放运算精度越高。一般中增益运放可达 10^5 倍。 （5）开环输入阻抗 电路开环情况下，差模输入电压与输入电流之比。其值越大，运放性能越好，一般在几百 kΩ 至几 MΩ。 （6）开环输出阻抗 电路开环情况下，输出电压与输出电流之比，其值越小，运放性能越好，一般在几百欧左右。 （7）共模抑制比 电路开环情况下，差模放大倍数与共模放大倍数之比。其值越大，运放性能越好，一般在 80dB 以上。 （8）最大输出电压 能使输出电压和输入电压失真不超过允许值时的最大输出电压。 （9）静态功耗 电路输入端短路、输出端开路时所消耗的功率。 （10）开环频宽 开环电压放大倍数随信号频率升高而下降 3dB 所对应的频宽	连接	（1）反相输入比例运算电路 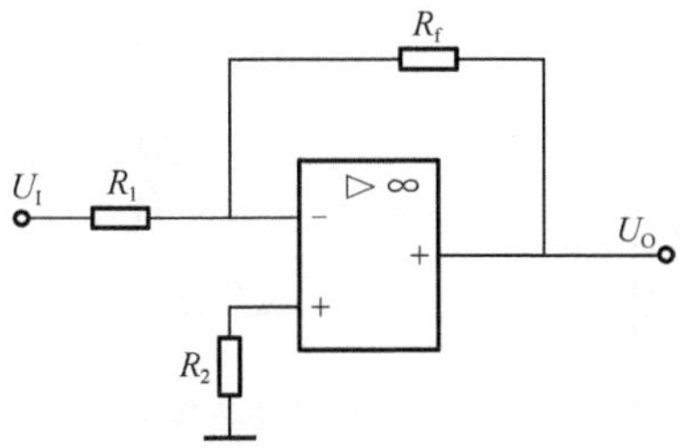 （2）同相输入比例运算电路 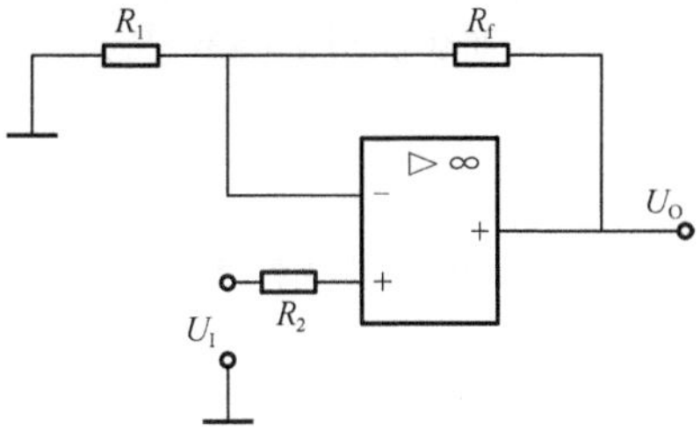 （3）减法比例运算电路 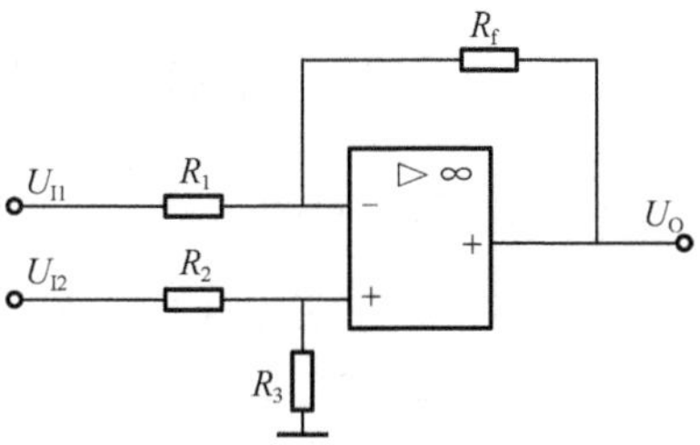 （4）加法比例运算电路 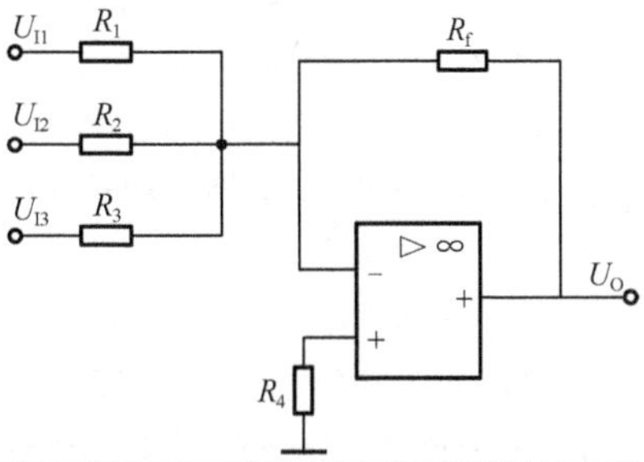

续表

项目	举例及说明	项目	举例及说明
电参量关系	（1）电压传输特性 输出电压与两个输入电压之差的关系曲线。有一个线性区和两个饱和区。 当运算放大器在线性区工作时，输出电压与输入电压为线性关系，即 $u_O=A_{uo}u_I=A_{uo}(u_+-u_-)$ 式中 A_{uo} 为开环电压放大倍数。 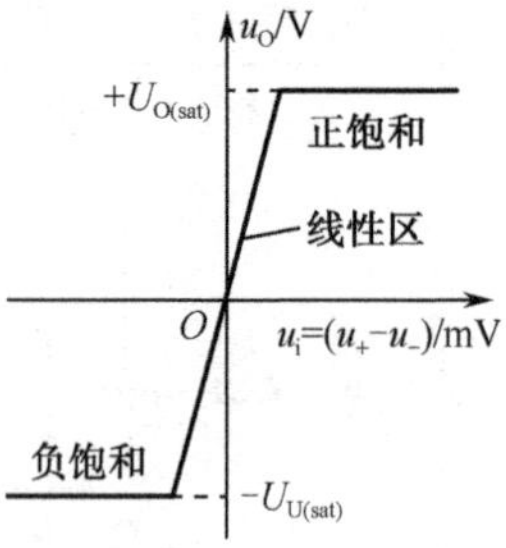 u_O/V　$+U_{O(sat)}$　正饱和　线性区　O　$u_I=(u_+-u_-)$/mV　负饱和　$-U_{U(sat)}$ 典型集成运算放大器的电压传输特性图 （2）运算放大电路输出与输入电压的关系 ① 反相输入比例运算电路（见上图，下同） $U_O=-\frac{R_f}{R_1}U_I$ ② 同相输入比例运算电路 $U_O=\left(1+\frac{R_f}{R_1}\right)U_I$ ③ 减法比例运算电路 $U_O=\left(1+\frac{R_f}{R_1}\right)\frac{R_3}{R_2+R_3}\cdot U_{I2}-\frac{R_f}{R_1}U_{I1}$ ④ 加法比例运算电路 $U_O=-R_f\left(\frac{U_{I1}}{R_1}+\frac{U_{I2}}{R_2}+\frac{U_{I3}}{R_3}\right)$	标志识读	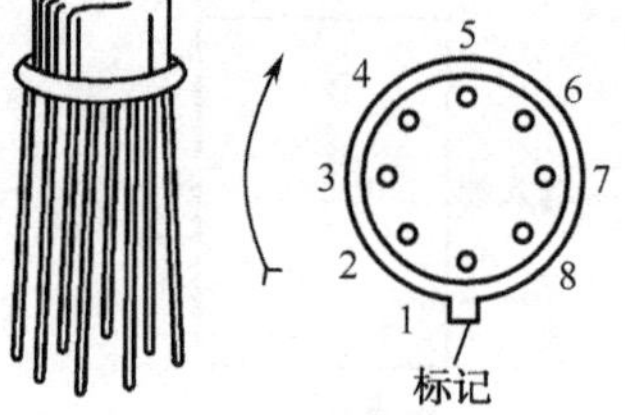 5　4　6　3　7　2　8　1　标记 （a）金属圆壳 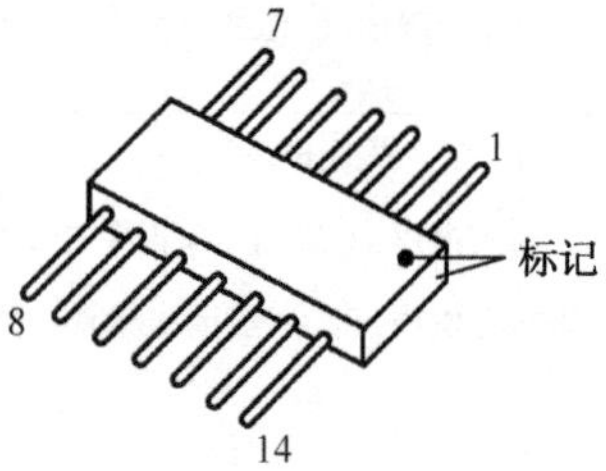 7　1　标记　8　14 （b）扁平式 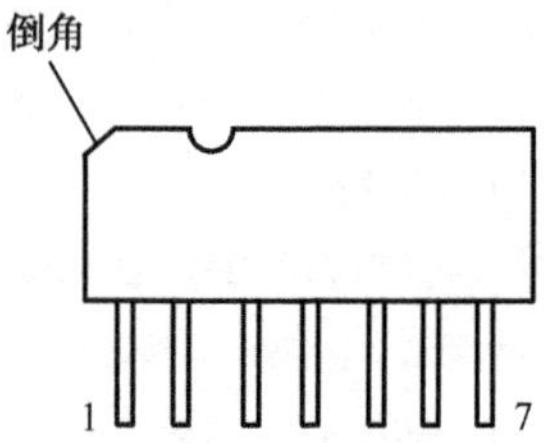 倒角　1　7 （c）单列直插式 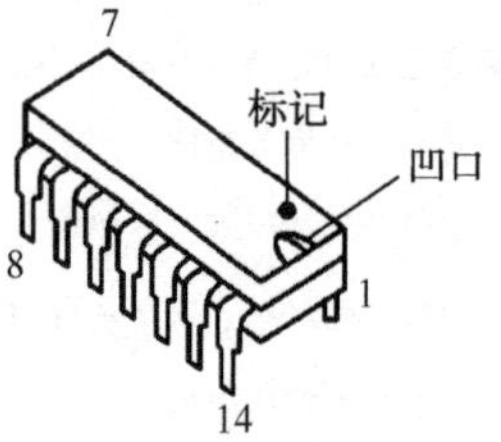 7　标记　凹口　8　1　14 （d）双列直插式
检测	（1）电压检测法 在通电的状态下测量各引脚对接地脚的电压，然后与正确值进行比较。在路电压的标准数据有两种，若图纸上只给出一种，常为无输入信号时测得的电压值；若图纸上给出两个电压数据，则括号内的为有输入信号时测得的电压值。 （2）电阻检测法 在不带电的状态下，万用表置 $R\times1\text{k}\Omega$ 挡，测各引脚对地的电阻值，看与正常的集成电路阻值是否一致，或变化规律是否相同，如果差不多则可判定被测集成电路是好的。	注意事项	（1）电源的供给方式 不同的电源供给方式，对输入信号的要求不同。 （2）安全保护 电源保护可以采用两个二极管串联在电压输入端；输入保护通常在输入端接入两个反向并联的二极管，将输入电压限制在二极管的正向压降以下；将两个稳压管反向串联，将输出电压限制在一定的范围内来完成输出保护。

续表

项目	举例及说明	项目	举例及说明
检测	（3）信号检测法 使用信号源与示波器检查输入及输出信号是否符合放大特性的要求		（3）消振 外接 RC 消振电路或消振电容器，以消除内部的自激振荡。将输入端接地，用示波器观察输出端可知电路有无自激现象。 （4）调零 消振后，将电路接成闭环，外接调零电位器使输入信号为零时，输出信号为零。 （5）散热 安装散热器消除电路的过热危险

3. 555 时基电路

555 时基电路是一种模拟功能和逻辑功能巧妙结合在同一块芯片上的集成电路。由于芯片内使用了三个精度较高的 5kΩ分压电阻器，所以称为 555 时基电路。它在波形的产生与变换、测量与控制、家用电器和电子玩具等许多领域中都有着广泛的应用，简介见表 5-4。

表 5-4　555 时基电路简介

项目	举例及说明	项目	举例及说明
外形	 （a）555 集成电路（单时基电路）  （b）556 集成电路（双时基电路）	内部构成方框图	555 单时基电路由电阻分压器、电压比较器、基本 RS 触发器和输出缓冲级等部分组成。 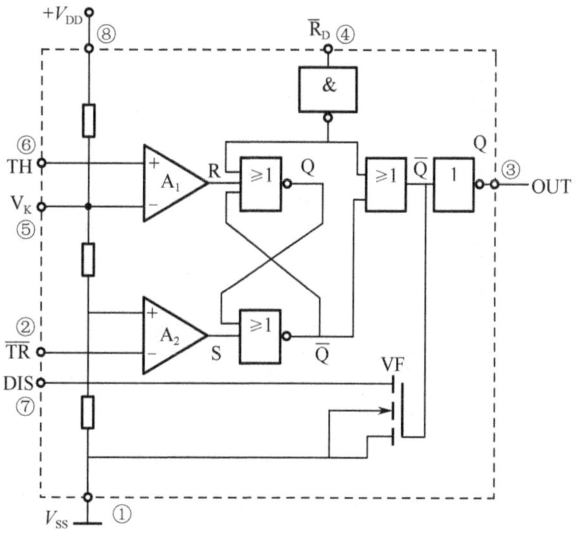
功能	555 时基电路有单稳态、双稳态和无稳态 3 种基本工作方式，用其中的 1 种或多种组合起来可以组成各种实用的电子电路，如定时器、分频器、脉冲信号发生器、音响告警电路、电源交换电路、频率变换电路、自动控制电路等	分类	① 按时基：单时基、双时基（内含两个完全相同、又各自独立的单时基电路）。 ② 按材料：TTL 型、CMOS 型（其中的三个高精度分压电阻器为 200kΩ）

续表

项目	举例及说明
图形符号	（见下）
型号意义	（见下）
主要参数	（见下）
引脚连接	（见下）

图形符号

V_{CC} DIS TH V_K
8 7 6 5
1 2 3 4
GND $\overline{TR}$ OUT $\overline{MR}$

$\overline{MR}$ V_{CC}
4 8
TH—6 3—OUT
$\overline{TR}$—2 7—DIS
5 1
V_K GND

单时基电路

在电路中用字母“IC”表示

型号意义

555 时基电路型号命名，单时基为×××555；双时基为×××556，如 CB555 和 CB556。

一般 CMOS 型在 555 前加“7”或“C”，如 CB7555 和 CB7556。

类别	国内型号	常用国外型号
TTL	CB555、FD555、FX555、CB556、FD556、FX556	NE555、CA555、LM555、SE555、NE556、CA556、LM556、SE556
COMS	CB7555、5G7555、CH7555、CB7556、5G7556、CH7556	ICM7555、μPD7555 ICM7556、μPD5556

主要参数

主要参数	TTL 型	CMOS 型
电源电压（V）	4.5～16	3～18
静态电流（mA）（V_{CC} 或 V_{DD} 为 15V）	≤10	≤0.12
定时精度（%）	≤1	≤2
阈值电压（V）	≥2/3 V_{CC}（或 V_{DD}）时，输出端从“1”翻转成“0”	
阈值电流（Ma）	0.1	5×10^{-2}
触发电压（V）	≤1/3 V_{CC}（或 V_{DD}）时，输出端从“0”翻转成“1”	
触发电流（μA）	0.1	5×10^{-2}
复位电压（V）	≤1	≤1
复位电流（μA）	≤400	≤0.1
放电电流（mA）	≤200	10～15
驱动电流（mA）	200	5～20
最高工作频率（kHz）	500	500

注：双时基电路除了静态电流增加 1 倍外，其余参数与单时基电路完全相同，可参考单时基电路的主要参数使用

引脚连接

引 脚	连 接	说 明
1	电源负	外接电源负端（TTL：GND CMOS：Vss）
2	触发输入端	模拟量输入端，当其电位低于 1/3V_{CC}时，3 脚输出为“1”
3	输出端	
4	复位端	数字量输出端，当其输入为“0”时，3 脚输出为“0”
5	控制电压端	内部分压电路 2/3V_{CC}点，一般对地接一个 0.01μF 的电容器，以提高电路的抗干扰能力
6	阈值输入端	模拟量输入端，当其电位>2/3V_{CC}，2 脚电位>1/3 V_{CC}时，3 脚输出为“0”
7	放电端	输出逻辑状态与 3 脚相同，输出“1”时为高阻态
8	电源正	外接电源正端（TTL：V_{CC} CMOS：V_{DD}）

续表

<table>
<tr><th>项目</th><th>举例及说明</th><th>项目</th><th>举例及说明</th></tr>
<tr>
<td>逻辑功能</td>
<td>
<table>
<tr><th>复位 $\overline{R}_D$</th><th>高触发端 TH</th><th>低触发端 $\overline{TR}$</th><th>输出 OUT</th><th>放电管 VF</th></tr>
<tr><td>0</td><td>×</td><td>×</td><td>0</td><td>导通</td></tr>
<tr><td>1</td><td>>2/3V_{CC}</td><td>>1/3V_{CC}</td><td>0</td><td>导通</td></tr>
<tr><td>1</td><td><2/3V_{CC}</td><td>>1/3V_{CC}</td><td>不变</td><td>不变</td></tr>
<tr><td>1</td><td><2/3V_{CC}</td><td><1/3V_{CC}</td><td>1</td><td>截止</td></tr>
</table>
</td>
<td>标志识读</td>
<td>555 单时基电路的封装有 8 脚圆形和 8 脚双列直插型两种。圆形的引脚编号是将引脚朝下，带标志的引脚置于上方，从带标志的引脚左边开始按逆时针方向顺序编号，如图（a）所示；双列直插型的引脚编号是将集成电路平放，从带标志的引脚开始按逆时针方向顺序编号，如图（b）所示。556 双时基电路的封装只有 14 脚双列直插型一种。引脚编号同双列直插型，如图（b）所示。
（a）圆形
注：引脚功能与8脚双列直插型相同。
（b）双列直插型</td>
</tr>
<tr>
<td>检测</td>
<td>FM47 型万用表置 R×1kΩ挡，测量数据如下表所示，不同的 555 电路，测量数据可能不尽相同。
<table>
<tr><th colspan="2">黑表笔接 1 脚</th><th colspan="2">红表笔接 1 脚</th></tr>
<tr><th>红表笔</th><th>数值</th><th>黑表笔</th><th>数值</th></tr>
<tr><td>2 脚</td><td>6.2kΩ</td><td>2 脚</td><td>∞</td></tr>
<tr><td>3 脚</td><td>6kΩ</td><td>3 脚</td><td>30kΩ</td></tr>
<tr><td>4 脚</td><td>7kΩ</td><td>4 脚</td><td>∞</td></tr>
<tr><td>5 脚</td><td>8kΩ</td><td>5 脚</td><td>10kΩ</td></tr>
<tr><td>6 脚</td><td>∞</td><td>6 脚</td><td>60kΩ</td></tr>
<tr><td>7 脚</td><td>6kΩ</td><td>7 脚</td><td>∞</td></tr>
<tr><td>8 脚</td><td>5.3kΩ</td><td>8 脚</td><td>15kΩ</td></tr>
<tr><td colspan="4">注：5、8 脚间电阻值约是 5、1 脚间阻值的二分之一（黑表笔接 5 脚）</td></tr>
</table>
</td>
<td>注意事项</td>
<td>为防止外部干扰产生误动作，555 单时基电路 5 脚和 6 脚对地应分别接去耦电容器（1μF 左右）和旁路电容器（0.1μF 左右），两电容器并起来，接在引脚最近处；电源引线长于 10cm 时，8 脚对地应接旁路电容器（10～100μF）；CMOS 型 555 电路应注意防止静电损坏</td>
</tr>
</table>

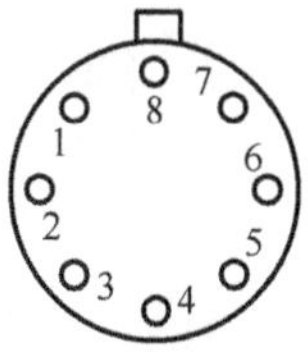

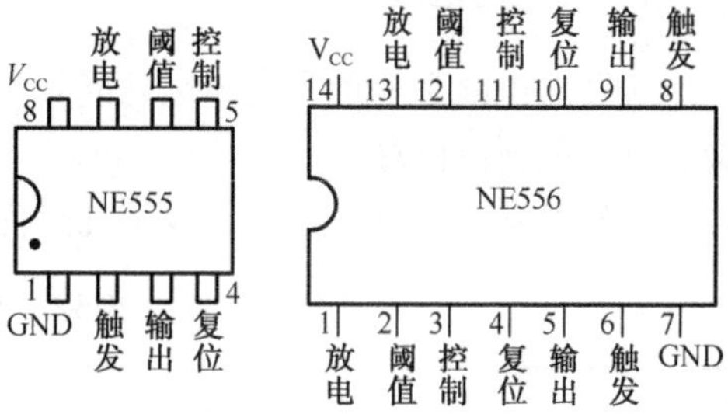

任务 2　电路识读

中夏牌 ZX2039 型多功能防盗报警器电路原理图如图 5-2 所示。

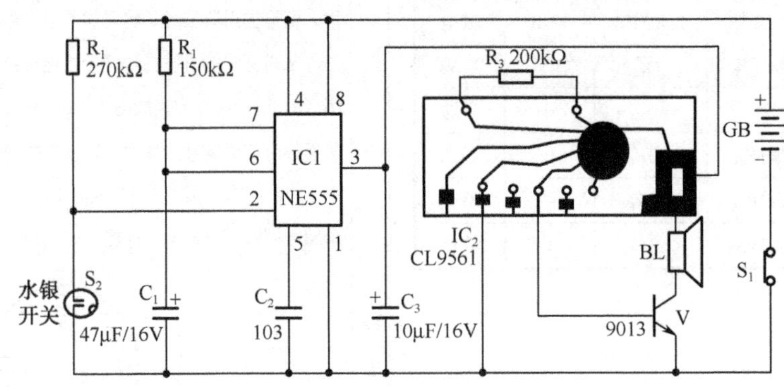

图 5-2　中夏牌 ZX2039 型多功能防盗报警器电路原理图

1. 触发器电路

触发器电路是一种具有记忆功能且状态能在触发脉冲作用下迅速翻转的逻辑电路，它能存储 1 位二进制值信息。

分析触发器电路，应注意以下几点内容，见表 5-5。

表 5-5　触发器电路的几点说明

项　目	内　容	项　目	内　容
基本特性	① 两个互补输出端，分别用 Q 和 $\overline{Q}$ 表示。 ② 两个稳态，无外触发时保持不变；外触发下，相互转换（称翻转）。 ③ 在时钟脉冲的上升沿或下降沿作用下改变状态	控制触发脉冲	指挥数字系统中各触发器协同工作的主控脉冲，称为“时钟脉冲”，用 CP 表示，一般为矩形波
稳定状态	1 态：Q=1、$\overline{Q}$=0，记 Q=1，与二进制数码的 1 对应； 0 态：Q=0、$\overline{Q}$=1，记 Q=0，与二进制数码的 0 对应	外引线排列	① 符号加横线的为负脉冲有效，不加横线的为正脉冲有效，NC 为空脚； ② 双触发器以上其输入、输出符号前写同一数字，如 1$\overline{S}_D$、1$\overline{R}_D$、1CP、1Q、1J、1K、1$\overline{Q}$ 表示属于同一触发器； ③ 电源 V_{CC} 一般为 5V，V_{DD} 一般为 3～18V
描述方式	真值表、状态表和波形图等	型号举例	74110 单 JK 型触发器、CC4027 双 JK 型触发器、CC4013 双 D 型触发器、CT74LS175 四 D 型触发器
分类	按逻辑功能：RS 触发器、JK 触发器、D 触发器和 T 触发器等。 按触发方式：电平触发器、边沿触发器和主从触发器等。 按电路结构：基本 RS 触发器、同步触发器和主从触发器等		

基本 RS 触发器简介见表 5-6。

表 5-6　基本 RS 触发器简介

<table>
<tr><th>项　目</th><th>内　容</th></tr>
<tr><td>电路图</td><td>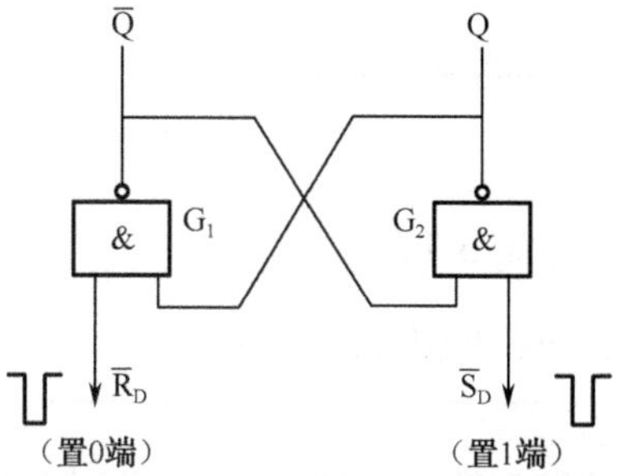
</td></tr>
<tr><td>电路构成</td><td>① $\overline{R}_D$、$\overline{S}_D$——输入端，$\overline{Q}$、Q——输出端。
② 当 Q=0（$\overline{Q}$=1）时，称为触发器的 0 状态；当 Q=1（$\overline{Q}$=0）时，称为触发器的 1 状态。
③ 稳定时，有两种可能的稳态“0”或“1”（又称双稳态）。
④ 触发器工作正常时，Q 和 $\overline{Q}$ 的逻辑关系互补。
⑤ 要实现两个稳态的转换须外加适当的触发信号</td></tr>
<tr><td>逻辑功能</td><td>Q 的状态决定于输入端 $\overline{R}_D$、$\overline{S}_D$ 电平的高低。
① $\overline{R}_D$ =0，$\overline{S}_D$ =1，则 Q=0（$\overline{Q}$=1）；
② $\overline{R}_D$ =1，$\overline{S}_D$ =0，则 Q=1（$\overline{Q}$=0）；
③ $\overline{S}_D$ =1，$\overline{R}_D$ =1，则 Q 不变；
④ $\overline{R}_D$ =0，$\overline{S}_D$ =0，Q 不定，$\overline{Q}$ 不定</td></tr>
<tr><td>真值表</td><td><table>
<tr><th>$\overline{R}_D$</th><th>$\overline{S}_D$</th><th>Q_n</th><th>Q_{n+1}</th><th>功 能 说 明</th></tr>
<tr><td>0</td><td>0</td><td>0</td><td>×</td><td rowspan="2">状态不定</td></tr>
<tr><td>0</td><td>0</td><td>1</td><td>×</td></tr>
<tr><td>0</td><td>1</td><td>0</td><td>0</td><td rowspan="2">置 0</td></tr>
<tr><td>1</td><td>1</td><td>1</td><td>0</td></tr>
<tr><td>1</td><td>0</td><td>0</td><td>1</td><td rowspan="2">置 1</td></tr>
<tr><td>1</td><td>0</td><td>1</td><td>1</td></tr>
<tr><td>1</td><td>1</td><td>0</td><td>0</td><td rowspan="2">保持原态</td></tr>
<tr><td>1</td><td>1</td><td>1</td><td>1</td></tr>
</table></td></tr>
<tr><td>波形图举例</td><td>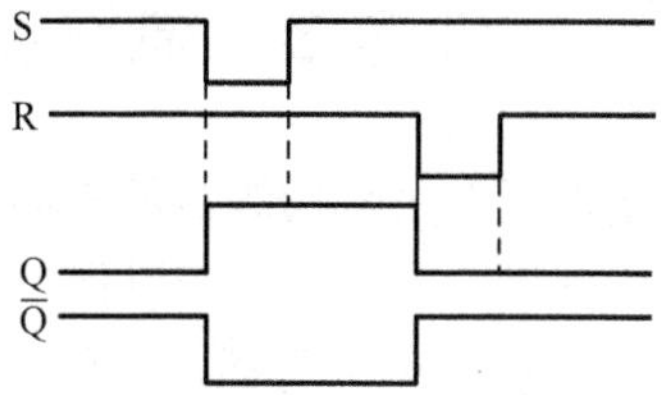
</td></tr>
<tr><td>逻辑符号</td><td>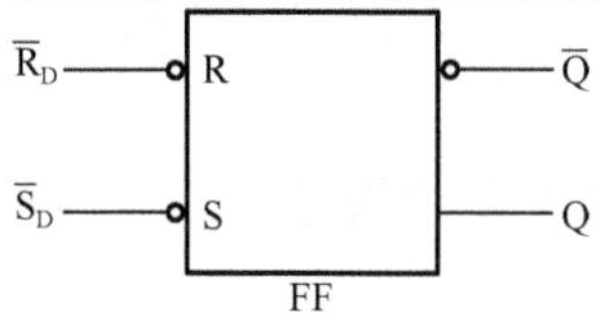
</td></tr>
</table>

续表

项　目	内　容
结论	① 置 0（复位）：在 $\overline{R}_D$ 端加负脉冲，触发器由 1→0。 ② 置 1（置位）：在 $\overline{S}_D$ 端加负脉冲，触发器由 0→1。 ③ 翻转：在外加信号作用下转换

2. 报警器电路识读

中夏牌 ZX2039 型多功能防盗报警器电路识读见表 5-7。

表 5-7　中夏牌 ZX2039 型多功能防盗报警器电路

项　目	内　容
方框图	触发电路 → 触发器 → 报警电路 → 扬声器；电源 → 触发器
电路组成	见下表
信号流程	打开 S_1 接通电源，若 S_2 处于断开状态，$IC_1$2 脚处于高电平，3 脚处于低电平，无电压供给 IC_2，扬声器不能发声；当 S_2 接通（然后断开），$IC_1$2 脚接地（低电平），3 脚处于高电平，直接将电源电压提供给 IC_2，通过 IC_2 内部电路处理即发出报警信号，经 V 放大使扬声器发出响亮的报警声。在 C_1 上的电压充到大于 $2/3V_{CC}$ 时，$IC_1$3 脚又处于低电平，报警器便停止报警

电路组成：

单元电路	核心元器件	功能作用
触发电路	S_2——水银开关，R_1——电阻器	将振动信号转换为电信号
单稳态触发器	IC_1——NE555，R_2——电阻器，C_1——电解电容器，C_2——瓷片电容器	IC_1 组成单稳态触发器，C_2 为旁路电容器，R_2、C_1 组成延时电路，控制报警声响的时间
报警电路	IC_2——GL9561，C_3——电解电容器，V——三极管 9031，R_3——电阻器，BL——扬声器	IC_2 产生报警音频信号，C_3 为报警器电源滤波电容器，V 推动扬声器发声，调节 R_3 的阻值可改变音调，BL 将电信号转换为声音信号

任务 3　电路制作

在生产电子产品时，需要按照有关部门制定的产品技术文件中所提供的工艺方法、工序或岗位技术要求、操作方法、流程进行有序操作，以保证生产安全、产品制造成本和生产效率控制，便于生产部门的工艺纪律管理和员工管理，实现产品标准化。

1. 工艺文件

工艺文件按工艺技术和管理要求规定的工艺文件栏目的形式编排，为保证产品生产的顺利进行，一般都具备成套性。

不同的工序，工艺文件有不同的格式，但也没有统一的规定格式，下面介绍的是一般格式。

（1）工艺文件封面

产品全套工艺文件装订成册的封面。“共　册”中填写的是全套工艺文件的册数，“第　册”填写的是本册在全套工艺文件中的序号，“共　页”填写的是本册的页数，“产品型号、产品名称、产品图号”填写的是产品型号、产品名称、产品图号，“本册内容”填写的是本册的主要工艺内容的名称，如图 5-3 所示。

<table>
<tr><td colspan="2" rowspan="1"></td><td rowspan="7">公司
工艺文件

共　册
第　册
共　页

产品名称：
产品型号：
产品图号：
本册内容：

批　准：（签名）
年　月　日</td></tr>
<tr><td colspan="2">旧底图总号</td></tr>
<tr><td colspan="2"></td></tr>
<tr><td colspan="2">底图总号</td></tr>
<tr><td colspan="2"></td></tr>
<tr><td>日期</td><td>签名</td></tr>
<tr><td></td><td></td></tr>
</table>

图 5-3　工艺文件封面

(2）工艺文件目录

产品工艺文件装订成册后的全部工艺文件的目录，反映了产品工艺文件的成套性。“产品名称”、“产品型号”、“产品图号”与封面内容一致，“更改标记”栏填写的是更改事项；“拟制”、“审核”栏是相关人员的签名，如图 5-4 所示。

		工艺文件目录		产品名称	产品型号	产品图号
	序号	产品代号	零部件、整件图号	零部件、整件名称	页数	备注
	1	2	3	4	5	6
使用性						
旧底图总号						

底图总号		更改标记	数量	文件名	签名	日期	签名		日期	版本	
							拟制			共　册	
							审核			共　页	
日期	签名									第　册	第　页

图 5-4　工艺文件目录

（3）工艺路线表

工艺路线表用于产品生产的安排和调度，是产品由毛坯准备到成品包装的整个工艺路线的简明显示，是企业有关部门组织生产的依据，如图 5-5 所示。

			工艺路线表	产品名称		产品型号	产品图号
	序号	图号	名称	装入关系	部件用量	整件用量	工艺路线表内空
	1	2	3	4	5	6	7
使用性							
旧底图总号							

底图总号		更改标记	数量	文件名	签名	日期	签名		日期	版本	
							拟制				
							审核			共　册	
日期	签名									共　页	
										第　册	第　页

图 5-5　工艺文件路线表

（4）导线及扎线加工卡

导线及扎线加工卡用于导线及线扎的加工准备及排线等，如图 5-6 所示。

		导线及扎线加工卡							产品名称			部件名称	
									产品型号			部件图号	
	序号	线号	材料			导线长度（mm）			导线连接点		设备及工装	工时定额	备注
			名称规格	颜色	数量	全长	A 剥头	B 剥头	A 端	B 端			
旧底图总号	简图：												

底图总号		更改标记	数量	更改单号	签名	日期	签名		日期	版本	
							拟制				
							审核			共　册	
日期	签名									共　页	
										第　册	第　页

图 5-6　导线及扎线加工卡

（5）装配工艺过程卡

装配工艺过程卡又称工艺作业指导卡，是电子整机装配过程中，装配准备、装联、调试、检验、包装入库等各道工序的工艺流程，是完成产品的部件、整件的机械装配和电气装配的指导性工艺文件，如图 5-7 所示。

<table>
<tr><td colspan="2" rowspan="15"></td><td rowspan="2"></td><td colspan="4" rowspan="2">装配工艺过程卡</td><td>产品名称</td><td></td><td>装配件名称</td><td></td></tr>
<tr><td>产品型号</td><td></td><td>装配件图号</td><td></td></tr>
<tr><td rowspan="2">序号</td><td colspan="2">装入件及辅助材料</td><td rowspan="2">工作地</td><td rowspan="2">工序号</td><td rowspan="2">工种</td><td rowspan="2">工序（步骤）内容及要求</td><td rowspan="2">设备及工装</td><td rowspan="2">工时定额</td></tr>
<tr><td>代号、名称、规格</td><td>数量</td></tr>
<tr><td>1</td><td>2</td><td>3</td><td>4</td><td>5</td><td>6</td><td>7</td><td>8</td><td>9</td></tr>
<tr><td></td><td></td><td></td><td></td><td></td><td></td><td></td><td></td><td></td></tr>
<tr><td></td><td></td><td></td><td></td><td></td><td></td><td></td><td></td><td></td></tr>
<tr><td></td><td></td><td></td><td></td><td></td><td></td><td></td><td></td><td></td></tr>
<tr><td></td><td></td><td></td><td></td><td></td><td></td><td></td><td></td><td></td></tr>
<tr><td></td><td></td><td></td><td></td><td></td><td></td><td></td><td></td><td></td></tr>
<tr><td></td><td></td><td></td><td></td><td></td><td></td><td></td><td></td><td></td></tr>
<tr><td></td><td></td><td></td><td></td><td></td><td></td><td></td><td></td><td></td></tr>
<tr><td></td><td></td><td></td><td></td><td></td><td></td><td></td><td></td><td></td></tr>
<tr><td></td><td></td><td></td><td></td><td></td><td></td><td></td><td></td><td></td></tr>
<tr><td></td><td></td><td></td><td></td><td></td><td></td><td></td><td></td><td></td></tr>
<tr><td colspan="2">使用性</td><td colspan="9" rowspan="4"></td></tr>
<tr><td colspan="2"></td></tr>
<tr><td colspan="2">旧底图总号</td></tr>
<tr><td colspan="2"></td></tr>
<tr><td colspan="2">底图总号</td><td>更改标记</td><td>数量</td><td>更改单号</td><td>签名</td><td>日期</td><td>签名</td><td>日期</td><td rowspan="2">版本</td><td rowspan="2"></td></tr>
<tr><td colspan="2" rowspan="2"></td><td></td><td></td><td></td><td></td><td></td><td>拟制</td><td></td></tr>
<tr><td></td><td></td><td></td><td></td><td></td><td>审核</td><td></td><td colspan="2">共　册</td></tr>
<tr><td>日期</td><td>签名</td><td></td><td></td><td></td><td></td><td></td><td></td><td></td><td colspan="2">共　页</td></tr>
<tr><td rowspan="2"></td><td rowspan="2"></td><td></td><td></td><td></td><td></td><td></td><td></td><td></td><td rowspan="2">第　册</td><td rowspan="2">第　页</td></tr>
<tr><td></td><td></td><td></td><td></td><td></td><td>批准</td><td></td></tr>
</table>

图 5-7　装配工艺过程卡

（6）配套明细表

配套明细表是装配需用的零件、部件、整件及材料与辅助材料的清单，是有关部门在配套及领、发材料时的依据，也有的作为装配工艺过程卡的附页，如图 5-8 所示。

		配套明细表	产品名称		装配件名称	
			产品型号		装配件图号	

	序号	图号	名称	数量	来自何处	备注
	1	2	3	4	5	6
使用性						

旧底图总号		更改标记	数量	文件名	签名	日期	签名		日期	版本	
							拟制				
							审核			共　册	
底图总号										共　页	
日期	签名									第　册	第　页

图 5-8　配套明细表

（7）工艺说明及简图卡

工艺说明及简图卡用简图、流程图、表格及文字形式编写，是任何一种工艺过程的续卡，也用于编制规定格式以外的其他工艺过程，如调试说明、检验要求、各种典型工艺文件等，如图 5-9 所示。

		工艺说明及简图卡				名称			编号或图号		
						工序名称			工序编号		
使用性											
旧底图总号											
底图总号		更改标记	数量	文件名	签字	日期	签名		日期	版本	
							拟制				
							审核			共　册	
日期	签名									共　页	
										第　册	第　页

图 5-9　工艺说明及简图卡

（8）工艺文件更改通知单

工艺文件更改通知单是对工艺文件的内容做永久性修改的说明，如图 5-10 所示。

更改单号	工艺文件更改通知单			产品名称		零部件、整件名称				第　页	
				产品型号		图号				共　页	
生效日期	更改原因		通知单的分发			处理意见					
更改标记	更改前				更改标记		更改后				
拟制		日期		审核		日期		批准		日期	

图 5-10　工艺文件更改通知单

2. 印制电路板制作方法

自行设计的电子产品的印制电路板需要人工制作，其方法很多，感光板法是常用的方法之一，过程要领见表 5-8。

表 5-8　感光板制作法

项目	示 例 图	方 法 步 骤
画图	与前面的项目相同	利用 Protel 软件按要求绘制 PCB 图
选纸	（a）硫酸纸　（b）切纸刀	用切纸刀按要求裁剪好制版硫酸转印纸（又称硫酸纸）
打印		步骤 1：用打印机将 PCB 图打印到硫酸纸上。 步骤 2：用剪刀剪掉多余的部分成为透明胶片
修版	油性记号笔	步骤 1：仔细查看硫酸纸上的线条，找出麻孔、缺口、断线或碳粉厚薄不匀的地方。 步骤 2：用极细油性记号笔描绘填补、修饰
取材	（a）感光板　（b）感光板面上的白色薄膜 （c）撕掉薄膜后的感光板　（d）用玻璃夹好	步骤 1：从感光板上裁下与透明胶片一致的板材。 步骤 2：撕掉感光板上的白色薄膜。 步骤 3：将透明胶片有碳粉的一面与感光板对齐紧密接触，再用两块玻璃夹好，保持平整，准备曝光

续表

项目	示 例 图	方 法 步 骤
曝光	 曝光	步骤 1：用 9W 日光灯（灯管至玻璃距离为 4cm）曝光，透明稿 8～10min，半透明稿 13～15min；靠强太阳光曝光，透明稿 1～2min，半透明稿 2～4min；靠弱太阳光曝光，透明稿 5～10min，半透明稿 10～15min。 步骤 2：曝光成功，保存好胶片。 注：曝光的时间与曝光光源的照射强度、距离以及不同厂家生产的感光板对曝光时间的具体要求都有密切关系
配置显影液	 （a）显影剂 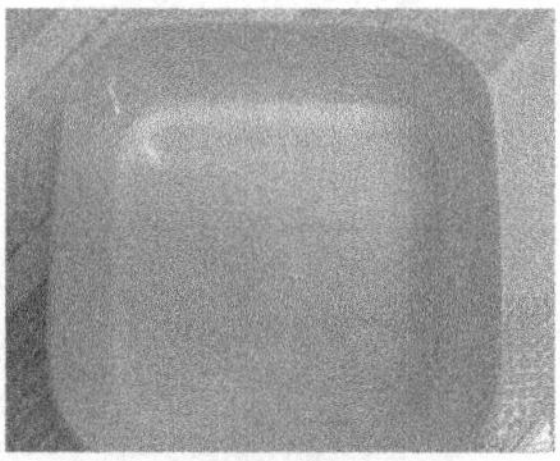 （b）将显影剂放入容器中  （c）自来水  （d）配制好的显影液	步骤 1：将显影剂与水（不要用纯净水）按 1∶20 的比例在塑料盆（不要用金属盆）中配制显影液。 步骤 2：轻轻摇晃或用工具不断搅拌，使显影剂充分溶解于水中。 步骤 3：保存显影完毕的显影液，留于今后继续使用。 步骤 4：妥善保管显影剂、显影液，远离孩童，切勿误食。误入眼睛、接触皮肤则应立即用水清洗。 注：显影液越浓，显影速度越快，过快会造成显影过度（电路会全面模糊缩小）；过稀则显影很慢
显影	 （a）将电路板放入显影液中 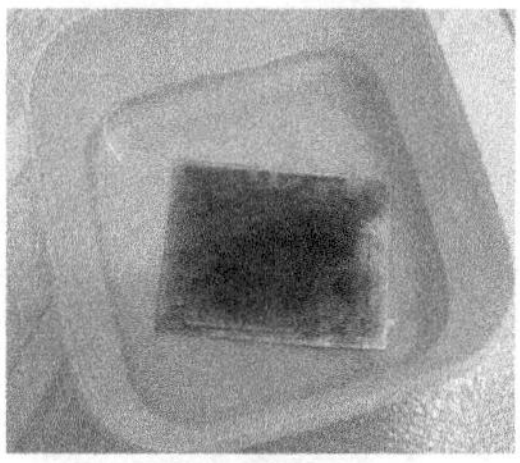 （b）晃动塑料盆  （c）显影后的电路板  （d）清洗过的电路板	步骤 1：将感光板绿色感光膜面向上放入显影液中，时间控制在 5min 左右。 步骤 2：油墨慢慢溶解，冒起绿色雾，渐渐显露线路。 步骤 3：不断晃动塑料盆，加快显影速度。 步骤 4：显影完成，用水稍微冲洗，晾干。 步骤 5：用小刀刮掉短路线路；用油性笔描绘、填补、修饰线路

续表

项目	示例图	方法步骤
蚀刻	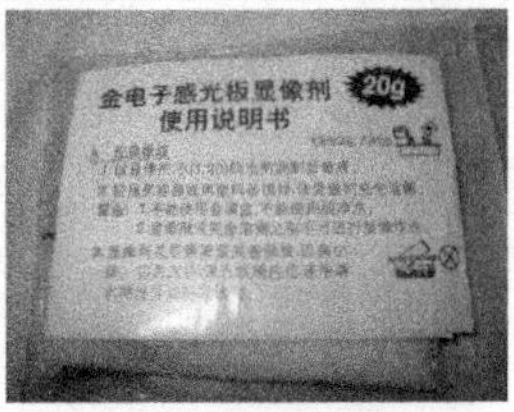 （a）蓝色环保蚀刻剂 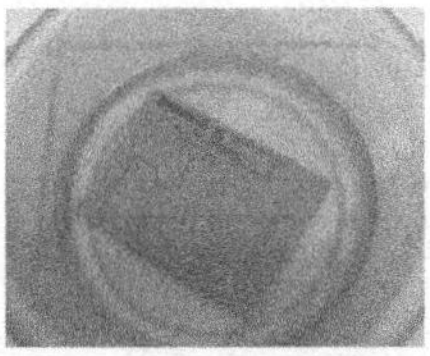 （b）将电路板放入蚀刻液中 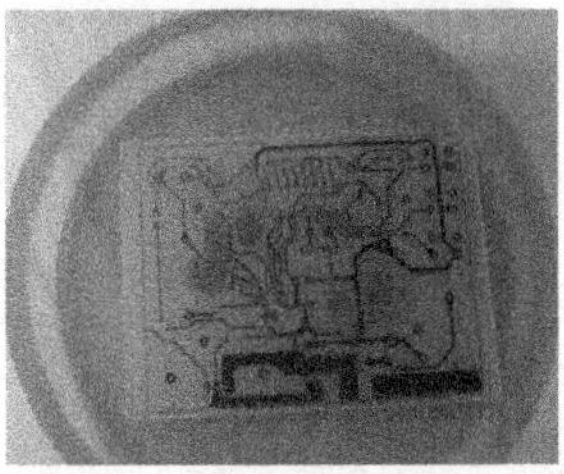 （c）腐蚀后的电路板 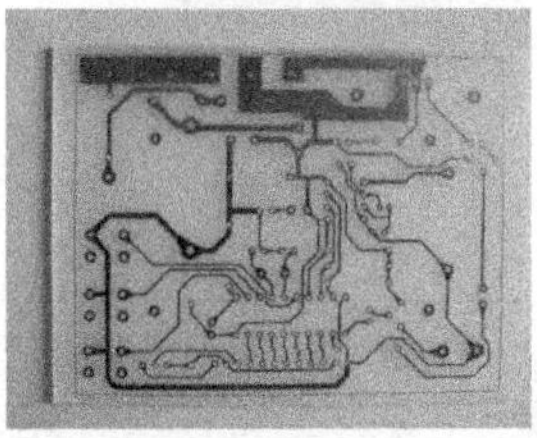 （d）清洗晾干后的电路板	步骤 1：将蓝色环保蚀刻剂与热水按说明在塑料盆中调配成蚀刻液。 步骤 2：将已显影的电路板有线路的一面朝上放入盆中进行蚀刻，时间控制在 50 min 左右。 步骤 3：不断晃动塑料盆，使蚀刻均匀，并加快速度。 步骤 4：蚀刻完成，取出印制电路板用水轻轻冲洗，晾干
涂阻焊层	 （a）紫外光固化绿油 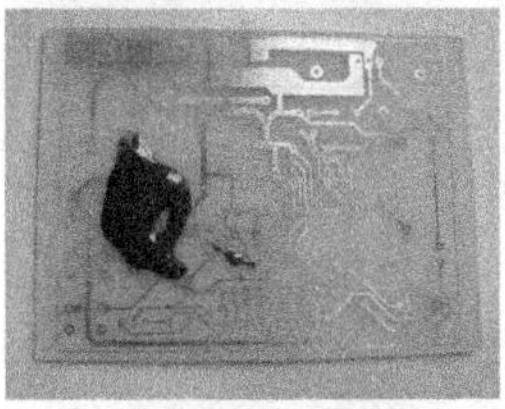 （b）涂感光绿油 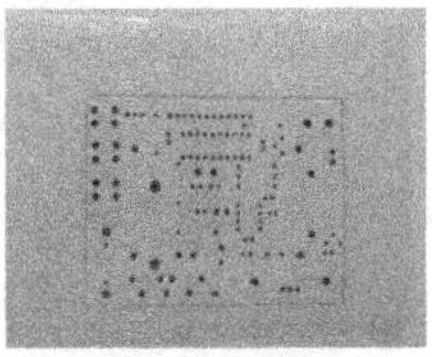 （c）透明胶片  （d）铺开绿油  （e）太阳光下曝光  （f）节能灯下曝光	步骤 1：用细砂纸将印制电路板打磨光亮，涂上紫外光固化绿油（1.5mL 涂约 150cm^2 的电路板）。 步骤 2：将只印有焊盘位置（锡膏层）的透明胶片有油墨的一面，贴在涂好绿油的印制电路板上，用刮片（废电话卡剪成 1cm 左右宽）慢慢地把绿油薄薄地、均匀地刮开在印制电路板上，并把膜下的气泡挤出。 步骤 3：刮好后重新对齐焊盘位置。 步骤 4：曝光，夏天正午的太阳光 10～15min，11W 节能灯 30～40min。电路板上焊盘处因有碳粉遮挡，没有被曝光，一直是液体；没有碳粉遮挡的地方曝光后绿油由液态变成固态。 步骤 5：揭膜后用汽油洗去液体，剪裁修边
钻孔	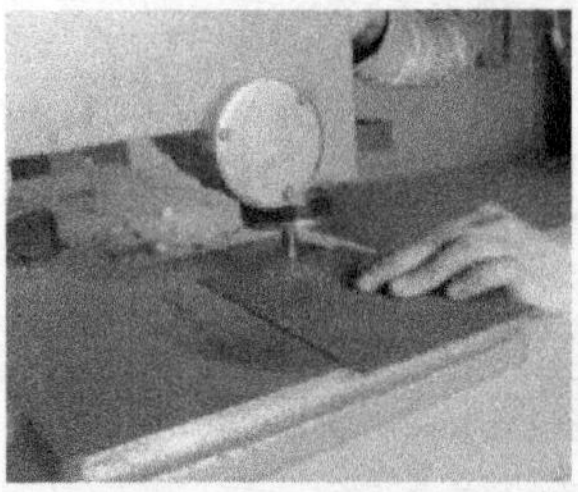	用微型台钻对焊盘上的小眼实施钻孔 注：一般电阻器、电容器和三极管引脚的孔，选用 1mm 直径的钻头； 直径 2mm 以下的孔采用高速（4000r/min）钻孔，3mm 以上的孔，转速可相应低一些； 要求精度较高的孔，最好先打样孔

续表

项目	示 例 图	方 法 步 骤
补孔		用手电钻对漏钻的孔进行补钻孔
成品		完整、美观的成品单面电路板

3. 报警器的装配

（1）准备

工具：电烙铁、烙铁架、钳子、镊子、螺钉旋具、美工刀、毛刷、吸锡器、实训操作台等。

耗材：焊锡、助焊剂、阻焊剂、砂纸、吸锡网线、套管、电子护套、AB 胶等。

仪表：万用表。

器材：中夏牌 ZX2039 型多功能防盗报警器电路套件（表 5-1）。

工艺规范描述：读图→选择（检测）元器件→安装元器件（焊接）→调试→成品。

（2）读图

中夏牌 ZX2039 型多功能防盗报警器印制电路图、装配图，如图 5-11 所示，根据电路原理图、印制电路图和装配图的对应关系找出各个元器件所在位置，完成读图任务。

（a）印制电路图

（b）装配图

图 5-11　中夏牌 ZX2039 型多功能防盗报警器电路

（3）选择（检测）元器件

中夏牌 ZX2039 型多功能防盗报警器电路中，电阻器、电容器、三极管、音乐集成电路、扬声器、电源开关的选择（检测）方法与前面的项目相同，水银开关和 555 集成电路等元器件的检测见表 5-9。

表 5-9　选择（检测）元器件

序　号	元　器　件	测量与判断
1	水银开关	对照表 5-1 中的要求，用万用表电阻挡测量。当水银置于根部时，开关接通；而位于顶部时，则开关断开
2	555 集成电路	对照表 5-1 中的要求，按表 5-3 中的办法，用万用表电阻挡测量

总之，元器件的选择（检测）可灵活掌握，参数可在一定范围内选用。

（4）镀锡

对所有元器件的引线进行镀锡处理。

（5）安装元器件

安装元器件的方法、原则与前面的项目相同，顺序及要点见表 5-10。

表 5-10　元器件的安装顺序及要点

步骤	装接件	示　例　图	工　艺　要　求	注　意　事　项
1	电路板	与前面的项目相同		
2	镀锡			
3	电阻器	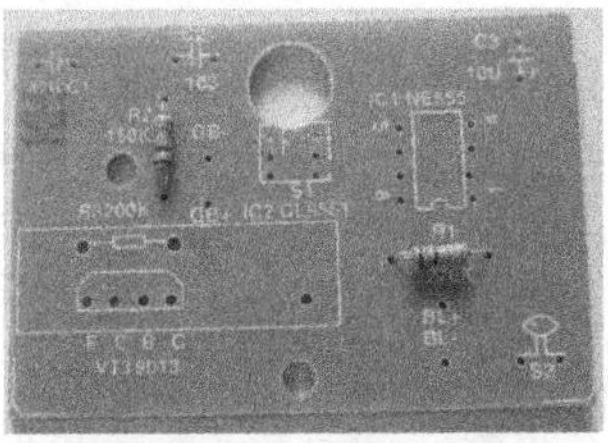	R_1、R_2卧式安装，剪去引脚的多余部分（下同）	紧贴字符面板，剪引脚方法要正确（下同）
4	电容器		C_1、C_3,卧式安装(平放)，C_2立式安装	焊接时脚稍留长一点以便弯曲
5	集成电路插座	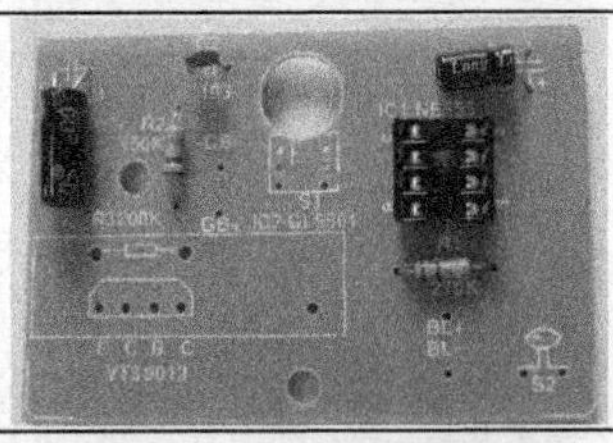	控制好烙铁温度和焊接时间	集成电路插座及 IC_1 集成电的缺口方向均与图纸一致
6	集成电路 IC_1			

续表

步骤	装接件	示 例 图	工 艺 要 求	注 意 事 项
7	电源开关 S_1	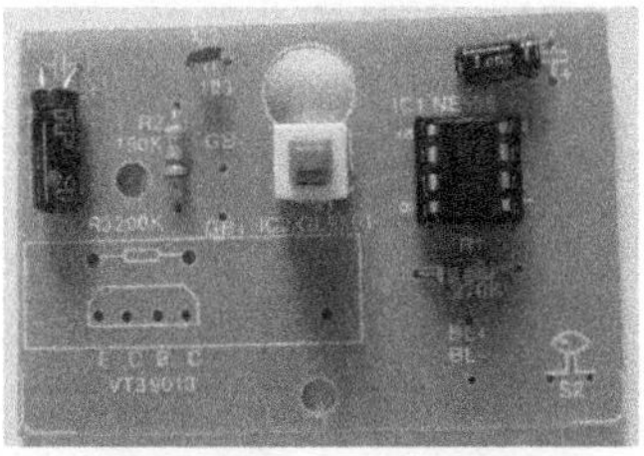 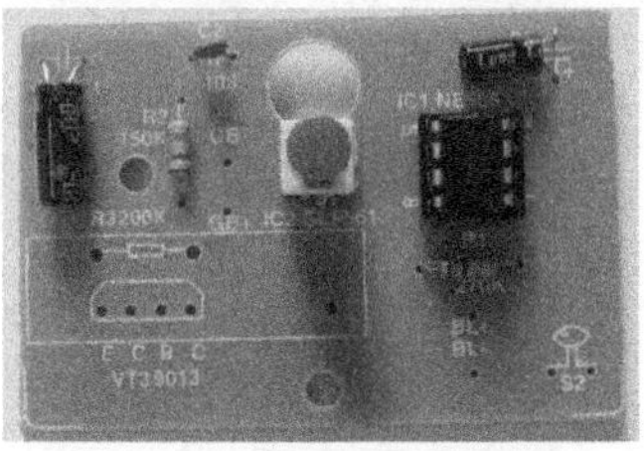	先焊开关，后盖上塑料按钮	当按下开关按钮时开关接通，松开按钮时断开，不要装反了
8	三极管	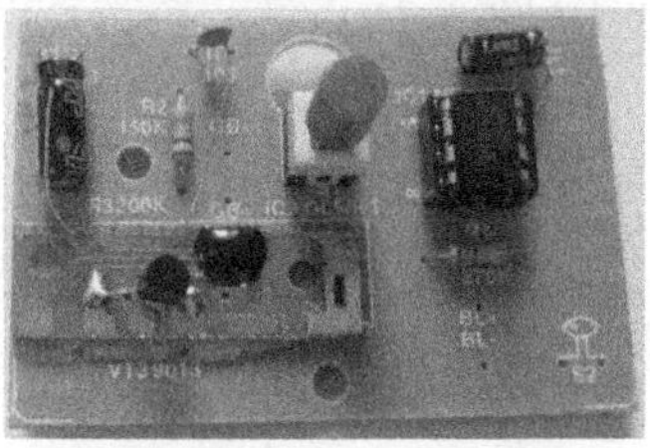	三极管相对应的脚位穿过 IC_2 插在电路板上焊接好，再在 IC_2 上焊好	三极引脚要双面（IC_2 面和铜箔面）焊接
9	电阻器		R_3 卧式安装，焊在 IC_2 上	R_3 穿过电路板在 IC_2 上焊接好
10	集成电路 IC_2		IC_2 没有引脚，只好利用电阻器 R_3、三极管来完成	与前面的项目相同，焊接速度要尽量快一些
11	A 点		A 点要双面焊接（利用连接线完成）	它是 IC_2 的电源
12	电池簧片		焊上连接导线（方法与前面的项目相同）；并将正负极簧片、左右连体片装入后盖中	簧片不要装反了

续表

步骤	装接件	示 例 图	工 艺 要 求	注 意 事 项
12	电池簧片			
13	扬声器		焊上连接导线，用扬声器压板压住，上好紧固螺钉	焊连接导线的时间不宜过长
		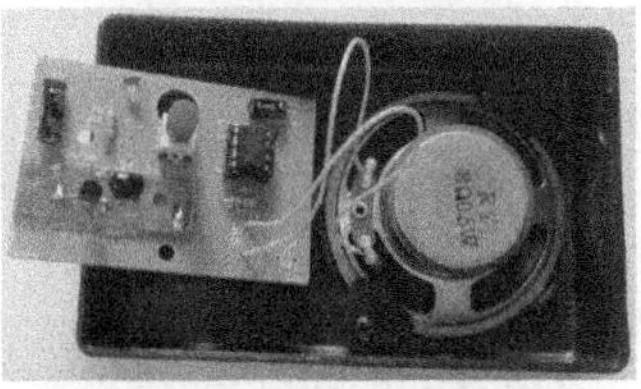	扬声器与电路板相连	不要接错正负极
14	连接电池簧片	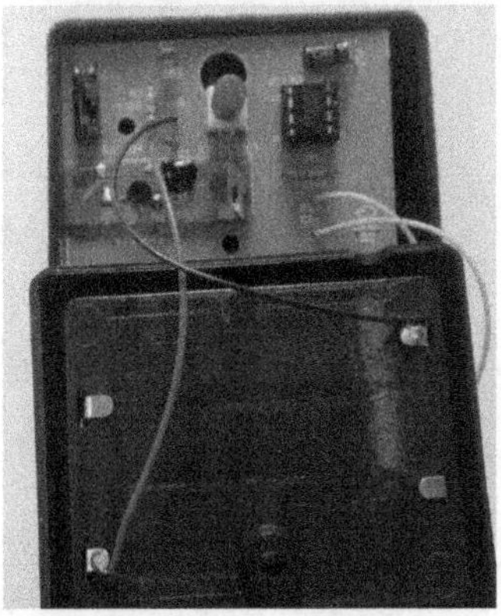	电池簧片与电路板相连	不要接错正负极
15	水银开关 S_2		立式安装，焊接在电路板的铜箔面	将引脚稍留长一点以便弯曲，既可以任意调整角度（即调灵敏度）又不影响后盖的安装；玻璃器件碰到硬物容易碎，动作要轻
16	焊点		与前面的项目相同	

4. 调试电路

中夏牌 ZX2039 型多功能防盗报警器电路的调试过程见表 5-11。

表 5-11　调试过程

步　骤	示 例 图	调　试
1		全部元器件焊接完毕，对照印制电路图，认真核对一遍元器件及电路连线是否接错、错焊、漏焊、短路、元件相碰等
2		接通电源
3		水平放置报警器，水银开关调整到水平向下倾斜 30°度左右（平时水银位于玻璃管的顶部）
4		振动报警器，水银就上下窜动，接通水银开关 S_2 而发出报警声
注意	玻璃管的倾斜度，直接影响报警器的灵敏度，最佳状态是整个报警器竖直放好振动一下，水银开关接通；马上还原，水银开关立即断开，反复多次试验直至满意为止	

电路调试完毕，一切正常，制作成功。

5. 成品的报警器

将装配、调试成功的中夏牌 ZX2039 型多功能防盗报警器的印制电路板及扬声器装入盒子内，合上后盖，拧紧螺钉，其松紧度应恰到好处，电池盒内装上 3 节五号电池，安装完成，如图 5-12 所示。

（a）装盒前

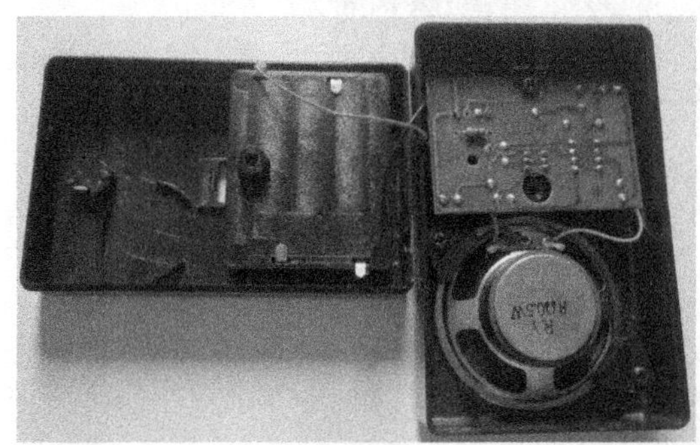

（b）装盒后

正面

背面

（c）成品图

图 5-12　成品中夏牌 ZX2039 型多功能防盗报警器

（1）产品功能特点

① 用 NE555 作为时基电路，GL9561 为报警集成电路，水银开关控制，灵敏度高。

② 开启后延时 10s 便停止，再次处于待机状态。

③ 结构简单、体积小、声音响亮、安装方便、工作可靠。

（2）主要性能

① 产品品牌：中夏牌。

② 产品型号：ZX2039 型。

③ 工作电压：DC4.5V（3 节五号电池）。

④ 延时时间：10s。

⑤ 外观尺寸：70mm×110mm×40mm。

（3）使用指南

① 主要用于家庭、店铺、室内等区域防盗。

② 使用时隐蔽安放在防盗、防振动物件（家用电器、门、窗、摩托车或自行车等）上，一旦物件被移动或振动，报警器就会发出声音。

③ 不使用时，关掉开关即可。

④ 可作为任何振动报警器、倾斜报警器、地震报警器等。

项目测试

1．由发光二极管、水银开关、电池和导线组成的电路，将发光二极管和水银开关隐藏在吸管里，电池盒隐藏在饮料杯中，伪装成一杯饮料。当吸管向下弯曲时灯就亮，向上折起时灯就灭。

（1）画出电路原理图。

（2）水银开关里面的水银珠是导体还是绝缘体？

（3）水银开关在吸管弯折处的上部还是下部？

2．查出 CF741CT、CF253CJ、CF271MJ 等集成运算放大器的型号意义，填入表 5-12 中。

表 5-12　集成运算放大器型号意义

第零部分		第一部分		第二部分		第三部分		第四部分	
符号	意义	符号	意义	符号	意义	符号	意义	符号	意义

3．60s 定时电路如图 5-13 所示。

当按下定时按钮 SB 时，低触发端②脚就输入了一个小于________V_{CC} 的负脉冲，输出端③脚输出________电平，LED 亮。而定时器中的放电管 VF________，电源对电容器 C 充电。当电容器上的电压升高到________V_{CC} 时，定时器________，③脚输出________电平，LED 灭，定时结束。

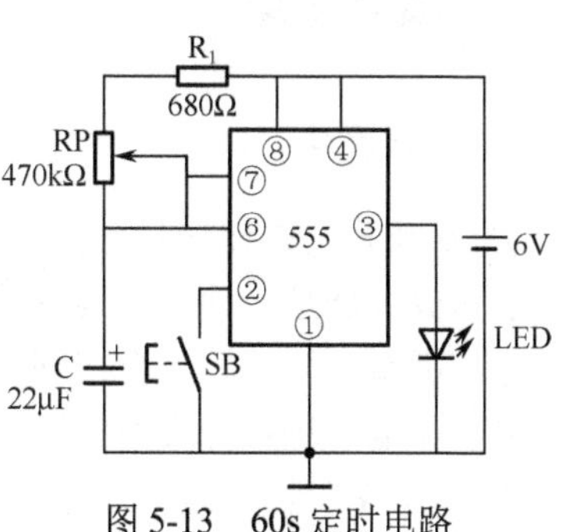

图 5-13　60s 定时电路

4．摩托车防盗报警器电路识读见表 5-13，请完成表中相应内容的填写。

表 5-13　摩托车防盗报警器电路

项目	内　容
电路功用	在盗车贼直立移动摩托车时发出类似警车的报警声
电路图	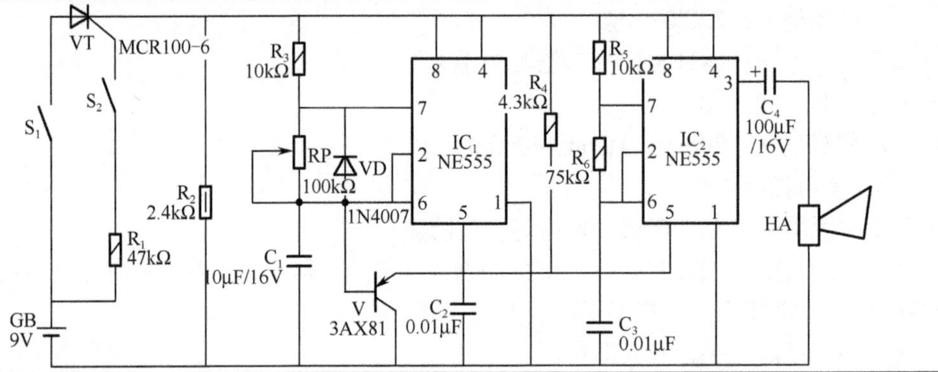 VT MCR100-6 S1 S2 R1 47kΩ GB 9V R2 2.4kΩ R3 10kΩ RP 100kΩ VD 1N4007 C1 10μF/16V V 3AX81 C2 0.01μF IC1 NE555 8 4 7 2 6 5 1 R4 4.3kΩ R5 10kΩ R6 75kΩ C3 0.01μF IC2 NE555 8 4 3 7 2 6 5 1 C4 100μF /16V HA
电路构成	（1）电源电路 GB——________，S_1——________，S_2——________ （2）触发电路 VT——________，R_1、R_2——________ （3）报警电路 1Hz 超低频振荡器：IC_1——________，C_1、C_2——________，R_3——________，VD——________，RP——________ 音频振荡器：IC_2——________，C_3、C_4——________，V——________，R_4、R_5、R_6——________，VD——二极管 HA——________
信号流程	

5．找几份电子产品工艺作业指导书来识读，总结编写产品工艺文件的要求，试以自己熟悉的产品为例制作一份合格的产品工艺文件。

6．用感光板法，制作一块自己喜爱的印制电路板。

项目总结

1．归纳梳理

① 水银开关是在玻璃管内装入规定数量的水银，再引出电极密封而成的一种电路开关；集成运算放大器是一种内部为直接耦合的高电压增益的多级放大电路；555 时基电路是一种模拟功能和逻辑功能巧妙结合在同一块芯片上的集成电路，在波形的产生与变换、测量与控制、家用电器和电子玩具等方面应用广泛。

② 基本 RS 触发器电路是一种能存储 1 位二进制值信息，在触发脉冲作用下能迅速翻转

的逻辑电路。中夏牌ZX2039型多功能防盗报警器主要由触发电路、单稳态触发器、报警电路等组成。

③ 工艺文件按工艺技术和管理要求编排，包括文件封面、工艺文件目录、工艺路线表、导线及扎线加工卡、装配工艺过程卡、配套明细表、工艺说明及简图卡、工艺文件更改通知单等。

④ 用感光板法制作印制电路板，主要包括画图、选纸、打印、修版、取材、曝光、配置显影液、显影、蚀刻、涂阻焊层、钻孔、补孔、成品等过程。

⑤ 防盗报警器电路的装配一般按准备、读图、选择（检测）元器件、对所有元器件的引线进行镀锡处理、安装元器件、调试电路等步骤进行。

2. 项目评估

评估指标	评估内容	配分	自我评价	小组评价	教师评价
学习态度	① 出全勤。 ② 认真遵守学习纪律。 ③ 搞好团结协作	15			
安全文明生产	① 严格遵守安全操作规程。 ② 工作台面整洁，工具、仪表齐备，摆放整齐。 ③ 掌握印制电路板制作过程中的注意事项	10			
理论测试	语言上能正确清楚地表达观点	5			
	能正确完成项目测试	10			
操作技能	能正确选用工具和制作器材	10			
	能正确识读电路图，合理选用元器件	20			
	了解工艺文件，会用感光板法制作印制电路板	10			
	能成功组装防盗报警器	20			
总评分					
教师签名					

3. 学习体会

收　获	
缺　憾	
改　进	

项目六

组装超外差式调幅收音机

项目目标

技能目标	① 会分析超外差式调幅收音机电路图。 ② 会利用仪器仪表测试各种元器件的主要参数。 ③ 能认真细心地按照工艺要求安装和焊接出正确的、合格的收音机。 ④ 按照技术指标掌握利用仪器仪表调试收音机的方法和步骤。 ⑤ 学会故障分析方法，提高理论联系实际的能力。 ⑥ 培养正确的工作方法和严谨的态度
知识目标	理解超外差式调幅收音机的工作原理

项目描述

收音机是一种普及率很高的典型电子整机设备，它能将广播电台以电磁波形式发射的广播信号接收下来，处理后还原出声音。

收音机种类较多，按体积分有台式、便携式、袖珍式，按元器件分有电子管、晶体管、集成电路，按电路特点分有直接放大式、超外差式，按调制方式分有调幅（AM）、调频（FM）、调幅/调频（AM / FM），按接收波段分有中波、短波、全波，按功能分有机械指针式、调谐数显式、DSP 电子数调式，按用途分有汽车用、收录两用、收扩两用、立体声，按供电方式分有交流电源型、直流电源型、交直流电源型、太阳能型，如图 6-1 所示。

（a）台式收音机

（b）全波段收音机

图 6-1　收音机

（c）电子管收音机

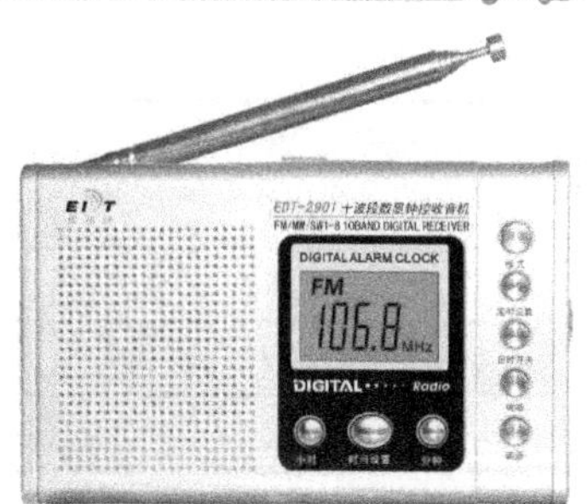

（d）调谐数显收音机

图 6-1　收音机（续）

本项目通过对中夏牌 S66E 型六管超外差式调幅收音机的组装，来学习电位器、可变电容器等元器件的性能、应用、质量检测，以及识读、装接、调试、维修该电路的基本方法。了解相应电子产品的装配过程，熟悉整机的装配工艺，提高实践技能，增加理论知识。

项目实施

任务 1　元器件认知

中夏牌 S66E 型六管超外差式调幅收音机元器件规格与数量见表 6-1。

表 6-1　元器件列表

序号	1	2	3
实物图			
名称	电阻器	电阻器	电阻器
位号	R_1	R_2	R_3
规格	200kΩ	1.8kΩ	120kΩ
数量	1 只	1 只	1 只
序号	4	5	6
实物图			
名称	电阻器	电阻器	电阻器
位号	R_4	R_5	R_6、R_8、R_{10}
规格	30kΩ	100kΩ	100Ω
数量	1 只	1 只	3 只
序号	7	8	9
实物图			

续表

序号	7	8	9
名称	电阻器	电阻器	带开关的电位器
位号	R_7、R_9	R_{11}	RP
规格	120Ω	330Ω	5kΩ
数量	2只	1只	1只
序号	10	11	12
实物图			
名称	瓷片电容器	瓷片电容器	电解电容器
位号	C_1	C_2	C_3
规格	103（10^4pF）	682（6.8×10^3pF）	10μF/25V
数量	1只	1只	1只
序号	13	14	15
实物图			
名称	瓷片电容器	电解电容器	电解电容器
位号	C_4、C_5、C_7	C_6	C_8、C_9
规格	223（2.2×10^4pF）	0.47μF/50V	100μF/16V
数量	3只	1只	2只
序号	16	17	18
实物图			
名称	双连电容器	发光管	三极管
位号	C_A、C_B	LED	V_1、V_2、V_3
规格	2×（7/270）pF	Φ3（红）	9018
数量	1只	1只	3只
序号	19	20	21
实物图			
名称	三极管	三极管	磁棒线圈
位号	V_4	V_5、V_6	T_1

续表

序号	19	20	21
规格	9014	9013	
数量	1只	2只	1套
序号	22	23	24
实物图			
名称	振荡线圈	中频变压器（简称中周）	输入变压器
位号	T_2	T_3、T_4	T_5
规格	ZXTLF10-1（红）	ZXTF10-1（白）、ZXTF10-2（黑）	
数量	1只	2只	1个
序号	25	26	27
实物图			
名称	扬声器	耳机插座	磁棒
位号	BL	XS	
数量	1个	1个	1根
序号	25	26	27
实物图	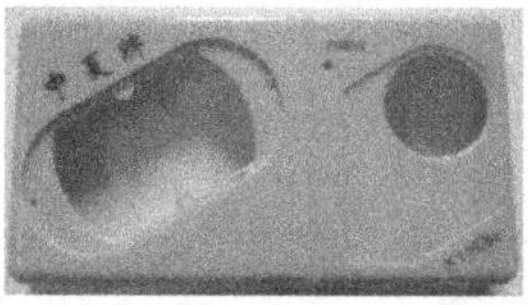		
名称	前盖	后盖	刻度板
数量	1个	1个	1个
序号	28	29	30
实物图	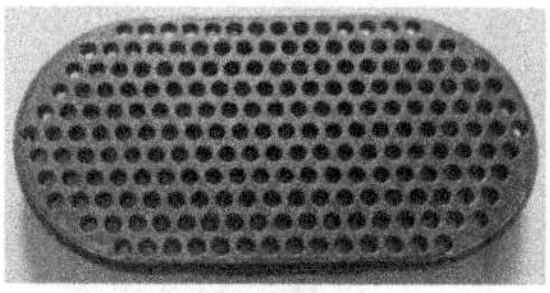		
名称	音窗	双连拨盘	电位器及开关拨盘
数量	1个	1个	1个

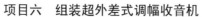

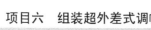

续表

序号	31	32	33
实物图			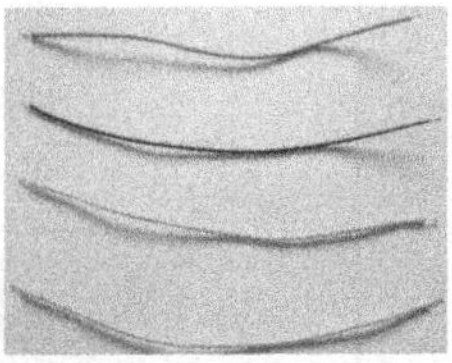
名称	磁棒支架	电池正负极片	连接导线
数量	1个	1套（3件）	4根
序号	34	35	36
实物图		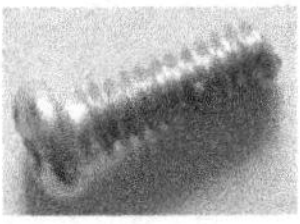	
名称	双连及拨盘螺钉	电位器拨盘螺钉	自攻螺钉
数量	3颗	1颗	1颗

1. 电位器

电位器是一种可连续调节的可变电阻器，在电路中用于改变、调整电阻值，属于机电转换元件。习惯上，人们将带有手柄易于调节的称为电位器，将不带手柄或调节不方便的称为微调电位器，简介见表6-2。

表6-2　电位器简介

项目	举例及说明	项目	举例及说明
外形	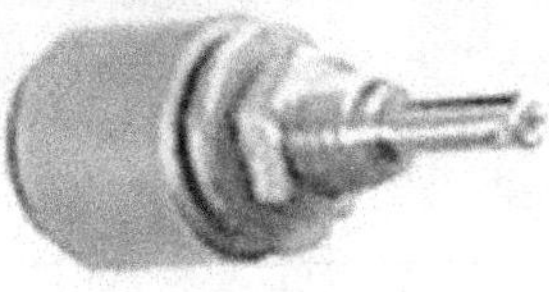 （a）有机实心电位器  （b）碳膜电位器  （c）同轴双电位器	结构	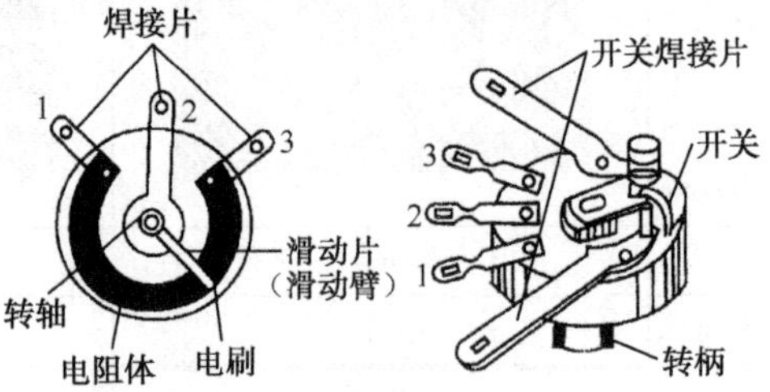 焊接片 1 2 3 滑动片（滑动臂） 转轴 电阻体 电刷 开关焊接片 开关 3 2 1 转柄 （a）带开关的小型电位器 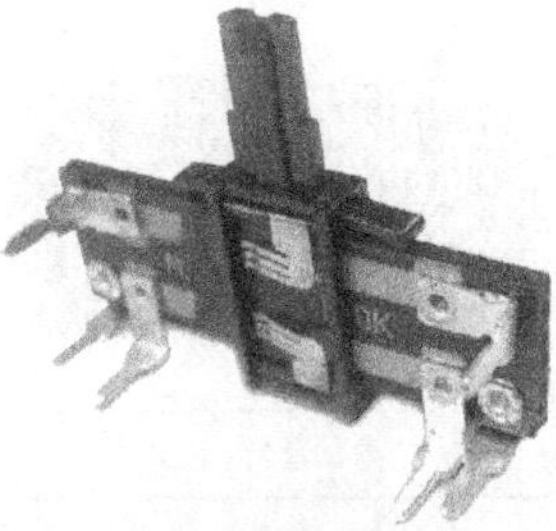 （b）直滑式电位器

续表

<table>
<tr><th>项目</th><th>举例及说明</th><th>项目</th><th>举例及说明</th></tr>
<tr><td>外形</td><td> （d）带开关的电位器 
（e）微调电位器 
（f）多圈微调电位器</td><td></td><td> 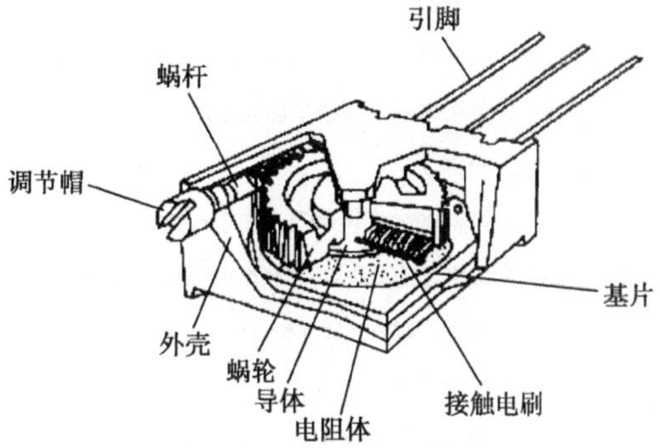引脚
蜗杆
调节帽
基片
外壳
蜗轮
导体
电阻体
接触电刷 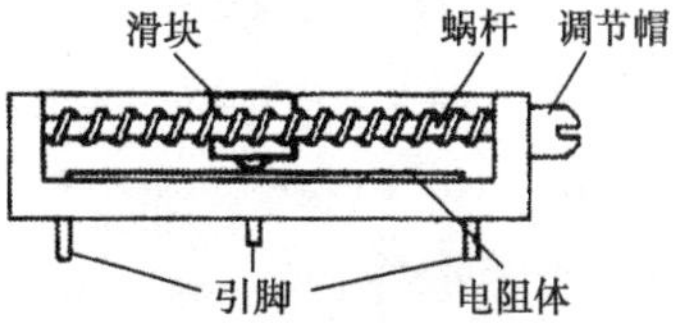
滑块
蜗杆　调节帽
引脚
电阻体
（c）多圈微调电位器</td></tr>
<tr><td>分类</td><td>① 按接触方式：接触式、非接触式（电子、光敏、磁敏）。
② 按操作调节方式：旋转式（或转柄式）、直滑式。
③ 按电阻体材料：线绕、薄膜型、合成材料。
④ 按阻值变化规律：直线式、函数式、步进式。
⑤ 按用途：普通型、微调型、精密型、专用型、步进型、旋转式。
⑥ 按结构特点：无开关、带开关、抽头式、单联、双联、单圈、多圈、锁紧、非锁紧</td><td>选用</td><td>根据电路的使用条件（电阻值及功率）和调节、操作及成本等要求来合理选用电位器。
<table>
<tr><th>使用条件</th><th>电位器</th></tr>
<tr><td>普通电子仪器</td><td>合成碳膜或有机实芯</td></tr>
<tr><td>高精度电路</td><td>线绕、导电塑料或精密合成碳膜</td></tr>
<tr><td>高频、高稳定性电路</td><td>薄膜</td></tr>
<tr><td>几个电路同步调节</td><td>多联</td></tr>
<tr><td>电压均匀变化</td><td>直线式</td></tr>
<tr><td>高温、大功率低频电路</td><td>线绕或金属玻璃釉</td></tr>
<tr><td>高分辨力电路</td><td>各类非线绕或多圈式微调</td></tr>
<tr><td>调节后无须再动</td><td>轴端锁紧式</td></tr>
<tr><td>精密、微量调节电路</td><td>带慢轴调节机构的微调</td></tr>
<tr><td>音量控制</td><td>指数式</td></tr>
</table></td></tr>
<tr><td>图形符号</td><td>在电路中用字母“RP”表示</td><td>型号意义</td><td>如 WHMK—101，由国家标准规定的型号命名法可知，W 表示电位器，H 表示合成碳膜，M 表示直滑式，K 表示规定失效率等级，101 表示生产序号，整个符号表示规定失效率等级的直滑式合成碳膜电位器</td></tr>
</table>

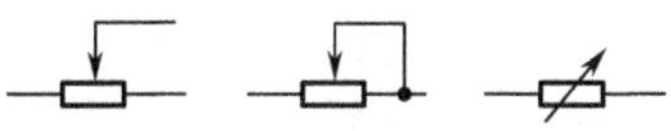

续表

<table>
<tr><th>项目</th><th>举例及说明</th><th>项目</th><th>举例及说明</th></tr>
<tr><td>主要参数</td><td>（1）标称阻值
电位器的最大阻值是标称阻值，采用 E12 和 E6 系列；终端电阻（零位电阻）是最小阻值。
（2）允许误差
与电阻器的允许误差定义完全相同，一般非线绕的允许误差有±5%、±10%和±20%，线绕的允许误差有±1%、±2%、±5%和±10%。
（3）额定功率
在交流或直流电路中，在特定条件（一定大气压和产品标准所规定的温度）下工作时所能承受的最大功率，非线绕电位器额定功率系列为 0.05W、0.1W、0.25W、0.5W、1W、2W、3W。
（4）耐磨寿命
在规定的试验条件下，电位器动触点可靠运动的总次数，常用“周”表示。耐磨寿命与电位器的种类、结构、材料及制作工艺有关</td><td>连接</td><td>输入电压 RP 3 2 1 输出电压
（a）作为分压器连接
RP 3 2 1
（b）作为变阻器连接</td></tr>
<tr><td>电参量关系</td><td>$\frac{R_{RP12}}{R_{RP13}}$ 1 D X Z 0 1 $\frac{转角}{总转角}$
<table><tr><td>X 型</td><td>直线型</td></tr><tr><td>Z 型</td><td>指数型</td></tr><tr><td>D 型</td><td>对数型</td></tr></table></td><td>标志识读</td><td>电位器的型号、类别、标称阻值、额定功率及输出特性的代号，一般用字母和阿拉伯数字直接标注在电位器上。
WXD3-13S
W 表示电位器，X 表示线绕式，D 表示多圈，3-13S 表示生产序号</td></tr>
<tr><td>检测</td><td>（1）外观上
外形端正，标志清晰，光泽好，转轴转动灵活，松紧适当。带开关的电位器，开关动作时，不松不紧，声音清脆；推拉式开关电位器，开关动作推拉自如，通断可靠；直滑式电位器，左右滑动时松紧适当，手感舒适。
（2）质量上
用万用表电阻挡检测。</td><td></td><td>① 在额定功率范围内使用电位器，且不超过电位器所允许的最大工作电压。
② 根据原电位器的技术参数来选择更换的电位器。
③ 在便于调节的空间中安装电位器，且牢固可靠。接地焊片必须接地，以防外界干扰。
④ 不在含有害物质的环境中使用电位器，清除污垢用无水酒精轻拭</td></tr>
</table>

续表

项目	举例及说明	项目	举例及说明
检测	① 开关性能 步骤 1：万用表置 $R\times1\Omega$挡，两表笔接触电位器上的开关焊片。 步骤 2：转动轴柄，开关接通，阻值为 0；若阻值为∞，说明接触不良。开关断开，阻值为∞；若阻值为 0，说明开关短路，反复观察多次。 ② 标称值 步骤 1：万用表置 $R\times100\Omega$挡，将两表笔接触电位器开关焊片向内数的两焊片。 步骤 2：读数即为电位器的标称阻值。 若万用表的指针不动或阻值相差很多，表明电位器已损坏。 ③ 接触性能 步骤 1：万用表置 $R\times100\Omega$挡，将两表笔分别接触电位器的最中间的焊片与其两边的焊片。 步骤 2：缓慢转动轴柄，反复调两次。 步骤 3：若万用表指针平稳转动、不跳跃，表明电位器良好；若指针有跳动或突然变为∞，表明电位器接触不良。	注意事项	

2. 可变电容器

可变电容器是一种电容量可以在一定范围内调节的电容器，单连可变电容器由两组金属片组成电极，固定不动的一组为定片，可旋转的一组为动片，动片和定片之间是介质。转动动片可改变动片与定片之间的角度，从而改变电容量。当动片全部旋进定片时，电容量最大；全部旋出时，电容量最小，简介见表 6-3。

表 6-3　可变电容器简介

项目	举例及说明	项目	举例及说明
外形	 （a）单连可变电容器 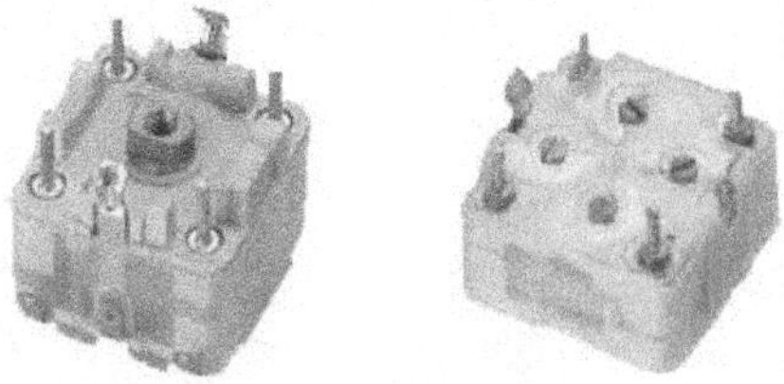 （b）双连可变电容器  （c）微调电容器	结构	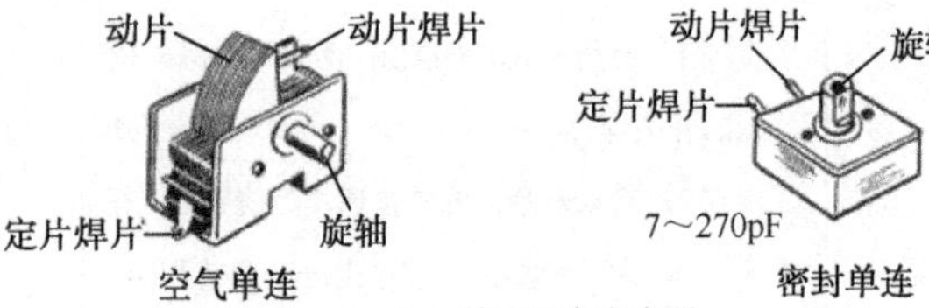 动片　动片焊片　定片焊片　旋轴　空气单连 动片焊片　旋轴　定片焊片　7～270pF　密封单连 （a）单连可变电容器 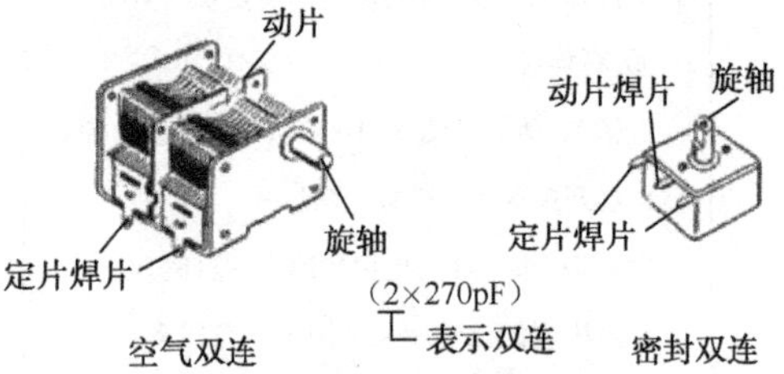 动片　定片焊片　旋轴　空气双连 （2×270pF）表示双连 动片焊片　旋轴　定片焊片　密封双连 （b）双连可变电容器 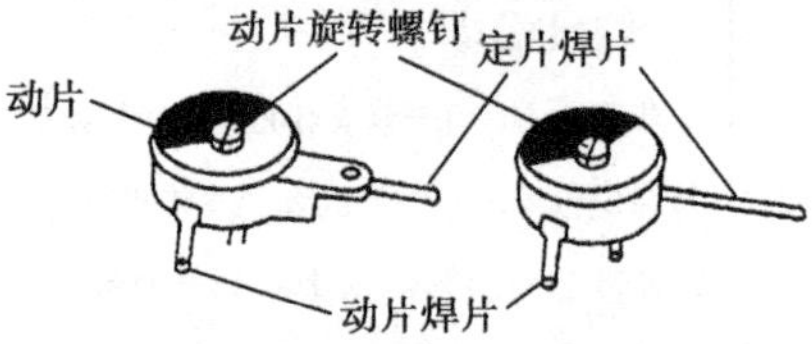 动片旋转螺钉　定片焊片　动片　动片焊片 （c）瓷介微调电容器 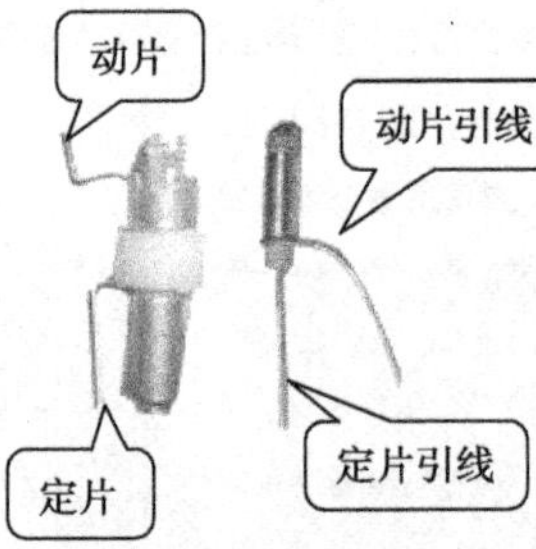 动片　动片引线　定片　定片引线 （d）拉线微调电容器
功能	（1）空气介质可变电容器 可变电容量为 100～1500pF，损耗小，效率高，可根据要求制成直线式、直线波长式、直线频率式及对数式等，应用于电子仪器、广播电视设备等。 （2）薄膜介质可变电容器 可变电容量为 15～550pF，体积小，重量轻，损耗比空气介质的大，应用于通信、广播接收机等。 （3）薄膜介质微调电容器 可变电容量为 1～29pF，损耗较大，体积小，应用于收录机、电子仪器等电路作为电路补偿。 （4）陶瓷介质微调电容器 可变电容量为 0.3～22pF，损耗较小，体积较小，应用于精密调谐的高频振荡回路	分类	① 按内部介质：空气介质、固体介质。 ② 按可变电容量：可变(7/270pF、100/1500pF)和微调(5/20pF、7/30pF）。 ③ 按构成：单连、双连、三连、四连。 ④ 按电容量随动片转动角度变化的规律：直线电容式、直线波长式、直线频率式和对数式

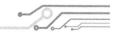

续表

项目	举例及说明	项目	举例及说明
图形符号	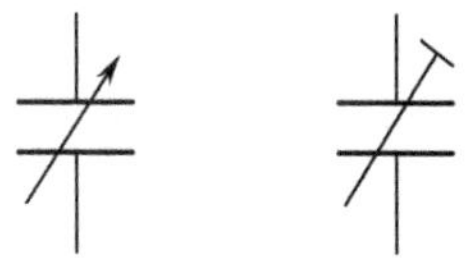 （a）可变电容器　（b）微调电容器 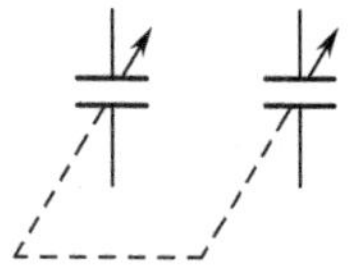 （c）双连可变电容器 在电路中用字母“C”表示	型号意义	常用的国产空气单连可变电容器有 CB-1-×××系列和 CB-X-×××系列，常用的空气双连可变电容器有 CB-2-×××系列和 CB-2X-×××系列
主要参数	如 CB-2-250 型空气双连可变电容器 ① 标称电容量：19～480pF。 ② 有效转角：96%～99%（180°）。 ③ 绝缘电阻：1000MΩ。 ④ 耐压：DC 800V。 ⑤ 转动力矩：1～4.9N·cm	参量关系	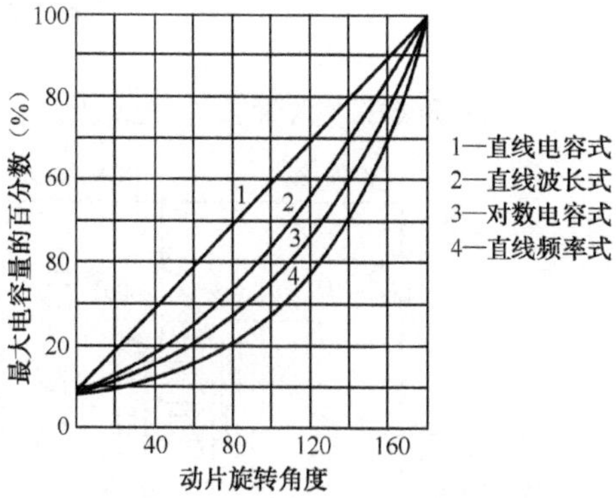 100 80 60 80 20 0 40 80 120 160 最大电容量的百分数（%） 动片旋转角度 1 2 3 4 1—直线电容式 2—直线波长式 3—对数电容式 4—直线频率式 电容量与动片转动角度间的变化规律
检测	（1）外观上 可变电容器塑料件无碎裂及显著划伤现象，金属件无锈蚀，标志清晰。 （2）质量上 ① 转轴机械性能。 用手轻轻旋动转轴，感觉应十分平滑，不应有时松时紧甚至卡滞的现象。将转轴向前、后、上、下、左、右等各个方向推动时，转轴不应有松动的现象。 ② 转轴与动片连接。 一只手旋动转轴，另一只手轻摸动片组的外缘，感觉不应有任何松脱现象。转轴与动片之间接触不良的可变电容器，是不能用的。可变电容器只能转动 180°，若能转过 360°，则说明定位脚已经损坏。 ③ 动片与定片。 万用表置 $R\times10\text{k}\Omega$挡，红、黑表笔分别接在可变电容器的定片和动片的引出端，缓缓地转动转轴几个来回。在旋动转轴的过程中，若指针有时指零，说明动片和定片之间存在短路点（碰片）；若旋到	注意事项	① 使用可变电容器时，转动的转轴松紧程度应适中，有过紧或松动现象的可变电容器不要使用。 ② 使用微调电容器时，要关注微调机构的松紧程度，调节过松容量会不稳定，调节过紧极易发生调节时的损坏

续表

项目	举例及说明	项目	举例及说明
检测	某一角度时，指针指示为某一定电阻值，说明动片与定片之间存在漏电现象；只有动片不管转到什么位置，表针都指示∞时，才说明此电容器是正常的。 正常　漏电　碰片　R×10kΩ		

任务 2　电路识读

中夏牌 S66E 型六管超外差式调幅收音机电路原理图如图 6-2 所示。

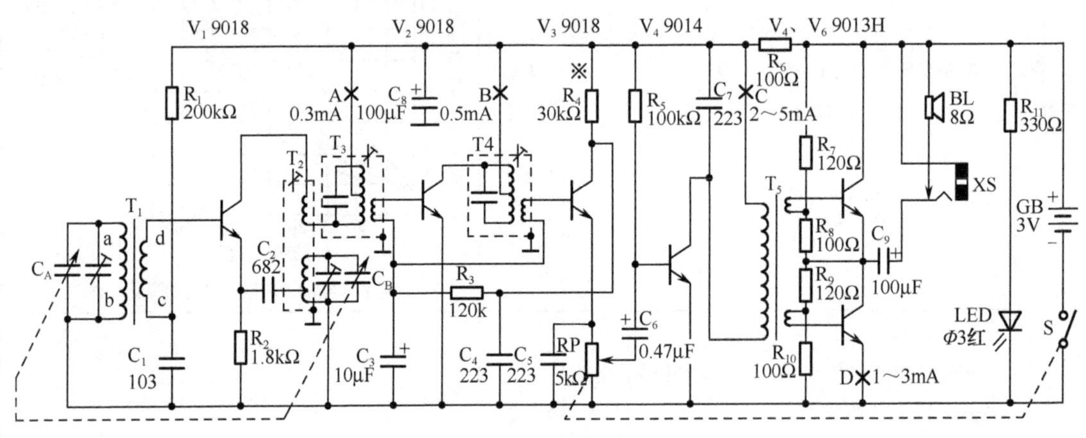

图 6-2　中夏牌 S66E 型六管超外差式调幅收音机电路原理图

1. 无线电广播的发射与接收

（1）无线电波

当一根导线中通过高频电流时，导线的周围就产生变化的磁场，变化的磁场周围又产生变化的电场，而变化的电场周围再产生变化的磁场。这种电场和磁场的交替变化向四周传播并能把能量传送出去的波，称为电磁波，就是我们通常所说的无线电波。

（2）无线电波的传播

① 地面波传播（表面波传播）：无线电波沿着地球表面传播到达接收点的传播方式，如图 6-3（a）所示。长波、中波及部分短波能利用表面波传播方式传到数百公里之外。

② 天波传播：无线电波向天空辐射，经由天空中的电离层反射到达地面接收点的传播方式，如图 6-3（b）所示。天空电离层内含有电子和离子，它对一定波长范围内的无线电波具有反射作用。

③ 空间波传播（直线传播）：无线电波在大气层低层空间沿直线传播到达接收点的传播方

式，如图 6-3（c）所示。电波在天空以直线传播为主，但因地球是椭圆球体，所以传播距离较短，不得不靠增加天线高度来增加通信距离。

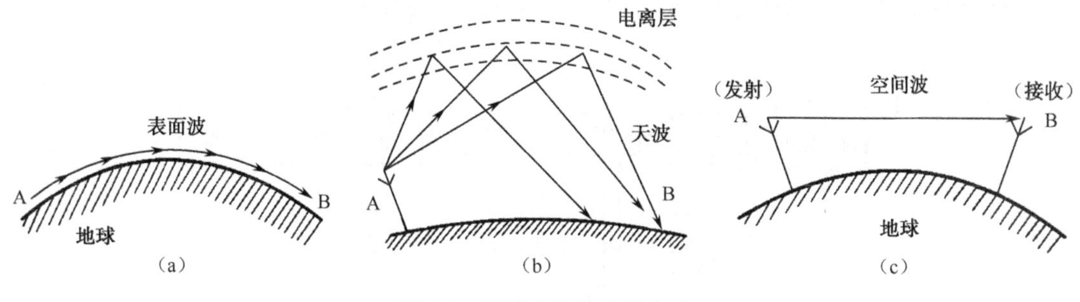

图 6-3　无线电波的传播方式

（3）无线电波的发射

由于音频信号的传播速度约为 340m/s，且衰减很快，不能传得很远，所以必须利用高频电磁波将其“携带”到远方去，如图 6-4 所示。

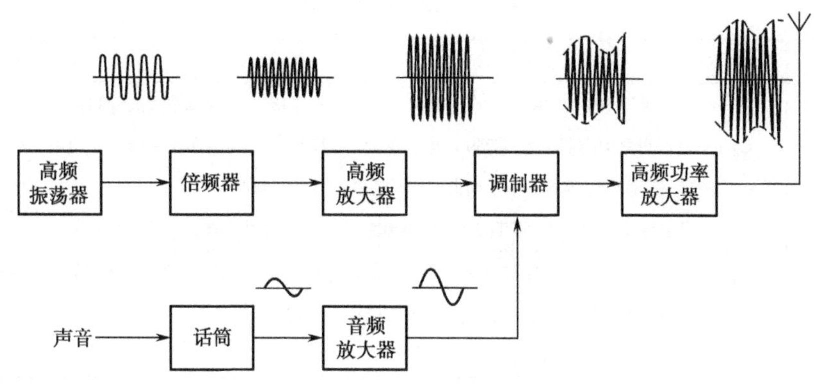

图 6-4　无线电波发射方框图

话筒和音频放大器把声音变换成调制器所需的一定强度的音频电信号，高频振荡器产生高频正弦波信号（载波），倍频器将载波频率提高，调制器将音频电信号“装载”到高频电信号上，再经高频功率放大器进行功率放大，最后由天线发射出去。

（4）无线电波的接收

理论上讲，接收与发射是一个相反的过程，如图 6-5 所示。

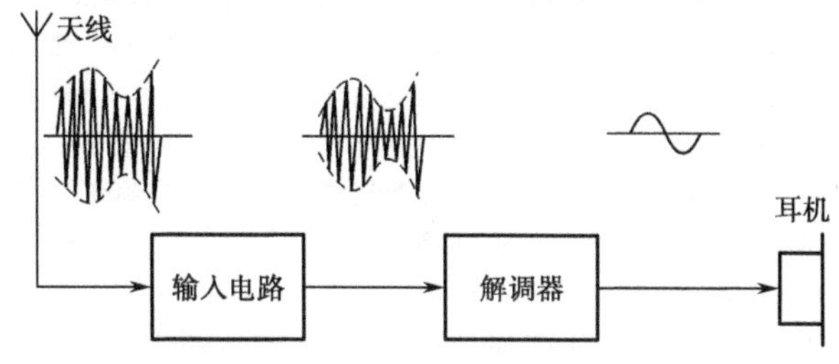

图 6-5　无线电波接收方框图

接收机的天线和输入电路从不同频率的电波信号中选取出需要收听的电信号，进入“解调器”解调出音频信号，再经音频输出放大，推动耳机（或扬声器）还原出声音。

2. 收音机电路的识读

中夏牌 S66E 型六管超外差式调幅收音机电路方框图如图 6-6 所示。

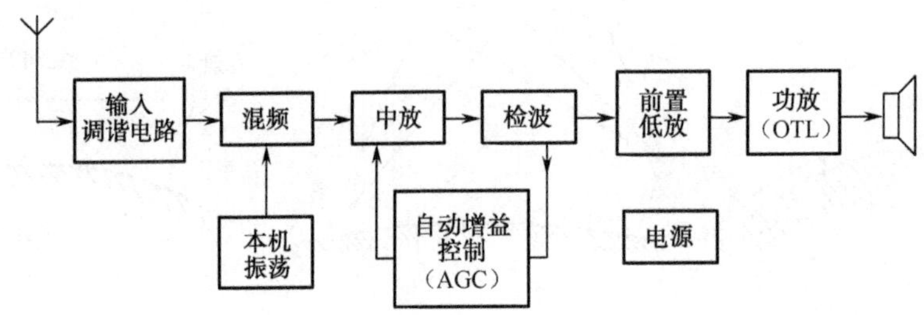

图 6-6 中夏牌 S66E 型六管超外差式调幅收音机电路方框图

（1）输入调谐电路

输入调谐电路见表 6-4。

表 6-4 输入调谐电路

项　目	内　容
电路构成	T_1——由磁棒和一次侧绕组、二次侧绕组（L_{ab}、L_{cd}）构成的中波磁性天线线圈。 C_A——双联可变电容器中的调谐联，电容量为 7～270pF，虚线表示两部分为联动。 C_a——半可变微调电容器，用于微调补偿，电容量为 5～20pF。 双连可变电容器的 C_A、C_2 和 T_1 的一次侧绕组 L_{ab} 组成一个并联谐振的输入回路
信号流程	从天线接收进来的电台信号与谐振电路固有频率（$f=1/2\pi L_{ab}C_A$）一致时，电台信号就会在 L_{ab} 两端产生高电压而被选出，经 L_{ab} 耦合给 L_{cd}，加至三极管 V_1 的基极。 当改变 C_A 的电容量时，就能收到不同频率的电台信号

（2）变频电路

变频电路由本机振荡电路和混频电路组成见表 6-5。

表 6-5 变频电路

项　目	内　容
电路构成	C_1——电容器，使 V_1 基极高频接地。 V_1——三极管，担任本机振荡和混频任务，偏置电流为 0.3mA。 C_b——半可变微调电容器，电容量为 5～20pF，用于微调补偿、高端跟踪。 C_B——与 C_A 同轴的双联可变电容器中的振荡联，电容量为 7～270pF，虚线表示两部分为联动。 C_2——振荡回路的耦合电容器，又称振荡交联电容器，其电容量必须选择恰当，若过小易造成整机灵敏度低或本机振荡停振（特别低端停振），若太大易产生寄生振荡（特别是高端）。 T_2——振荡线圈，调节磁芯改变电感量，可调节振荡器低端的振荡频率，T_2 把 V_1 集电极输出的放大的振荡信号以正反馈的形式由 C_2 耦合到 V_1 的发射极。 T_3——中频变压器。 R_1、R_2 和 V_1 构成电流负反馈偏置电路。上偏置电阻器 R_1 参考阻值为 200kΩ，用来调节三极管的工作电流，其具体电阻值在调试时确定。 C_B、C_b、C_2、T_2 和 V_1 等元件组成本机共基极振荡电路，产生一个比输入信号频率高 465kHz 的等幅高频振荡信号（频率由 T_2、C_B 控制）；V_1、T_3 的一次侧绕组等元件组成共发射极混频电路；本机振荡和混频合起来为变频电路

续表

项　目	内　容
信号流程	输入调谐电路收到的电台信号由 T_1 的 L_{cd} 绕组送到 V_1 的基极；本机振荡信号通过 C_2 送到 V_1 的发射结，由于三极管的非线性作用，两种频率的信号在 T_1 中进行混频。混频后就有一种频率为 465kHz 的差频信号（中频信号）产生，再由 T_3（固有频率为 465kHz）把这一差频信号从多种频率的信号中选出，滤掉其他的信号，并由其二次侧绕组将此信号耦合到下一级进行中频放大。 变频电路的作用是把由输入调谐电路收到的不同频率电台信号（高频信号）变换成固定的 465kHz 的中频信号

(3）中频放大电路

为保证足够的放大量，中频放大电路由两级单调谐放大电路组成见表 6-6。

表 6-6　中频放大电路

项　目	内　容
电路构成	V_2——三极管，中频放大电路，偏置电流为 0.5mA，由偏置电阻器 R_4 调整。 R_4——V_2 的偏置电阻器、V_3 的负载电阻器。 V_3——三极管，起中频放大作用。 R_3、R_4 和 V_2 构成电流负反馈偏置电路。 C_3——电解电容器，滤除中频分量，防止中频信号串入 V_2 的基极引起中放自激。 T_4——中频变压器，其初级与内部电容器构成并联谐振电路，谐振频率为 465kHz，完成选频与级间耦合及阻抗匹配的任务
信号流程	由变频电路的 T_3 耦合来的中频信号送到 V_2 的基极，经 V_2 放大并选频后由 T_4 耦合到 V_3 的基极，由 V_3 放大并检波出音频信号

(4）检波和自动增益控制电路

检波和自动增益控制（AGC）电路见表 6-7。

表 6-7　检波和自动增益控制电路

项　目	内　容
电路构成	V_3——三极管，起检波作用。 C_4、C_5——电容器，滤去残余的中频成分。 R_3、C_4——构成滤波网络，将 V_3 放大产生的直流分量经 R_3 送到 V_2 的基极，实现自动增益控制（AGC）控制 RP——音量电位器，兼做负载电阻器，虚线表示与开关 S 组合连动
信号流程	中频信号经 V_2 充分放大后由 T_4 耦合到 V_3，利用 V_3 发射结单向导电性完成检波任务，检波后产生的中频及其谐波分量经滤波电容器 C_8 滤除，音频分量经 RP 和隔直耦合电容器 C_6 送往音频放大器；V_3 的 AGC 控制过程如下： 外信号电压↑→U_{V3b}↑→I_{V3b}↑→I_{V3c}↑→U_{V3c}↓→U_{V2b}↓→I_{V2b}↓→I_{V2c}↓→外信号电压↓ 所以 AGC 电路使电路的增益能进行自动调节，保证了检波后的音频电压基本保持稳定。 检波电路的主要作用是把中频调幅信号还原成音频信号

(5）前置低放电路

从检波电路输出的音频信号很弱，不能推动扬声器正常工作，为了获得较大的增益，就由前置低放电路对音频信号进行放大，以满足推动末级功率放大器的输入信号强度见表 6-8。

表 6-8　前置低放电路

项　目	内　容
电路构成	C_6——电解电容器，起隔直耦合作用。 C_7——电容器。 R_5——偏置电阻器。 T_5——变压器，起输入倒相作用，其一次侧绕组直流电阻作为 V_4 的集电极电阻；两个二次侧绕组匝数相同，绕向相反，保证了电路对称性。 V_4——三极管，起放大音频信号的作用。 V_4是采用直流负反馈稳定静态工作点的电压放大电路，有足够的增益和频带宽度及较小的非线性失真和噪声
信号流程	检波滤波后的音频信号由 RP、C_6 送到 V_4 的基极，经 V_4 将音频信号电压放大几十到几百倍。调节 RP 可以改变 V_4 基极对地的信号电压大小，从而达到调控音量的目的

（6）功率放大器（OTL 电路）

功率放大电路不仅将前置低放电路送来的音频信号再次放大电压，而且能输出较大的电流，达到规定的功率去推动扬声器发声，静态电流一般在 1～3mA 左右见表 6-9。

表 6-9　功率放大电路

项　目	内　容
电路构成	R_7、R_8、R_9、R_{10}——V_5 和 V_6 的偏置电阻器，以保证电路工作于乙类状态。 V_5、V_6——参数一致的 NPN 型三极管，起功率放大作用。 C_9——电解电容器，起隔直耦合作用，为减少低频失真，其电容量选得越大越好。 BL——8Ω扬声器。 J——耳机插孔。 V_5、V_6 组成同类型三极管无输出变压器推挽功率放大电路，其频率特性好，输出阻抗低，可以直接推动扬声器工作，且消除了输出变压器引起的失真和损耗，也减小了体积和重量
信号流程	经 V_4 电压放大后的音频信号通过 T_5 耦合，得到两个幅值相等、相位相反的输入信号，并分别加到 V_5、V_6 的输入回路，使它们分别工作于输入信号的正、负半周。在一个周期内，两管交替工作，互相配合，共同完成对整个信号的放大并经 C_9 加载到扬声器上

（7）电源电路

电源电路是为整机提供合适与稳定的工作电压的装置见表 6-10。

表 6-10　电源电路

项　目	内　容
电路构成	R_6、R_{11}——限流电阻器。 C_8——退耦电容器。 S——开关，与音量电位器组合联动。 GB——电源。 LED——发光二极管。 R_{11}、LED 构成电源指示电路
信号流程	C_8、R_6 构成滤波网络，实现电源退耦，既防止高、中频信号通过电源串入音频放大器造成干扰，又防止电路工作电流变化所引起的电压波动干扰其他电路

任务 3　电路制作

1. 组装电路

（1）准备

工具：电烙铁、烙铁架、钳子、镊子、螺钉旋具、美工刀、毛刷、吸锡器、无感起子、实训操作台等。

耗材：焊锡、助焊剂、砂纸、吸锡网线、AB 胶等。

仪器仪表：万用表、高频信号发生器、音频信号发生器、双通道毫伏表、双踪数字示波器、中频图示仪等。

器材：中夏牌 S66E 型六管超外差式调幅收音机套件（见表 6-11）。

工艺规范描述：读图→选择（检测）元器件→安装元器件（焊接）→调试→成品。

（2）读图

中夏牌 S66E 型六管超外差式调幅收音机电路印制电路图和装配图，如图 6-7 所示，根据电路原理图、印制电路图和装配图的对应关系找出各个元器件所在位置，完成读图任务。

（b）印制电路图

（b）装配图

图 6-7　中夏牌 S66E 型六管超外差式调幅收音机印制电路图和装配图

（3）选择（检测）元器件

中夏 S66E 型六管超外差式调幅收音机电路中，部分元器件的检测见表 6-11。三极管 V_5、V_6 的 hEF 要配对（相差不大于 20%），制作者之间可互相调整，使管子性能配对。

表 6-11　选择（检测）元器件

序　号	元　器　件	测量与判断
1	电阻器	选用同规格碳膜电阻器，误差在±5%以内，用万用表电阻挡测量
2	带开关的电位器	对照表 6-1 中的要求，用万用表电阻挡测量
3	电容器	C_1、C_2、C_4、C_5、C_7一般选用瓷片电容器；C_3、C_6、C_8、C_9选用电解电容器，耐压不低于 6V，漏电要小；所有电容器的电容量要准确，用万用表电容量挡测量
4	双连电容器	双联可变电容器 C_A、C_B 采用 CMB-223 型的密封双联，用万用表电阻挡测量
5	线圈 T_1、磁棒	磁性天线采用 5mm×13mm×55mm 的中波扁磁棒，其导磁率很高，能大量聚集空间电磁波。L_{ab}、L_{cd} 由多股线径 0.17mm 的漆包线绕制，一般 L_{ab} 为 100 匝，L_{cd} 为 10 匝
6	振荡线圈	振荡线圈 T_2，型号为 ZXTLF10-1（红色），用万用表 $R×1Ω$挡测量，数值如下： 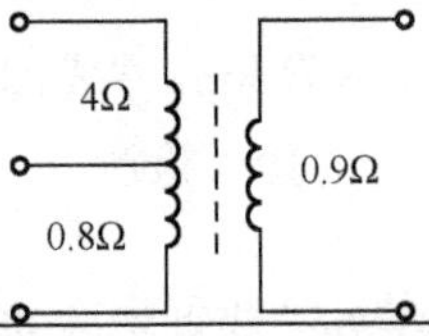 4Ω　0.9Ω　0.8Ω
7	中频变压器（中周）	中周 T_3、T_4 的一次侧绕组有三根引线，一次侧绕组有两根引线。线圈绕在工字形塑料骨架上，调节骨架里面的磁芯可改变线圈的电感量。T_3 型号为 ZXTF10-1（白色）用于第一放，T_4 型号为 ZXTF10-2（黑色）用于第二中放。用万用表 $R×1Ω$挡测量，数值如下： 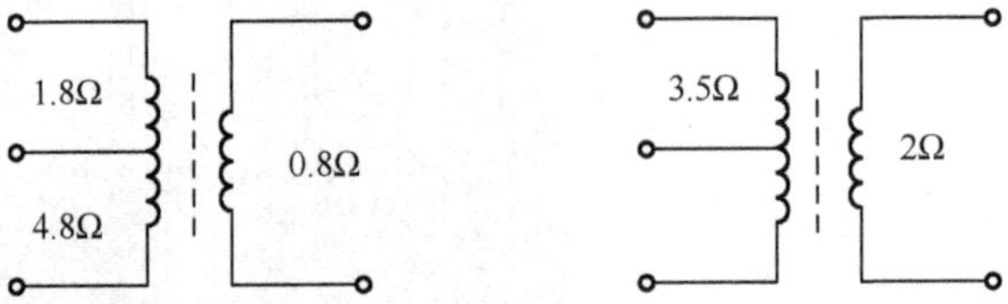 1.8Ω　0.8Ω　4.8Ω （a）T_3（白色） 3.5Ω　2Ω （b）T_4（黑色）
8	输入变压器 T_5	输入变压器 T_5 型号为 E14，有六个引出脚。用万用表 $R×10Ω$挡测量，数值如下： 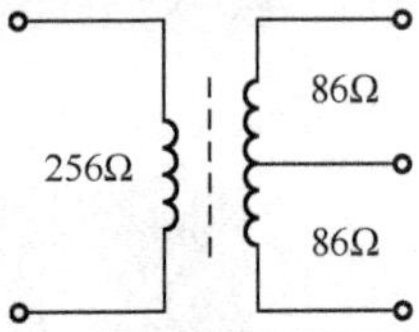 256Ω　86Ω　86Ω
9	三极管	V_1～V_4 为高频小功率三极管，V_1～V_3 选用 9018，V_4 选用 9014。β值的选用，V_1 在 40～80 间（如绿点或黄点），V_2、V_3 在 80～180 间（如蓝点和紫点），V_4 在 120～270 间（紫点或灰点）。V_5、V_6 为中功率三极管，选用 9013，可用万用表测量

总之，电路原理图中所标称的元器件参数为参考值，若与实际给出的元器件参数有出入，可灵活掌握。

（4）镀锡

对元器件的引线进行镀锡处理。

（5）安装元器件

安装元器件的方法、原则与前面的项目相同，顺序及要点见表 6-12，但所有元器件的高度不得超过中周的高度。

表 6-12 元器件的安装顺序及要点

步骤	装接件	示例图	工艺要求	注意事项
1	电路板	与前面的项目相同		
2	镀锡			
3	电阻器	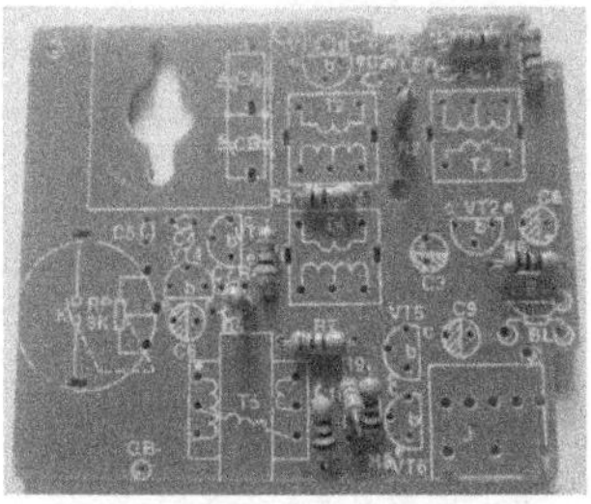	卧式或立式安装	与前面的项目相同
4	电容器	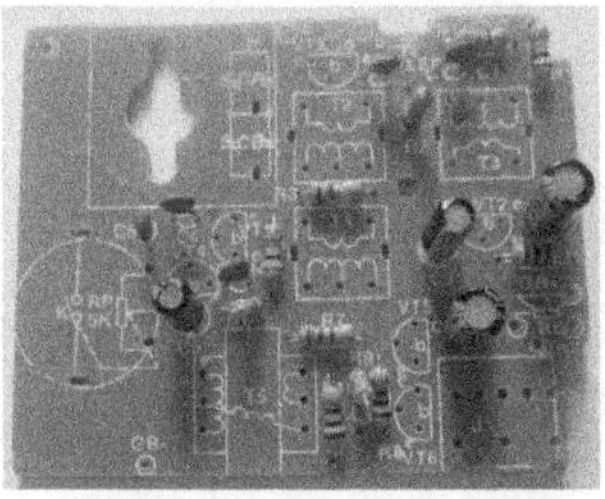	立式安装，瓷片电容器引脚长度要适中，电解电容器紧贴字符面板	高度不能超过中周，否则会影响后盖的安装。 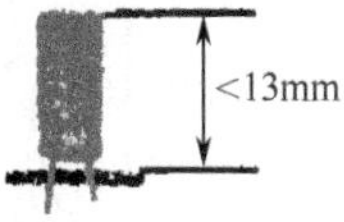 <13mm
5	中周、振荡线圈		中周（振荡线圈）外面的金属屏蔽外壳，既起屏蔽作用，又起导线作用，要可靠接地。 中周（振荡线圈）在出厂前均已调在规定频率上，可以不用调整。若要调也只需要微调，不能调乱	中周的磁芯为白色和黑色，振荡线圈的磁芯为红色，不可混用 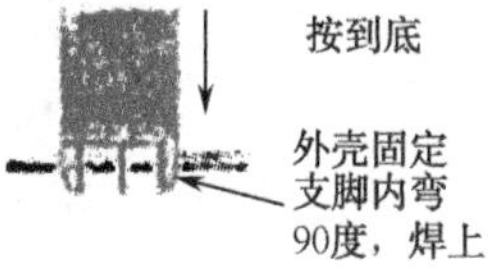 按到底 外壳固定支脚内弯90度，焊上
6	三极管		立式安装（与前面的项目相同）	① 区分好 V_1～V_4 与 V_5、V_6，不要装错了。 ② 注意色标、极性及安装高度
7	输入变压器		变压器线圈骨架上的凸点标识，印制板上的白圆点标记，都指明是一次侧绕组的位置。印制板上有明显的接线图，安装时将它们一一对应即可	不要装反了 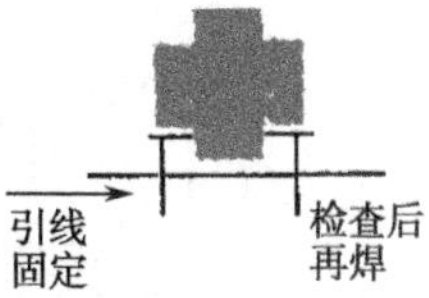 引线固定 检查后再焊

续表

步骤	装接件	示例图	工艺要求	注意事项
8	耳机插座		对准孔位安装，焊接速度要快，以免烫坏插座的塑料部分而导致接触不良	
9	带开关的电位器		对准孔位安装，两开关引脚经常受力，焊接时要多送一些焊锡	
10	磁棒架		磁棒架装在印制板和双联电容器之间，用螺钉固定好双联电容器	
11	双连电容器		因双联电容器的拔盘离电路板很近，所以在其圆周内的元件引脚在焊接时应先剪去，以免安装或调谐时有障碍	
12	发光二极管		将电路板装到机壳上，使发光管对准机壳上的管孔，预留长度，弯曲成形，再立式安装	与前面的项目相同
13	扬声器		① 连接引线。 ② 扬声器安放到位后，用电烙铁将周围的三个塑料桩子靠近扬声器边缘烫下，压紧扬声器	引线埋在比较隐蔽的地方，并不影响调谐拔盘的旋转和避开螺钉桩
14	音窗		音窗安放到位后，用电烙铁将其在前盖内的塑料桩子烫下（方法同上），以固定音窗	

续表

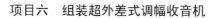

步骤	装接件	示 例 图	工 艺 要 求	注 意 事 项
15	刻度板	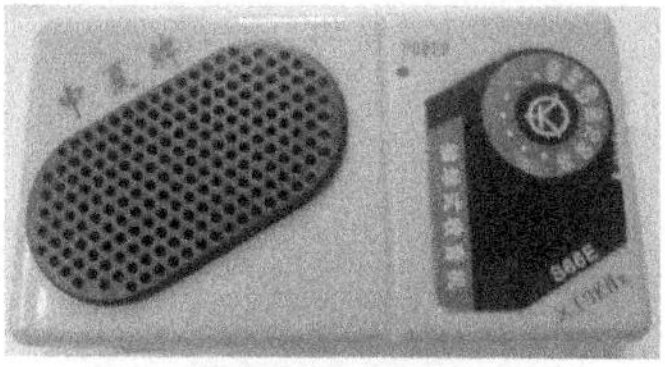	撕开刻度板上的双面胶后，将其粘贴到前盖上	
16	电池簧片		焊上连接导线，并连接上电路板。将正负极簧片、左右连体片装入前盖中	与前面的项目相同
17	线圈 T_1、磁棒		磁棒线圈采用自焊线生产，可以不用刀子刮或纸打磨四根引线头，直接用电烙铁配合松香焊锡丝来回摩擦几次即可自动镀上锡，焊在对应的电路板覆铜面	① 磁性线圈的线头未上锡就可焊接。 ② 按线路图连线，线圈 L_{cd} 应靠近双联电容器的一边
18	连线		连接扬声器、电源线	电源线的正、负极性不要接反了
19	焊点		与前面的项目相同	
20	电位器及开关拨盘		用螺钉把拨盘固定到电位器及开关上	

续表

步骤	装接件	示例图	工艺要求	注意事项
21	双联拨盘		先将指示标签的红线对正盘上的小槽，粘贴好指示标签，再用螺钉把拨盘固定到双联电容器上	拨盘旋转的灵活性

总之，在装配焊接过程中我们应当特别细心，不能有虚焊、错焊、漏焊等现象发生。

2. 调试电路

一台未经过调试的收音机可能收听不到广播电台或声音很小，要提高收音机的灵敏度、选择性和收听频率范围，还必须经过调试。中夏牌 S66E 型六管超外差式调幅收音机电路的检测、调试流程如图 6-8 所示。

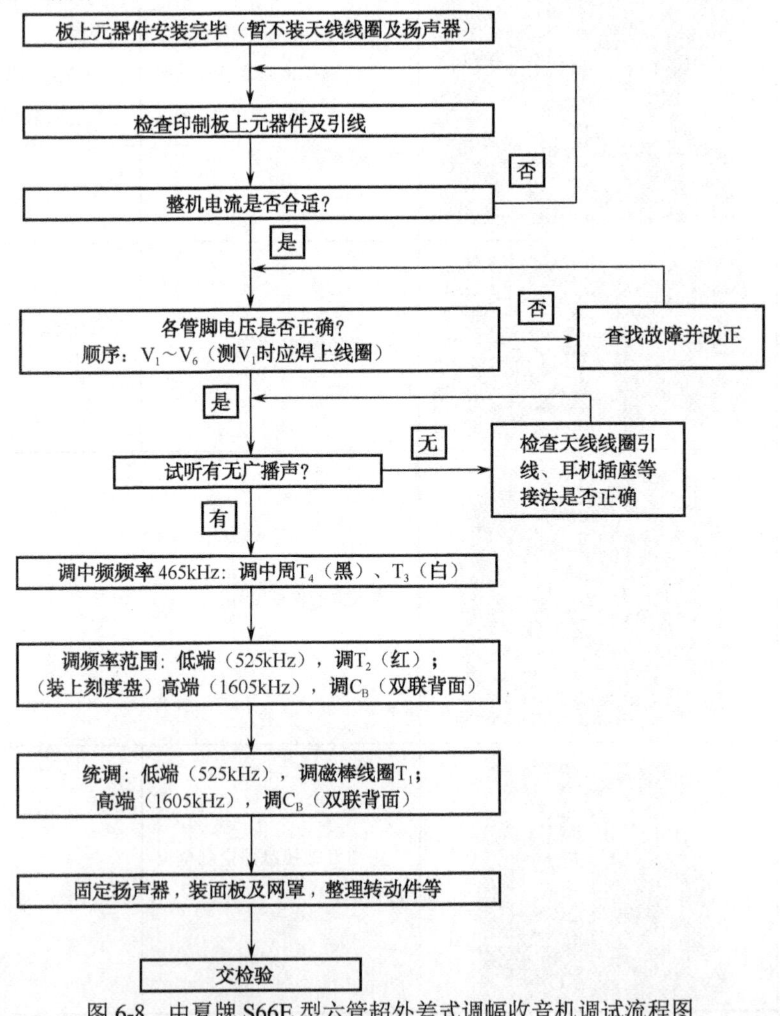

板上元器件安装完毕（暂不装天线线圈及扬声器）
检查印制板上元器件及引线
否
整机电流是否合适？
是
各管脚电压是否正确？
顺序：V_1～V_6（测V_1时应焊上线圈）
否
查找故障并改正
是
无
试听有无广播声？
检查天线线圈引线、耳机插座等接法是否正确
有
调中频频率 465kHz：调中周T_4（黑）、T_3（白）
调频率范围：低端（525kHz），调T_2（红）；
（装上刻度盘）高端（1605kHz），调C_B（双联背面）
统调：低端（525kHz），调磁棒线圈T_1；
高端（1605kHz），调C_B（双联背面）
固定扬声器，装面板及网罩，整理转动件等
交检验

图 6-8　中夏牌 S66E 型六管超外差式调幅收音机调试流程图

调试过程分为单元电路调试与整机电路调试两部分。

（1）单元电路调试

单元电路的调试步骤：外观检查→静态调试→动态调试。

① 外观检查。

外观检查即通电前的检查，主要是用目视法检查电路板各元器件的安装，一般采用自检和互检的方法进行。

步骤 1：对照印制电路图，认真检查电路板上的元器件有无漏装，各元器件的安装是否牢固和可靠。

步骤 2：检查所有电阻器的电阻值、电容器的电容量是否与图纸所示位置相同。

步骤 3：检查各级的三极管是否按设计要求配套选用，是否有极性焊错。

步骤 4：检查输入回路的磁棒线圈是否套反。

步骤 5：检查中周的位置，输入、输出变压器是否装错。

步骤 6：检查各焊点有无虚焊、漏焊、桥接等现象，多股线有无断股、散开等现象。

步骤 7：检查、整理各元器件及导线，排除元器件裸线相碰之处，清除机内的锡珠、线头等异物。

步骤 8：查电源引出线的正负极是否正确，每个单节电池有无输出电压（1.5V）。

② 静态调试。

三极管的工作状态是否合适，会直接影响整机的性能，严重时甚至使整机不能工作。静态调试主要是指对各三极管的集电极静态电流 I_C 的调整，电路原理图中有“×”的地方为电流表接入处，线路板上留有 A、B、C、D 四个测量电流的缺口。

步骤 1：将天线线圈的一次侧绕组或二次侧绕组两端点短路或将双联电容器调至 530kHz 附近无电台的位置，来保证电路工作于静态；将输出电压正常的电池按极性要求装入收音机。

步骤 2：在不打开电位器开关的情况下，万用电表置 50mA 挡，表笔跨接于电位器开关的两端（黑表笔接电池负极、红表笔接开关的另一端）测量整机静态工作总电流 I_0，若小于 10mA 则说明可以通电。

步骤 3：打开电位器开关（音量旋至最小，即测量静态电流），万用电表置 5mA 挡，分别依次测量 D、C、B、A 四个电流缺口，若测量值与规定的参考值（$I_{C5、6}$≈1～3mA，I_{C4}≈2～5mA，I_{C2}≈0.5mA，I_{C1}≈0.3mA）差不多时，可用电烙铁将这四个缺口依次连通，再把音量开到最大，恢复天线线圈使其正常工作，调双联拔盘即可收到广播电台声音。

在中放电路增益较低时，可改变 R_4 的电阻值，声量会有所增大。若某一级电流太大或太小时，首先重点检查这一级三极管的极性和质量，然后检查三极管周围元件是否有问题。

步骤 3：连接集电极回路 A、B、C、D 缺口，打开电位器开关（音量旋至最小），万用电表置 2.5V 或 10V 挡，分别依次测量三极管 V_1～V_6 的 e、b、c 三个电极对地的电压值（即静态工作点），见表 6-13。

表 6-13　各三极管的三个极对地电压的参考值（V）

工作电压：V_{cc}=3V				整机工作电流：I_0=10mA		
三极管	V_1	V_2	V_3	V_4	V_5	V_6
e	1	0	0.06	0	0	0
b	1.54	0.63	0.63	0.65	2.12	0.62
c	2.4	2.4	1.65	1.85	3.0	1.5

步骤 4：若初测结果正常，就可进行试听。收音机接通电源，慢慢转动双联拔盘，应能听到广播电台声音，否则应重复前面做过的各项检查，找出故障并改正，在此过程中不能调中周及微调电容器。

③ 动态调试

收音机的动态调试有波形的测试（包括低频放大部分的最大输出功率、额定输出功率、总增益、失真度等）和幅频特性（中频调整等，俗称调中周）的调试。

波形测试见表 6-14。

表 6-14　波形的测试

项目	公　式	接　线　图
最大输出功率	$P_{\text{oman}}=\dfrac{U_{\text{oman}}^2}{R}$	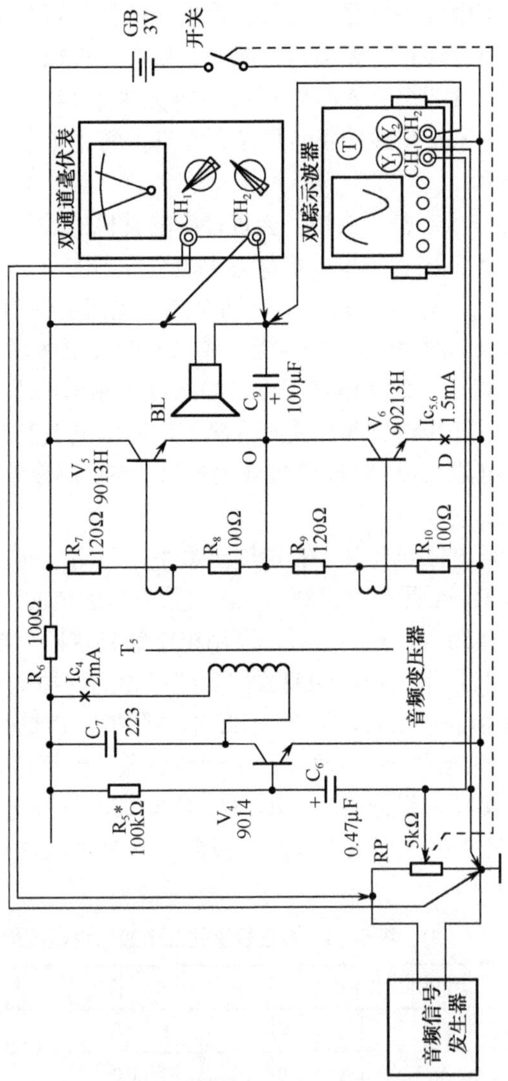

续表

项目	公　式	接 线 图
总电压增益	$A_{vo}=\dfrac{U_o}{U_i}$	测试时，将音频信号发生器的输出频率调为 1kHz，调节其输出信号幅度，使收音机输出端（扬声器两端）的输出电压 U_o 为 0.98V，同时用毫伏表测出此时被测电路输入端（音频信号发生器输出端）信号电压 U_i
失真度	$D=\sqrt{D_o^2-D_i^2}$	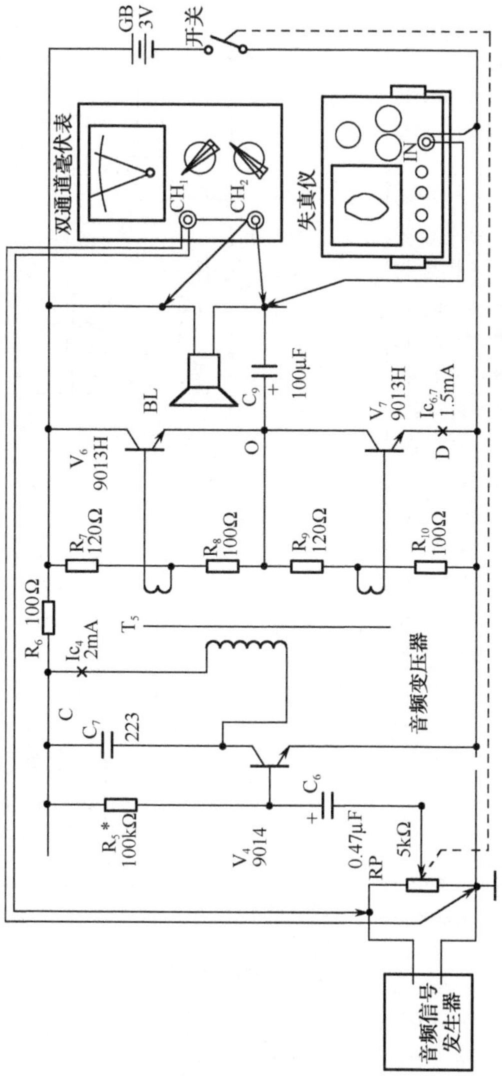

幅频特性的调试（俗称调中周），即调整各中周的磁芯改变谐振回路频率，使各中周统一谐振在 465kHz，见表 6-15。

表 6-15　幅频特性的调试

方法	调 整 说 明	接 线 图
用高频信号发生器调整	用高频信号发生器、音频毫伏表或示波器、万用表等仪器，测量整机电流和直接听扬声器声音来判断是否达到谐振峰点。 步骤 1：将双联可变电容器调到最大值（逆时针旋转到底）；打开收音机电源开关，将音量电位器 RP 旋到最大。 步骤 2：将高频信号发生器的输出调到 465kHz，调制度为 30%，选 400Hz 或 1000Hz 的音频作为调制信号，输送到收音机的天线，从小到大慢慢调节高频信号发生器输出信号的幅度，直至扬声器里听到音频声音。 步骤 3：用无感螺钉旋具，按从后级到前级的次序旋转中周的磁芯，使收音机的输出最大（扬声器声音最大、毫伏表指示最大或示波器波形幅度最大）	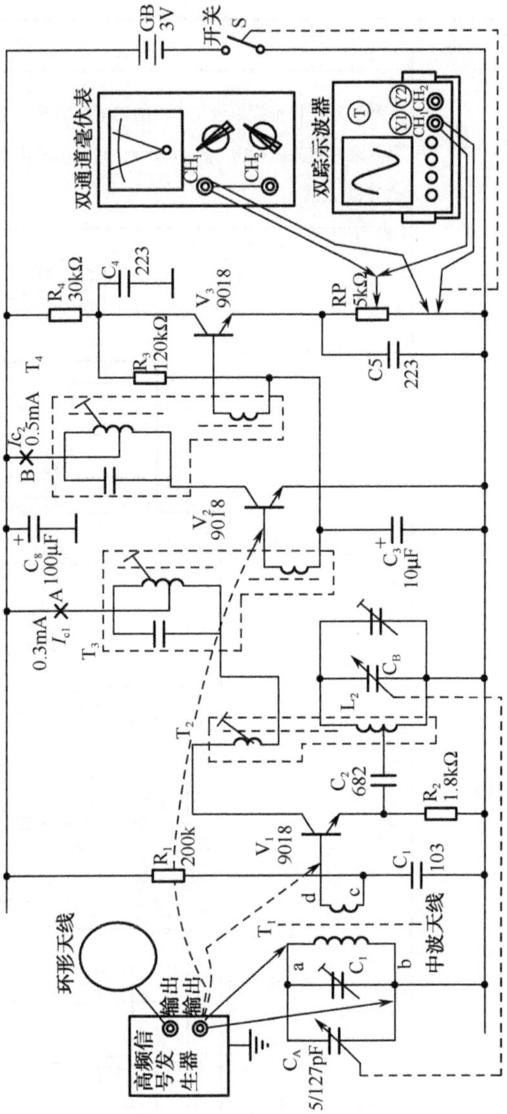
用中频图示仪调整	用中频图示仪测试中频电路的幅频特性曲线，调整中周的磁芯，使幅频特性曲线的峰点对应的频率为 465kHz。 这种方法能直观地看到被测电路的谐振频率，使调整更有目的性，能快速、准确地调准中频。特别对已调乱中频的电路或中频变压器的谐振频率偏移太大的情况，更加有效	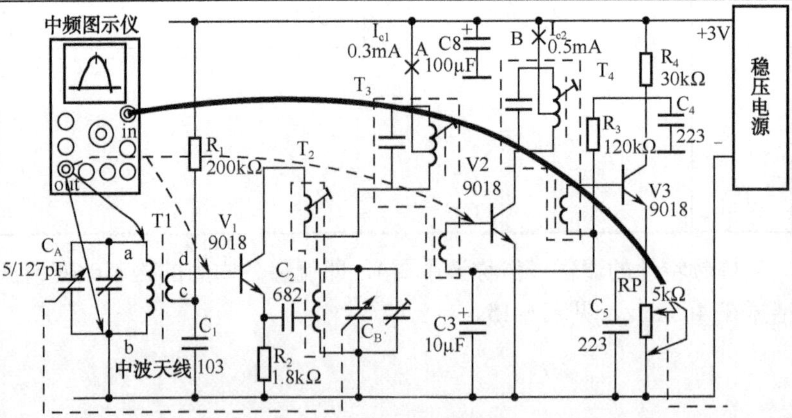

续表

方法	调整说明	接线图
用正常收音机代替 465kHz 信号调整	将两收音机的地线相连，正常的收音机收到某一电台信号，音量电位器旋到最小位置，在收音机最后一个中周的次级（检波之前）焊出一根导线，串联一个 0.01μF 的电容器作为中频输出端头，接到被调收音机的输入端然后调整中周使输出声音最大	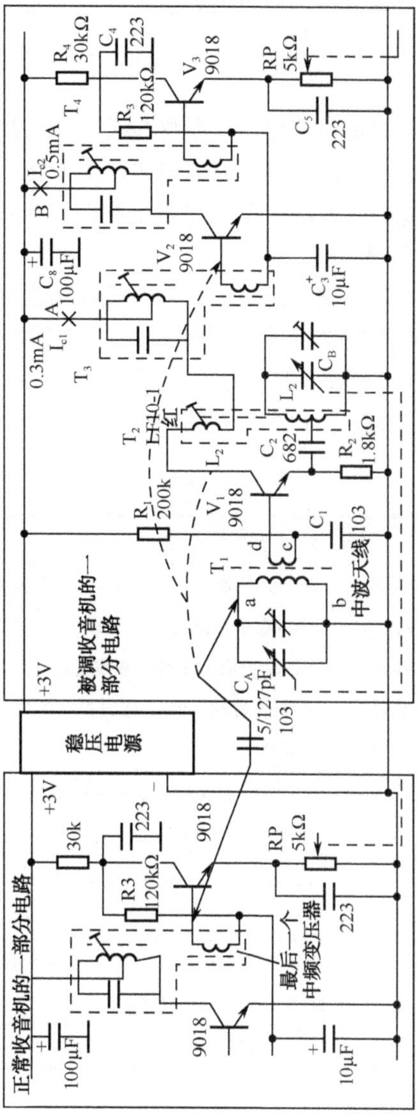
利用电台广播调整	用中波段低频端某电台的信号代替高频信号发生器辐射的中频信号，来调整中频	

（2）整机调试

整机调试步骤：外观检查→开机试听→中频复调→调整频率范围→跟踪统调。

① 外观检查。

用目视法检查外壳表面，是否完好无损，有无划痕、磨伤，印刷的图案、字迹是否清晰完整，标牌及指示板是否粘贴到位、牢固。

② 开机试听。

打开收音机电源，开大音量，调节调谐盘，使收音机接收到电台的信号，试听声音的大小和音质；通过试调调谐盘，检查收音机能接收到哪些电台，还有哪些该收到的电台没有收到，收到的电台的声音好坏情况等。

③ 中频复调。

单元电路的中频调整合格后，在总装时，因电路板与扬声器、电源及各引线的相对位置可能同单元电路调试时有所不同，造成中频发生变化，所以要对整机进行中频复调，以保证中频处于最佳状态。复调的方法与单元电路中频调试方法相同。

④ 调整频率范围。

当收音机基本上能收听到电台，中频已调准就可以开始调整频率范围，又叫调整频率覆盖或对刻度。它通过调整本机振荡线圈 T_2 和振荡回路的补偿电容器来实现，目的是使双联电容器全部旋入能接收 535kHz 的信号，全部旋出能接收 1605kHz 的信号，即覆盖整个中波波段，且指针所指示的频率刻度和接收到的电台频率一致，见表 6-16。

表 6-16　利用接收电台统调

步骤	操作说明	示意图
1	先在低频率端，收一个广播电台，如武汉交通广播电台 603kHz 的广播。若刻度盘指针位置比 603kHz 低，说明振荡线圈的电感量小了，就把振荡线圈的磁芯旋进一点。反之，就把振荡线圈的磁芯旋出一点，直到指针的位置在 603kHz 处收到这个广播电台	调整 603kHz 调整 1179kHz 振荡调谐回路
2	再在高频率端，收一个广播电台，如武汉楚天广播电台 1179kHz，若指针的位置不在 1179kHz 处，就调整补偿电容器（双联背后），直到指针的位置在 1179kHz 处收到这个电台为止	
3	因在调整过程中高低端相互存在影响，须将上述步骤反复调整几次，才能保证高、低端频率刻度同时校准合格	
注意	调整时输入信号要小，整机要装配齐备，特别是扬声器应装在设计位置上	

⑤ 跟踪统调。

跟踪统调又称调灵敏度。根据统调理论，只要做到三点统调，就能使整个频率范围的统调误差最小，中波段的统调点定为 600kHz、1000kHz 和 1500kHz。在实际调整中中间点统调靠本振中的垫振电容来保证，只需要统调头尾两点即可。其目的是使本机振荡频率同输入调谐回路频率始终相差 465kHz，当然这两个频率要处处保持相差 465kHz 是困难的，但可以做到高、低二点相差 465kHz。可以用高频信号发生器进行统调，或利用接收外来广播台进行统调，或利用专门发射的调幅信号进行统调以及利用统调仪进行统调。

利用接收外来电台信号进行统调时，选这两点频率附近的已知电台即可，其方法见表 6-17。

表 6-17　利用接收电台统调

步骤	操作说明	示意图
1	在低端接收一个广播电台，例如 603kHz 的武汉交通广播电台，移动磁性天线线圈 T_1 在磁棒上的位置，使扬声器的声音最响，一般线圈的位置应靠近磁棒的右端	调整 603kHz跟踪；输入电路；调整 1179kHz跟踪
2	在高端接收一个广播电台，例如 1179kHz 的武汉楚天广播电台，调整输入调谐回路中的补偿电容器 C_A（双联的背后），使扬声器的声音最响。当输入调谐回路适应本振回路的跟踪点时，整机的接收灵敏度均匀性以及选择性就会达到最佳	
3	由于高、低端相互影响，因此要反复调整几次，调整完毕后即可用蜡将线圈固定在磁棒上	

3. 成品收音机

将装配、调试成功的中夏牌 S66E 型六管超外差式调幅收音机的印制板装入前盖中，将发光二极管对准前盒上的电源小孔，电路板落位后再用螺钉固定。合上盖子，拧紧螺钉，其松紧度应恰到好处，安装完成，如图 6-9 所示。

（a）装盒前

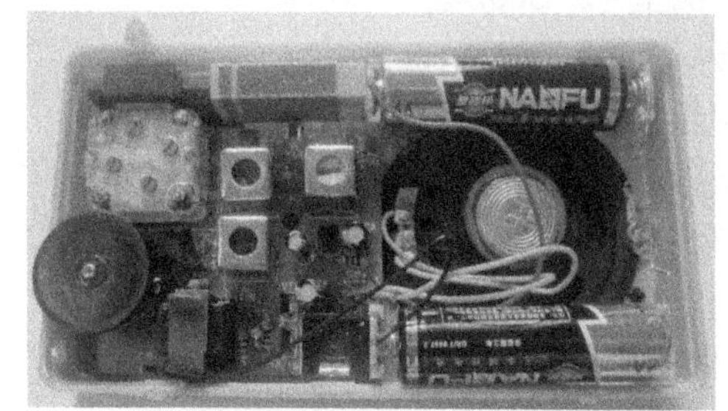

（b）装盒后

正面

背面

（c）成品图

图 6-9　成品中夏牌 S66E 型六管超外差式调幅收音机

（1）产品验收

收音机装配调试完毕，还要经过产品出厂验收。验收时须满足如下要求：

① 机壳及频率盘外观清洁完整，无划伤、烫伤及缺损。

② 印制板安装整齐美观，焊接质量好，无损伤。

③ 导线焊接要可靠，不得有虚焊，特别是导线与正、负极焊片之间的焊接位置和焊接质量要好。

④ 整机安装转动部分灵活，固定部分可靠，后盖松紧合适。

⑤ 频率范围为535～1605kHz，灵敏度较高，音质清晰、洪亮、噪声低。

（2）产品功能特点

① 低电压、全硅管、六个晶体管、便携式、超外差式、调幅收音机。

② 单变压器、各级电路均有 I_C 测试口。

③ 有电源指示功能。

④ 灵敏度高、选择性好、失真度小、工作稳定。

⑤ 带耳插输出座、配8Ω 1W电动式扬声器，音质清晰、放音宏亮。

⑥ 造型新颖、结构简便、用电经济。

（3）主要性能

① 产品品牌：中夏牌。

② 产品型号：S66E型。

③ 频率范围：535～1605kHz。

④ 中频频率：465 kHz。

⑤ 工作电压：DC 3V（两节五号电池）。

⑥ 整机电流：小于13mA。

⑦ 输出功率：大于150W。

⑧ 灵敏度：优于3mV/m。

⑨ 选择性：14dB。

⑩ 重量：约155g。

⑪ 外观尺寸：125mm×68mm×28mm。

（4）使用指南

① 安装电池：将两节五号电池按电池仓内所标示的正确方向装入电池仓。

② 开关机：向上拨动电源开关打开收音机，向下拨动电源开关可关闭收音机。

③ 上下旋转音量旋钮，将收音机音量调节到适当位置。

④ 搜寻电台：旋转调谐旋钮，观察频率指示窗口和指针，选择想收听的电台节目。

⑤ 使用天线：收听节目是利用机内磁性天线来接收电台的，旋转收音机的方向可获得最佳效果。

⑥ 使用耳机：当单独收听广播节目时，可以将直径为3.5mm的耳机插头插入耳机插孔内。

⑦ 使用注意：避免猛烈冲击、跌落或浸水，避免使用带有腐蚀性化学成分的液体擦拭收音机表面，不要自行调整内部元器件。

4. 维修指南

中夏牌S66E型六管超外差式调幅收音机的维修简介如下。

（1）维修的基本方法

维修的基本方法见表 6-18。

表 6-18　维修基本方法简介

方　法	简　介	示 例 图
测量整机静态总电流法	万用表置 250mA 直流电流挡，两表笔跨接于电源开关的两端，此时开关应处于断开位置，可测量整机的总电流约为 10mA 左右	
电压测量法	用万用表电压挡测量各级放大三极管的工作电压，可具体判定造成故障的元器件	
信号注入法	万用表置电阻挡，红表笔接电池负极（地），黑表笔触碰放大器输入端（一般为三极管基极），扬声器可听到“咯咯”声；或用手拿螺钉旋具的金属部分去碰放大器输入端，从扬声器听反应。此法简单易行，但响应信号微弱，不经三极管放大则听不到声音	

（2）故障部位的判断

判断故障在低放前级还是低放级的方法见表 6-19。

表 6-19　故障部位的判断

步骤	操作说明	现象	故障部位	处理办法
1	打开电位器开关，将音量电位器开至最大	扬声器中没有任何响声	低放部分	先解决低放级，再解决低放前级
2	将音量减小，万用表置直流电压 0.5V 挡，两表笔并接在音量电位器非中心端的两端上，从低端向高端拨动调谐盘，观察万用表指针	指针摆动，且在正常播出时指针摆动次数约在数十次左右	低放前级电路正常，低放级有故障	
		指针无摆动	低放前级电路有故障	

（3）完全无声故障的检修

完全无声故障的检修方法见表 6-20。

表 6-20　完全无声故障的检修

步骤	操作说明	现象	故障部位
1	将音量电位器开至最大，万用表置直流电压 10V 挡，黑表笔接地，红表笔分别触电位器的中心端和非接地端（相当于输入干扰信号）	碰中心端扬声器有“咯咯”声，碰非接地端扬声器无声	电位器内部接触不良
		碰非接地端、中心端，扬声器均无声	低放部分
2	万用表置 R×10 Ω挡，两表笔并接碰触扬声器引线	扬声器有“咯咯”声	扬声器完好
		扬声器无声	扬声器损坏
3	万用表置电阻挡，点触 C_9 负极性端	扬声器有“咯咯”声	耳机插孔、扬声器完好
		扬声器无声	耳机插孔接触不良或扬声器导线断线
4	万用表置电阻挡，点触 C_9 正极性端	扬声器有“咯咯”声	电路正常
		扬声器无声	C_9 开路或失效
5	万用表置直流电压 10V 挡，黑表笔接地，红表笔测 C_9 正极性端电压	电压正常	V_5、V_6 电路正常
		电压比正常情况小	R_7 断路或阻值变大，T_5 次级断线，V_5、V_6 损坏（同时损坏的情况较少）
		电压比正常情况大	R_7 阻值变小，V_5、V_6 初或次级有短路
6	测量 V_4 的直流工作状态	无集电极电压	T_5 初级断线
		无基极电压	R_5 开路，C_6 短路而电位器刚好处于最小音量处
7	万用表置直流电压 10V 挡，黑表笔接地，红表笔触碰 V_4 基极与电位器中心端	碰触 V_4 基极扬声器有“咯咯”声，碰中心端无声	C_6 开路或失效
8	用干扰法触碰电位器的中心端和非接地端	扬声器中均有“咯咯”声	低放电路正常

（4）无电台故障的检修

无电台故障是指将音量开大，扬声器中有轻微的“沙沙”声，但调谐时收不到电台，其检修方法见表 6-21。

表 6-21　无电台故障的检修

步骤	操作说明	现象	故障部位
1	万用表置直流电压 10V 挡，测 V_3 的集电极电压	无	R_4 开路或 C_4 短路
		正常	T_4 不良
2	万用表置直流电压 10V 挡，测 V_3 的基极电压	无（这时 V_2 基极也无电压）	R_3 开路，或 T_4 次级断线，或 C_3 短路
3	万用表置直流电压 10V 挡，测 V_2 的集电极电压	无	T_4 初级断线
		正常，注入干扰信号扬声器无声	T_4 初级线圈或次级线圈有短路，或槽路电容器（200pF）短路

续表

步骤	操作说明	现象	故障部位
4	万用表置直流电压 10V 挡，测 V_2 的基极电压	无	T_3 次级断线或脱焊
		正常，注入干扰信号扬声器无声	V_2 损坏
		电压正常，扬声器有“咯咯”声	V_1 电路故障
5	万用表置直流电压 10V 挡，测 V_1 的集电极电压	无	T_2 次级线圈、初级线圈有断线
		正常，注入干扰信号扬声器无声	T_3 初级线圈或次级线圈有短路，或槽路电容器短路
6	万用表置直流电压 10V 挡，测 V_1 的基极电压	无	R_1 或 T_1 次级开路，或 C_1 短路
		电压高于正常值	V_1 发射结开路
		电压正常，但无声	V_1 损坏
7	万用表置直流电压 10V 挡，两表笔分别接于 R_2 两端。用镊子将 T_2 的初级短路一下，看表针指示是否减小（一般减小 0.2～0.3V 左右）	电压不减小	本机振荡没有起振，振荡耦合电容器 C_2 失效或开路，C_1 短路（V_1 发射极无电压），T_2 初级线圈内部短路或断路，双联电容器质量不好
		电压减小很少	本机振荡太弱，或 T_2 受潮，印制板受潮，或双联电容器漏电，或微调电容器不好，或 V_1 质量不好
		电压减小正常	输入调谐回路故障，双连电容器对地短路或质量不好， T_1 线圈初级断线
		电压减小正常，能收听到电台	收音机正常

项目测试

1. 组装指针式万用表（教师自定）

① 组成。

MF47 型万用表电路原理图如图 6-10 所示，其主要由磁电系表头（高灵敏度的测量机构）、测量线路和转换开关组成。

测量线路把被测量变换成磁电系表头所能接受的直流电流。其中，直流电流挡是一个多量程的直流电流表，R_1、R_2、R_3、R_4 是各直流电流量程的分流器；直流电压挡是一个多量程的直流电压表，R_5、R_6、R_7、R_8 是各直流电压量程的分压器；交流电压挡采用半波整流，VD_1 是整流二极管，R_9、R_{10}、R_{11}、R_{12}、R_{13} 是各交流电压量程的分压器；电阻挡是一个多量程的欧姆表，如 R×1Ω挡电路信号流程是：＋→1.5V 电池 E_1→一路通过 R_{18}→＊→黑表笔→被测电阻，另一路通过 R_{14}→WH_1→表头→＊→黑表笔端→被测电阻。

② 元器件。

各元件的编号、名称及规格型号见表 6-22。零部件名称、数量及作用见表 6-23。

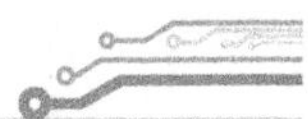

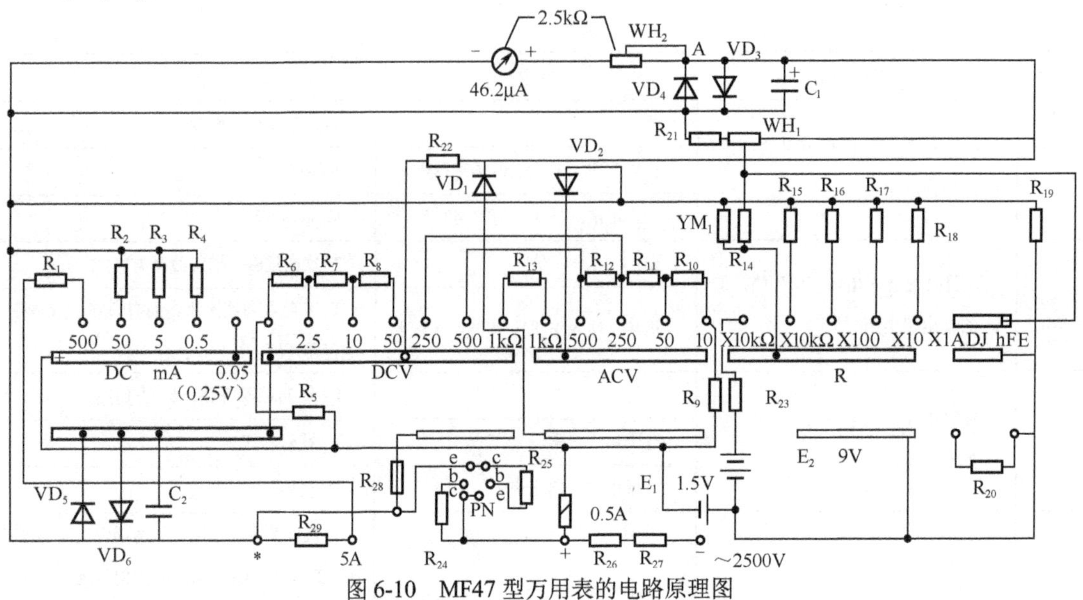

图 6-10　MF47 型万用表的电路原理图

表 6-22　各元件的编号、名称及规格型号

序号	元件编号	元件名称	规格型号	序号	元件编号	元件名称	规格型号
1	R_1	电阻器	0.44Ω /0.5W	19	R_{19}	电阻器	56Ω
2	R_2	电阻器	5Ω/0.5W	20	R_{20}	电阻器	180Ω
3	R_3	电阻器	50.5Ω	21	R_{21}	电阻器	20kΩ
4	R_4	电阻器	555Ω	22	R_{22}	电阻器	2.69kΩ
5	R_5	电阻器	15kΩ	23	R_{23}	电阻器	141kΩ
6	R_6	电阻器	30kΩ	24	R_{24}	电阻器	46kΩ
7	R_7	电阻器	150kΩ	25	R_{25}	电阻器	32kΩ
8	R_8	电阻器	800kΩ	26	R_{26}	电阻器	6.75MΩ/0.5W
9	R_9	电阻器	84kΩ	27	R_{27}	电阻器	6.75MΩ /0.5W
10	R_{10}	电阻器	360kΩ	28	R_{28}	电阻器	4.15MΩ
11	R_{11}	电阻器	1.8MΩ	29	R_{29}	保险管	0.05MΩ
12	R_{12}	电阻器	2.25MΩ	30	WH_1	电位器	10kΩ
13	R_{13}	电阻器	4.5MΩ /0.5W	31	WH_2	电位器	500Ω
14	R_{14}	电阻器	17.3MΩ	32	YM_1	压敏电阻器	27V
15	R_{15}	电阻器	55.4kΩ	33	C_1	电解电容器	10μF/16V
16	R_{16}	电阻器	1.78kΩ	34	C_2	瓷片电容器	0.01μF
17	R_{17}	电阻器	165Ω /0.5W	35	VD_1～VD_6	二极管	1N4007
18	R_{18}	电阻器	15.3Ω /0.5W				

注：表中未标出功率的电阻器都为 0.25W。

表 6-23　零部件名称、数量及作用

编　　号	元器件名称	数　　量	作　　用
1	表头	1 个（46.2μA）	满刻度偏转电流为 46.2μA，用以示出被测量值
2	电路板	1 块	安装元件
3	转换开关	1 个	实现对不同测量线路的选择，以适应各种测量要求
4	外壳（上、下）	1 套	固定电路板及零部件
5	保险管座	1 个	安装 0.5A 保险管
6	晶体管插座	1 个	测量晶体管直流电流放大系数
7	表笔	2 支	测量各种元器件
8	弹簧	1 个	转换开关的安装
9	钢珠	1 个	转换开关的安装
10	垫片	4 个	固定并保护外壳
11	电池夹	2 套	安装电池

③ 元器件检测。

选择仪器仪表检测所有元器件性能。

④ 装配。

步骤 1：根据图 6-11 所示 MF47 型万用表印制电路图，选择合适的工具进行主板焊接。元件采用水平装接，焊点大小均匀、光亮，与焊盘比例适中。

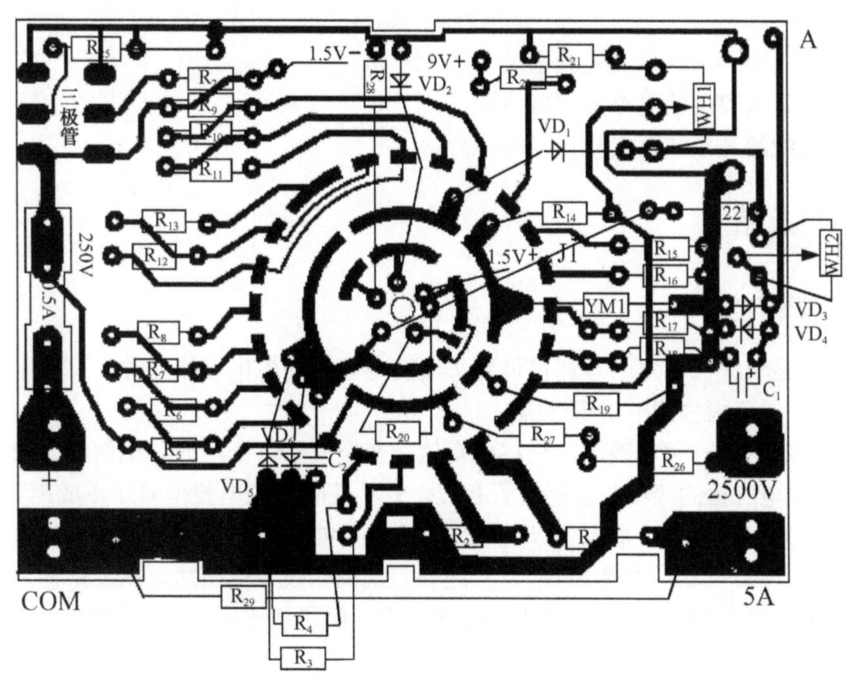

图 6-11　MF47 型万用表印制电路图

步骤 2：将表头、转换开关、表笔插座、三极管测量插座、保险插座等结构件装配到位，并注意转换开关的安装方向、电路跳线和连接导线的装接。

步骤 3：将电池按极性安装到电池夹上；把已装配好的印制电路板放入机壳中，使输入插孔柱、晶体管插座柱分别落入机壳对应槽内；用螺钉将印制电路板固定到机壳内。盖上后盖，用螺钉将后盖拧紧。

⑤ 调试。

步骤 1：将万用表的转换开关分别置于直流电压挡和直流电流挡，测试相应的挡位，观测表头指针是否摆动，初步检测两挡的功能。

步骤 2：装上电池，将万用表的转换开关置于电阻挡，短接红、黑表笔，看表头指针是否转动，欧姆调零电位器是否有效，初步检测电阻挡的功能。

步骤 3：焊好表头引线正端；将工作正常的数字万用表拨到 20kΩ挡，红表笔接安装图中 A 点，黑表笔接表头负端，调节可调电阻器 WH_2，使显示值为 2.5kΩ（温度为 20℃），焊好表头负端。

⑥ 按实训内容要求整理实训数据。

⑦ 总结装配指针式万用表的体会。

2. 组装超外差式调幅收音机（教师自定）

（1）实训器材

① 标准超外差式调幅收音机套件 1 套。

② 万用表 1 块。

③ 焊接工具 1 套。

④ 无感起子、十字起子各 1 把。

（2）实训报告

① 按实训内容要求整理实验数据。

② 画出实训内容中的电路图、接线图。

③ 总结装配超外差式调幅收音机的体会。

项目总结

1. 归纳梳理

① 电位器是一种在电路中可通过调整来改变电阻值的机电转换元件，可变电容器是一种电容量可以在一定范围内调节的电容器。

② 无线电广播是一种电磁波，它将声音信号变换成电信号，通过地面波、天波和空间波传播出去；无线电广播的接收与发射过程相反，是将接收到的电波信号还原成声音。

③ 收音机是一种能将广播电台以电磁波形式发射的广播信号接收下来，处理后还原出声音的电子产品，种类较多。中夏 S66E 六管超外差式调幅收音机电路，主要由输入调谐电路、变频电路、中频放大电路、检波和自动增益控制电路、前置低放电路、功率放大器（OTL 电路）、电源电路组成。

④ 组装六管超外差式调幅收音机电路一般按准备、读图、选择（检测）元器件、对所有元器件的引线进行镀锡处理、安装元器件、调试电路等步骤进行。

⑤ 一般电子产品的调试，有单元电路调试和整机调试两项内容。超外差式调幅收音机整机调试一般按外观检查→开机试听→中频复调→频率范围调整→跟踪统调进行。

⑥ 维修超外差式调幅收音机的基本方法有信号注入法、电位测量法、测量整机静态总电流法。

2. 项目评估

评估指标	评估内容	配分	自我评价	小组评价	教师评价
学习态度	① 出全勤。 ② 认真遵守学习纪律。 ③ 搞好团结协作	15			
安全文明生产	① 严格遵守安全操作规程。 ② 能正确、规范取放各种元器件。 ③ 掌握调试过程中的注意事项	10			
理论测试	语言上能正确清楚地表达观点	5			
	能正确完成项目测试	10			
操作技能	能正确识读电路图，合理选用元器件	10			
	能运用仪器仪表正确调试整机电路	20			
	能运用设备正确组装超外差式调幅收音机	20			
	能运用设备正确组装指针式万用表	10			
总评分					
教师签名					

3. 学习体会

收　获	
缺　憾	
改　进	

附录

安全用电相关标志

禁止合闸 线路有人工作标志

有电危险标志

送电标志

停电标志

已接地标志

止步高压危险标志

设备正在运行标志

设备在检修标志

严禁违章操作标志

消防器材禁止挪动标志

禁止攀牵线缆标志

待更换 禁止启动标志

待维修 禁止操作标志

正在维修 禁止操作标志

当心触电标志

当心电缆标志

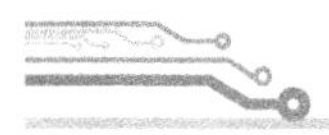
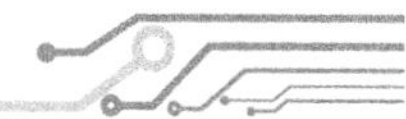

当心静电标志

防静电保护区标志

配电重地
闲人莫入

配电重地　闲人莫入标志

必须接地标志

必须穿戴绝缘保护用品标志

必须拔出插头标志

从此上下标志

在此工作标志

参考文献

[1] 蔡清水，谌键．电子电路识图[M]．北京：电子工业出版社，2013．
[2] 蔡清水．电子产品装配基本功[M]．北京：人民邮电出版社，2012．
[3] 蔡清水，蔡博．电子材料与元器件[M]．北京：电子工业出版社，2010．
[4] 蔡清水，杨承毅．电气测量仪表使用实训[M]．北京：人民邮电出版社，2009．
[5] 陈雅萍．Protel 2004 项目实训[M]．北京：高等教育出版社，2009．
[6] 陈其纯．电子线路[M] ．北京：高等教育出版社，2001．